走近精准美白

Journey into Precise Skin Whitening

化妆品科学美白机理与技术 MECHANISMS AND TECHNIQUES OF COSMETICS SCIENTIFIC WHITENING

陈庆生

胡根华

林梦雅

潘 志

主 编

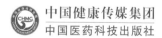

中国健康传媒集团

中国医药科技出版社

内 容 提 要

　　本书从中外美白产品的发展历程、美白机理的剖析、美白原料的汇总、美白产品配方及工艺的搭建、美白产品的功效测评手段等方面，全面对美白类产品的开发流程进行细致解析。本书联合权威检测机构的检测数据，引用市售热销美白化妆品的真实开发案例，适合化妆品行业从业人员以及广大消费者阅读参考。

图书在版编目（CIP）数据

　　走近精准美白：化妆品科学美白机理与技术/陈庆生等主编． —北京：中国医药科技出版社，2023.11

　　ISBN 978 - 7 - 5214 - 3505 - 4

　　Ⅰ．①走…　Ⅱ．①陈…　Ⅲ．①化妆品 - 研究 ②皮肤 - 护理 - 研究　Ⅳ．①TQ658 ②TS974.11

　　中国国家版本馆 CIP 数据核字（2023）第 208536 号

美术编辑　陈君杞
版式设计　友全图文

出版　**中国健康传媒集团** | 中国医药科技出版社
地址　北京市海淀区文慧园北路甲 22 号
邮编　100082
电话　发行：010 - 62227427　邮购：010 - 62236938
网址　www.cmstp.com
规格　710mm×1000mm $^1/_{16}$
印张　17 $^1/_4$
字数　342 千字
版次　2023 年 11 月第 1 版
印次　2023 年 11 月第 1 次印刷
印刷　三河市万龙印装有限公司
经销　全国各地新华书店
书号　ISBN 978 - 7 - 5214 - 3505 - 4
定价　**128.00 元**

版权所有　盗版必究

举报电话：010 - 62228771

本社图书如存在印装质量问题请与本社联系调换

获取新书信息、投稿、为图书纠错，请扫码联系我们。

编委会

主　编　陈庆生　胡根华　林梦雅　潘　志
编　者　（以下排名不分先后）

陈庆生　广州环亚化妆品科技股份有限公司
胡根华　广州肌肤未来化妆品科技有限公司
林梦雅　广州环亚化妆品科技股份有限公司
潘　志　广州肌肤未来化妆品科技有限公司
徐　良　北京日用化学研究所
石　钺　中国医学科学院药用植物研究所
赵　华　北京工商大学
刘　玮　中国人民解放军空军特色医学中心
谈益妹　上海市皮肤病医院
李　竹　上海市预防医学研究院
方继辉　广东省药品检验所
杨杏芬　南方医科大学
谭建华　广州质量监督检测研究院
李映伟　华南理工大学
程建华　华南理工大学
龚盛昭　广东轻工职业技术学院
李　菲　广东省药品监督管理局审评认证中心
陈坚生　广东省药品监督管理局审评认证中心
何　叶　广州肌肤未来化妆品科技有限公司
陈　亮　广州环亚化妆品科技股份有限公司
李楚忠　广州环亚化妆品科技股份有限公司
孔秋婵　广州环亚化妆品科技股份有限公司
陈宇霞　广州环亚化妆品科技股份有限公司
刘　薇　广州环亚化妆品科技股份有限公司
范淑慧　广州环亚化妆品科技股份有限公司
许锐林　广州环亚化妆品科技股份有限公司
周兆芳　广州环亚化妆品科技股份有限公司
夏高辉　广州环亚化妆品科技股份有限公司
劳树权　德之馨（上海）有限公司
张　颖　奇华顿日用香精香料（上海）有限公司
吴文军　广州市奥雪化工有限公司

序

"手如柔荑，肤如凝脂……巧笑倩兮，美目盼兮"。中国人对于肌肤白皙无瑕的追求可谓跨越千年。进入当代社会，随着大众美容观念的转变，淡斑美白产品的受众群体日渐多元；随着"无功效不护肤"成为主流理念，人们不仅要白，更要白得明白，白得健康。顺应这一发展必然，科学精准美白成为当之无愧的消费"刚需"。

很高兴受广州环亚化妆品科技股份有限公司邀请，为本书作序。

通过《走近精准美白——化妆品科学美白机理与技术》一书，我们会看到对国内外美白产品发展历史的翔实介绍，对近两年相关法规变化的详细阐释，以及对美白相关机理与技术发展的充分展现。编者们通过对皮肤结构与色素成因的详尽描述，皮肤暗沉、泛红和黄化等常见皮肤问题的深度剖析，针对性地提供了肌肤美白的解决思路。书中汇总了法规允许及前沿研究中的植物美白剂、化学美白剂、生物美白剂，并对其结构、机理和效果进行阐述，为美白相关产品的开发提供了重要的参考；同时，编者们利用多年积累的产品开发经验，总结出精华、水乳、面霜等多种类型产品的开发思路、配方组成及关键工艺，并对美白产品开发过程中所需的体外、临床检测手段进行了介绍。为方便消费者及行业从业人员对美白产品的开发过程有更深入的了解，本书引用市售美白畅销品真实开发案例，从美白成分的筛选和功效测试（起效率）、产品与皮肤亲和性测试（亲和率）、产品渗透性能的测试（渗透率）、产品抑黑效果的测试（抑黑率）、产品美白周期的测试（美白速率）以及产品安全度的测试（温和度）等六个维度对美白成分与产品的性能进行了全面的评价，呈现出科学美白产品的开发和评价过程，不仅为行业从业人员开发美白产品提供了参考，也可帮助消费者了解产品，筛选更适合自己的美白产品。

细读此书，让我感受到国产美妆品牌的科技实力进步与飞速成长。憧憬未来，我们要如何实现超越？我的答案是要有"敢教日月换新天"的勇气与魄力，科技力、产品力、传播力、文化力缺一不可。

科技力——化妆品行业具有多学科交叉融合的特点，包含了生物学、医学、材料学、美学等多个学科，科技力对国产美妆品牌的超越起着支撑作用。

产品力——国产美妆产品应通过精细化学、生物技术、合成技术等科技能力，来突破困境、摆脱掣肘。

传播力——国产美妆品牌想要发展，传播力很重要。成功的传播，首先是文化的传播，其后才是产品的传播，品牌不应仅仅关注流量。

文化力——我们的企业能不能做百年品牌，能不能走向世界，能不能坚守我们的信仰，很重要的一点就是回归到中国人特有的文化本身，所有的产品力、科技力的底盘就是文化力。

希望借由此书，能够助力科学美白赛道上的中国品牌，持续深耕走得更高更远；希望国产美妆品牌高质量发展，助力中国消费者高品质生活。让我们的化妆品能够做到让世界更美、让世界更好。

颜江瑛

2023 年 9 月

前　言

化妆品已成为时下极具经济价值的快消品，同时也是消费者不可或缺的生活用品。近年来，商业渠道的迭代、消费场景的变更、基础研究的突破、原料技术的创新让化妆品行业向规范化、精细化、专业化的方向高速发展。同时，信息时代使得消费者心智更成熟，消费更趋于理性，对于产品的技术方案和配方逻辑有了更为深入地认识，对于化妆品也有较为科学地诉求，特别是对于美白祛斑类化妆品。区别于以往对于极致白皙的盲目追捧，如今的消费者更追求肤色均匀、自然，面容亮泽、光洁；对于产品则更加看重祛斑、提亮、祛黄、均匀肤色等维度。这些更为聚焦的需求，显示出对产品强功效、定制化的消费导向。因此，如何解决不同肤质消费者的需求、如何根据不同皮肤问题开发安全有效的美白产品、如何系统梳理专业知识，交流分享产品的开发过程、多维度共同提升行业的发展成为研发人员的关键任务，也是本书编撰的初衷。

美白化妆品涉及多门学科，包括医学、药理学、生物学、物理、化学等基础学科以及精细化工、应用化工等应用学科；同时产品开发受文化、政策、地域等因素的影响，且与市场经济、消费者心理、商业模式等内容息息相关。目前研究发现，皮肤的状态受色素含量、色素分布、皮肤光泽度、角质层厚度等诸多因素的影响。随着新的作用机制不断涌现，美白原料不断革新，配方工艺日益精进，检测技术日趋完善，这使得从业人员需对相关知识保持高度的敏感，常思常想、时时更新。

本书由陈庆生、胡根华、林梦雅、潘志担任主编，由林梦雅进行统稿。第一章对美白化妆品的概念、发展历程、相关法规、市场趋势、未来发展方向进行分析。第二章对皮肤结构、肤色成因、肤色问题、肤色改善的机制进行剖析。第三章对美白原料的种类、结构、作用原理进行归纳。第四章对美白产品的配方、工艺进行梳理。第五章对化学美白产品评价与检验方法进行列举，并对市售热销美白化妆品的成功案例进行举例分析。

本书在编写过程中，北京日用化学研究所徐良教授，中国医学科学院药用植物研究所石钺研究员，北京工商大学赵华教授，中国人民解放军空军特色医学中心刘玮教授，上海市皮肤病医院谈益妹主任，上海市预防医学研究院李竹主任医师，南方医科大学杨杏芬教授，华南理工大学李映伟教授、程建华教授，广东轻工职业技术学院龚盛昭教授，广东省药品检验所方继辉主任药师，广州质量监督检测研究院谭建华教授，广东省药品监督管理局审评认证中心陈坚生高级工程师，广东省药品监督管理局审评认证中心李菲工程师，德之馨（上海）有限公司劳树权，奇华顿日用香精香料（上海）有限公司张颖，以及广州市奥雪化工有限公司吴文军多位专家、学者提供了宝贵的意见，并参与了编审工作，在此表示由衷地感谢！以上排名不分先后。

　　本书涉及内容范围较广，由于时间限制，书中或有遗漏或不周密之处，希望读者予以批评指正。

陈庆生

2023 年 9 月

| 目 录 |

第一章 美白化妆品概况

第三章　原料的美白作用原理

第四章 美白类产品配方技术

第五章　美白产品评价与检验方法

第一章　美白化妆品概况

俗话说，一白遮百丑。从古至今，东方女性一直向往和追求白皙、细腻、富有光泽的肌肤。近年来，随着社会的发展和人们消费水平的提高，消费者愈来愈关注身心健康和外在形象，美白愈发备受推崇，而祛斑美白化妆品也随之成为化妆品的主流品类之一。

第一节　美白化妆品的概念

化妆品指以涂擦、喷洒或者其他类似方法，施用于皮肤、毛发、指甲、口唇等人体表面，以清洁、保护、美化、修饰为目的的日用化学工业产品。美白化妆品是化妆品中用于减轻皮肤表皮色素沉着或有助于皮肤达到增白、调整肤色和提亮效果的产品。根据作用原理可以分为祛斑美白类、其他美白相关品类两大类，后者包括物理遮盖类、防晒抑黑类和角质剥脱类三种。

一、　祛斑美白类

祛斑美白类化妆品是我国法定定义上的具有美白功效的特殊用途化妆品，祛斑美白类化妆品主要是在精华液、爽肤水、乳液、膏霜、面膜等护肤品中添加美白剂，从而获得可通过不同机制达到干扰或阻断黑色素生成、转移的产品，从根本上淡化色斑，美白皮肤。

二、　其他美白相关品类

1. 物理遮盖类

物理遮盖类化妆品，是指使用物理遮盖剂如二氧化钛、氧化锌、滑石粉等或类似的白色粉状物，通过涂抹覆盖于皮肤表面，遮盖皮肤上的斑点，以达到美白的效果，但并不能改变皮肤本来面貌的一类产品。粉底液、遮瑕膏、BB 霜、蜜粉、散粉等都是通过物理遮盖的方式达到修饰肤色的作用。

2. 防晒抑黑类

紫外线辐射可刺激黑素细胞的增殖，增强合成黑色素和转运黑色素的能力。

加强防晒是美白皮肤、防止紫外线对皮肤造成损伤的重要措施。防晒剂是防晒抑黑类化妆品中的关键成分，一般可分为无机防晒剂、化学防晒剂。

3. 角质剥脱类

角质剥脱类化妆品是利用剥脱老化角质的方式使肤色变白。物理方法是将粉末状的矿物、植物、动物及合成成分加入洁面、沐浴等淋洗类产品中，通过物理摩擦方式使角质层有一定程度的剥脱，从而达到改变肤色的效果。化学方法为使用酸类成分，对角质层造成一定程度的侵蚀，加快皮肤角质脱落速度，从而使皮肤看起来更白皙。

第二节　美白化妆品的发展历程

一、　早期美白化妆品的发展历程

1. 我国早期美白化妆品的发展历程

我国在美容护肤方面有非常悠久的历史，在美白、祛斑方面积累了丰富的实践经验，形成了特有的发展历程。在春秋时期，人们开始用青黛画眉，白粉敷面，以求得皮肤外观嫩白，出现了历史上早期的妆容。这也是古代中国女性最早使用的美白化妆品，当时多以米粉为主要原料。秦汉之际，所用的妆粉除米粉之外，还出现了铅粉。铅粉通常以铅、锡等材料经化学处理后所得，铅粉能使人容貌增辉生色，故又名铅华，古诗中的"洗尽铅华呈素姿"就是来源于此。

到了汉代，社会生产力得到初步发展，化妆品的品种已经比较全面，已出现了脂泽粉黛等品类。我国现存最早的本草专著《神农本草经》中载药365味，有美容效果的中药43味，其中，白芷、白及、茯苓等都具有美白功效。晋代葛洪的《肘后备急方》记载了107首美容药方，其将美容技术与验方汇集一处，对中医美容具有奠基性作用，葛氏美容方多用于损美性疾病的治疗和保健，对黄褐斑、妊娠斑及老年斑均有涉及，书中思想与内容直至今日仍被传承和应用。

唐代经济繁荣，物阜民丰，人民群众对美容也有了更高要求。药王孙思邈在《备急千金要方》和《千金翼方》中记载美容方105首，多处提及美白方法及药物，如令面白净红、治皮肤皱黑、令面黑变白等。在隋唐时期，我国香粉远销日本，也开启了日本人民追求白皙皮肤的历史。

元代宫廷医家许国祯著有《御药院方》一书，其中所载"玉容散""八白散""皇后洗面药"等经典验方，至今验之确有美容功效。明清时期，名医辈出，医书方剂层出不穷。明代李时珍所著《本草纲目》，共收载美容药物270余种，多处提及增白驻颜、润肌悦色等方面。清朝末期的《慈禧光绪医方选议》也记载了慈禧太后的御用美白方。

2. 外国早期美白化妆品的发展历程

虽然现代西方社会的肤色审美观以棕色小麦肤色为主流，但历史研究发现，在工业革命之前，欧洲与亚洲的东方文明一样，具有较强的美白追求。

在古埃及时期，人们将矿石、植物研磨成粉涂抹于面部和身体起到保护、美化、防晒、防虫或标识身份的作用。古罗马时期，贵族用铅粉和滑石粉涂抹面膜，治愈和遮盖面部伤痕，使面部看起来更白，后来人们才熟知这种物质是有毒的。

在中世纪的欧洲，具有面部增白和修饰作用的香粉开始在民间出现，却未被官方接受，其仅为异教徒和特殊职业的表演者与妓女群体使用，香粉等化妆品的使用和生产始终受到限制。

文艺复兴时期，意大利和法国成为欧洲化妆品制造的主要中心。欧洲女性经常尝试使用包含白铅在内的多种产品来美白肤色。尤其是在伊丽莎白一世女王统治时期，贵族兴起了以白为美的疯狂追求。

17世纪，涂抹白皙的粉饼成为具有高贵身份地位的象征。18世纪，由于维多利亚女王宣称化妆的不道德性，以致化妆品工业以及美白化妆品依旧未能得到大规模的发展。

二、 近代美白化妆品的发展历程

19世纪，第二次工业革命为化妆品工业的起步拉开了帷幕，促使化妆品工业逐渐转为大规模工业化、机械化的生产方式。迅速崛起的化工行业为化妆品工业带来了新原料、新设备和新技术，推动化妆品工业最终成为独立的工业部门。在这一时期，以"白"为诉求的化妆品种类从清洁到洗护再到彩妆，呈现空前多样的发展变化。

1. 洗白与文明

19世纪，细菌理论的诞生使人们开始意识到卫生习惯对预防疾病的重要性，刺激了人们对洗护用品的需求。欧洲香皂公司革新性地为香皂赋予了清洁和健康的理念，甚至后来还对清洁与文明——即"白人至上""白即文明"的种族意识进行了广告营销。为真实达到洗白效果，众多化妆品商向产品中添加汞成分。至此，现代化学类美白化妆品开始出现雏形。

2. 防晒与美白

19世纪，氧化锌作为一种面部增白剂取代了有毒的铅、汞成分，广泛添加在水、乳、霜类化妆品中,成为19世纪最受欢迎的不伤皮肤的美白化妆品。

这一时期,拥有健康的"小麦色"肌肤开始成为西方社会新的审美标准,因而"美黑"逐渐盛行,但欧美人种为高加索人种,极易晒伤,因此防晒类护肤产品横空出世。亚洲人种皮肤中色素含量较高,不易出现晒伤的问题,但在接受阳光照射后,极易晒黑,而防晒产品所带来的防晒黑效应使之进入追求白皙皮肤消费者的视野中。

3. 美丽与时尚

19世纪,彩妆化妆品应运而生,物理遮盖类美白化妆品成为各大彩妆品牌的主要研发方向。与肤色相近的、无铅且滋润度高的粉底液,使妆容更立体的粉饼等彩妆产品不断出现在人们面前。具有物理遮盖作用的美白粉底、修饰皮肤颜色的遮瑕类产品在这一时期突增。

20世纪30年代,我国部分医疗美容机构开始运用西方化工方式生产美白化妆品,同时开展祛斑业务。1934年,南京化妆品厂发明了美白珍珠霜,成为上层女性的珍爱之物。

三、 现代美白化妆品的发展历程

20世纪,众多科学家、生物学家开展了关于黑色素的理论研究,为人类皮肤细胞和肤色之谜提供了客观性的科学解释。由此,各大化妆品公司发展了美白化妆品研发的理论基础,美白化妆品开始从纯物理遮盖扩展到化学美白。此后,各化妆品公司也纷纷投入黑色素机理研究以及新型美白剂的合成中来,研制美白粉、美白霜、美白精华和水乳等护肤美白化妆品,美白化妆品由此进入快速发展期。

至20世纪90年代,美白范畴不再局限于增白肤色,创造"不暗沉、具有透明感的"肌肤成为女性关注的新焦点。

进入21世纪,美白功效性化妆品成为化妆品工业的主要产品,美白剂的研发和提取技术也成为各大化妆品公司的主要研究方向,更多的美白化妆品得以诞生。

纵观美白化妆品从古代到近代再到现代的发展历程,不难发现美白化妆品与科学技术的发展密不可分,尤其是在化学、材料学、生物学、医学等学科的参与下,美白化妆品本身发生了改变。它不再是简单地依靠物理遮盖的增白产品,而是拥有科学理论和技术支撑,且能够真正改变皮肤颜色的美白化妆品。现代美白化妆品已成为大众所知的生活用品,呈现出普遍化的特征。

第三节　美白化妆品的相关法规

虽然市场对于祛斑美白类产品的需求日益增加，但国际上对于美白化妆品在监管模式上存在一些差异，监管的重点也不尽相同。

一、我国美白化妆品相关法规

1990 年实施的《化妆品卫生监督条例》及实施细则中，祛斑类化妆品被列入特殊用途化妆品，祛斑的定义为减轻皮肤表皮色素沉着。此时，美白化妆品并未被列入特殊用途化妆品进行管理。

2013 年 12 月，原国家食品药品监督管理总局发布《关于调整化妆品注册备案管理有关事宜的通告》，调整了化妆品的分类，把美白、增白类化妆品合并到祛斑类，纳入特殊用途化妆品进行监管。自 2013 年 12 月 16 日起，"食品药品监督部门不再受理国产或进口美白产品的非特殊用途化妆品备案申请"，由此，祛斑美白类化妆品进入一个新的标志性阶段。

2014 年 4 月，原国家食品药品监督管理总局发布《关于进一步明确化妆品注册备案有关执行问题的函》，针对美白化妆品纳入特殊化妆品的一些实质性问题又做了界定：凡产品宣称可对皮肤本身产生美白、增白效果的，严格按照特殊用途化妆品实施许可管理；产品通过物理遮盖方式发生效果，且功效宣称中明确含有美白、增白文字表述的，纳入特殊用途化妆品实施管理，审核要求参照非特殊用途化妆品相关规定执行；产品明示或暗示消费者是通过物理遮盖方式发生效果，功效宣称中不含有美白、增白文字表述的，按照非特殊用途化妆品实施备案管理。仅具有清洁、去角质等作用的产品，不得宣称美白功效。

此后直至 2019 年，祛斑美白产品在政策上并未有大的改变，2019 年 9 月，国家药品监督管理局（以下简称"国家药监局"）发布《关于发布实施化妆品注册和备案检验工作规范的公告》，要求宣称祛斑美白、防脱发以及宣称新功效的产品，须按照化妆品功效宣称评价指导原则确定的检验项目要求，进行相应的功效性检验。

2020 年，国家药监局以科普或专家解答的形式对公众的疑问进行解惑。例如，《化妆品监督管理常见问题解答（二）》（以下简称《解答》）中，明确提及了仅具物理遮盖作用的美白化妆品，产品配方中还添加了具有非物理遮盖作用的美白功效成分的问题。《解答》中指出，对于以上情况，应当能够提供足够的科学依据证明该成分的使用目的并非用于美白增白效果，否则不得按照"祛斑类（仅具物理遮盖作用）"产品类别进行注册申报，该文件明令禁止了企业打"擦边球"的行为。如国家药监局发布的科普文章《理性认识和使用祛斑美白类化妆品》，重申了祛斑美白类化妆品的定义，保留原有"减轻皮肤表皮色素沉着或有助于美白增白的化妆品"，增加了"祛斑美白类化妆品针对肤色暗沉、不均匀、色斑等局部瑕疵，具有一定的改善作用"的描述，认为该描述中所提及的功效亦为美白功效，同时指出"有些肌肤问题，例如黄褐斑、雀斑、妊娠斑等，与激素水平、遗传因素有关，是人体内在因素导致，仅仅依靠外部使用化妆品是无法解决的"。此文章界定了化妆品对于皮肤色斑的应用范围。

自 2021 年 1 月 1 日起，《化妆品监督管理条例》正式实施，同时废止《化妆品卫生监督条例》。《化妆品卫生监督条例》在强化监督、保障产品质量安全中发挥了非常重要的作用，但是 20 多年来，化妆品监督机构、化妆品产业和市场都发生了翻天覆地的变化，原条例已经不能适应新形势下的监管需要。新条例的发布表明政府作为化妆品监督的主导力量，中国化妆品正呈现严格、正规、良性变化的大趋势。

为贯彻落实《化妆品监督管理条例》，规范和指导化妆品分类工作，国家药监局制定了《化妆品分类规则和分类目录》，自 2021 年 5 月 1 日起施行，第一次对祛斑美白有了官方的界定，并且注明改善色素沉积导致痘印的产品，也归于祛斑美白产品。同时，还规定有些产品不能归于美白，比如宣称作用部位为口唇不能对应祛斑美白产品，婴幼儿儿童产品不能宣称美白祛斑。

2021 年底，国家药监局发布科普文章《浅谈美白化妆品与美白剂》，除再次界定美白化妆品的定义外，还涉及了只有美白功效的原料如苯乙基间苯二酚（俗称 Symwhite377）的管理问题，明确表示了在普通产品配方中添加仅具有美白作用的美白剂的原料，该产品应该按照特殊化妆品来管理，进一步为非特殊用途化妆品中美白剂的使用作出规范，文章中也表示化妆品美白剂清单正在筹备起草当中。

2022 年 8 月，中国食品药品检定研究院（以下简称"中检院"）发布了"关于公开征求《祛斑美白类特殊化妆品技术指导原则（征求意见稿）》（以下简称《指导原则》）意见的通知"。《指导原则》包括祛斑美白作用基本原则、祛斑美白类化妆品的界定及祛斑美白类化妆品各项技术要求，同时包括产品基本信息、产品名称、产品配方及原料使用、产品执行的标准、包装标签、产品检验报告、安全评估资料等方面的相关内容。《指导原则》进一步明确祛斑美白类特殊化妆品的具体要求，既为企业提供了方向性的指导，同时也为企业保留了自研进步空间。对于企业规范性开发、申报祛斑美白类产品具有一定的指导意义。

综上所述，我国化妆品有严格的管理条例，安全水平总体比较平稳，国家监管部门对化妆品的质量安全问题高度重视，祛斑美白类化妆品是其中重点抽检的品类。国家法规的陆续出台，使得美白化妆品进入市场的门槛逐渐变高，有利于该品类生产和销售的进一步规范化。但目前我国美白化妆品市场还存在美白产品无特殊用途化妆品批号、产品成分标识不全、夸大宣称等问题，我国化妆品行业的质量还需进一步提升，企业的自律意识和社会责任心仍需进一步增强。政府和监督部门也需建立和完善化妆品市场监督的长效机制，积极引导企业对产品的安全、功效负责，从而使我国化妆品行业良性发展。

我国台湾地区将化妆品分为一般化妆品和含药化妆品，含药化妆品在上市前须申请查验登记，核准后才能取得许可证，而一般化妆品无需登记。两者是以《化妆品含有医疗或毒剧药品基准（含药化妆品基准）》（以下简称《基准》）中的原料目录来划分的。所以美白化妆品的分类也是依据《基准》中的美白原料进行划分，监管部门也会对美白剂的种类进行增添或删减。

二、　其他国家及地区美白化妆品相关法规

1. 日本

在日本，根据《医药品、医疗器械等品质、功效及安全性保证等有关法律》，将化妆品分类为普通化妆品和医药部外品。当产品仅宣称"亮泽肌肤"，即按照普通化妆品管理，当宣称"抑制黑色素生成祛斑或者淡化色斑"即纳入"医药部外品"管理。医药部外品在上市前需要经过厚生劳动省对产品的成分、含量、用法、用量、功效进行审查，对于宣称具有美白功效的原料，企业还需提交该原料在对应使用量下安全性和功效性的证明，并提供相关的功效评价报告，须经过审核许可批准后，产品才可标识"医药部外品"。日本官方无美白类产品原料清单。

2. 韩国

在韩国，对美白化妆品的管理也有更具体的规定。韩国依据《化妆品法》对化妆品进行管理，化妆品分为普通化妆品和功能性化妆品，美白化妆品属于功能性化妆品，需要进行特殊管理。美白化妆品在上市前需要经过食品医药品安全厅审核，确保产品的安全性和有效性。韩国官方已公布美白化妆品原料清单，如化妆品中使用的美白剂种类和含量在清单范围之内，则不需要额外提供功效评价资料，如果超出种类或者范围，则需要按照功能性化妆品标准试验方法提供评价报告。

3. 欧盟

欧盟对化妆品的管理标准比较宽泛，在投放市场前无需经过卫生主管部门的许可，由企业负责产品的安全性。欧盟着重从原料的角度对化妆品进行管理，但对产品本身的管理实行备案制。欧盟对原料的管理是通过建立多种原料清单而进行的，但其中并没有美白原料清单，所以欧盟对于美白类产品的管理相对宽松。

4. 美国

在美国，化妆品分为一般化妆品和非处方药（OTC）类，如果化妆品本身不能影响身体结构和功能，即认为是一般化妆品。如宣称防止或治疗疾病或会影响身体结构和功能，即为 OTC 类化妆品。美白产品根据以上基准分类管理。

总体上来讲，在美白化妆品监管方面，欧盟、美国和日本等主要依靠企业的自律，强调企业是化妆品质量安全的第一负责人，可以更高效地在源头上控制化妆品质量安全。而我国主要采取"前许可"与"后监督"相结合的管理模式，确保美白化妆品的质量安全。

第四节　美白化妆品的市场趋势洞察

一、美白化妆品市场现状

1. 监管政策升级，上市难度增加

政府监管部门从 1990 年开始对祛斑类化妆品有监管性的要求，在后续的几十年里监管政策陆续出台，对整个行业不断地进行规范和监督，尤其是近几年，国家对祛斑美白类产品的功效和安全要求越来越严格。这种趋势对于遵守新规的品牌和产品来讲是一个大大的机遇，能大浪淘沙地过滤掉违法违规的产品或品牌，使祛斑美白类市场更加规范。然而祛斑美白类市场在健康良性发展的同时，祛斑美白产品的持证、生产和上市门槛也逐渐提高，化妆品生产企业的成本也逐渐增加。在这种背景下，取得行政许可的祛斑美白类产品和上市的新品正在逐年降低。这种情况对祛斑美白类市场产生了极大的影响。

2. 市场规模持续增加，发展潜力巨大

尽管国家对祛斑美白类市场的监管日趋严格，但"以白为美"的大众审美，使祛斑美白产品的市场规模只增不减。祛斑美白产品市场销售规模逐渐扩大，在过去的 7 年里提升了 42.6%。消费者对祛斑美白的关注度也持续增加，从 2019

年到 2021 年增加了 9 倍。可以看出，消费者对"祛斑美白"的需求逐渐成为"刚需"。

二、 美白化妆品消费者洞察

1. 祛斑美白消费人群画像

祛斑美白类化妆品消费人群的画像与化妆品整体消费人群的画像比较相似。城市的熟龄女性是消费人群的主力军。其年龄一般集中在 25～35 岁，主要分布在一线或者二线城市。几乎所有的肤质对于祛斑美白都有需求。

2. 潜力人群画像

祛斑美白类化妆品未来的潜力人群主要有三大方向，包括男性市场、低龄人群市场以及下沉市场消费群体。

近三年来，男性对于美白产品的需求已经从 4.3% 增至 6%，且该数值正不断增长。低龄人群主要是指 18～24 岁的消费人群。虽然该群体的体量还不够大，但在未来有很大的增长空间，近三年，18～21 岁的消费者占比已从 14.2% 升至 27.8%，18 岁以下的消费者占比也从 1.4% 升至 14.7%，增长规模十分可观。目前，各品牌对于低龄人群消费者的关注度较少，市场竞争也不激烈。对于这部分人群，各品牌应该着重关注。如何在不伤害皮肤的前提下，满足低龄人群的美白需求，这将是未来的机会和挑战。第三个方向是下沉市场消费人群。过去的三年，祛斑美白产品在三线、四线及五线城市都有持续性的增长，下沉市场如何加速渗透、加速增长，是各品牌需要持续考虑的方向。

3. 典型细分人群

基于祛斑美白市场中人群数量级及消费能力的分析，总结出四大典型细分人群，分别为 Z 时代人群、都市白领、小镇青年和精致男士。

（1）Z 时代人群　Z 时代人群是一个人群量级非常大的代际，消费意愿强烈，是未来祛斑美白市场的主力人群。Z 时代消费者主要年纪在 25 岁以下，以学生群体为主，非常乐于探究护肤知识，注重个性化，比较愿意尝试新鲜事物。作为护肤的入门人群，他们在功效需求上没有形成固定的消费习惯，但是对于美白有较强烈追求。Z 时代人群对产品的主要诉求是美白而不是祛斑，所以品牌在产品开发及宣传上需要进行明确区分，在产品的形态上也要更注重个性、独特和小众化，以满足此类人群的消费需求。

（2）都市白领　都市白领目前是美白化妆品市场的消费主力，在未来也会保持一定程度的稳定增长。都市白领主要为 25～39 岁的一二线城市的女性群体，多数是"成分党"和"功效党"。作为护肤品类进阶人群，她们不断探索适合自己的产品、配方以及美容方式，追求功效的同时兼顾对安全的追求，注重配方及成分，在美白祛斑产品的选择上有自己的意识。都市白领的消费能力比较强，并形成了较为固定的消费习惯，对产品的要求也比较多样化。如何满足这一部分消费者的需求，也是市场和品牌要思考的问题。

（3）小镇青年　这一部分消费群体主要是指分布在三、四、五线城市，25～34岁的人群。其特点是消费能力非常强，喜欢追赶潮流且容易被"种草"，护肤需求和消费习惯有待养成。随着直播或者短视频平台的兴起，他们很容易被明星达人"种草"，且很容易被折扣营销吸引。随着祛斑美白市场下沉化趋势明显，这部分消费者祛斑美白的意识非常强，但他们对护肤的相关知识了解尚浅，对于产品与个人的匹配度了解尚浅，对祛斑美白的需求也相对比较单一。

（4）精致男士　美白并不只是女性的专属，男士也会有美白的需求。这部分的男士主要为一二线城市25～34岁的男性群体，他们对于男士护肤有一定的理解，随着男性的护肤消费意识升级，这一部分人群对于美白品类也乐于积极尝试。他们的消费能力比较强，更注重产品的效果。

三、 消费者对美白产品的诉求维度

虽然消费者对美白产品的需求是多维的，但他们对于产品的美白功效最为关注。美丽修行《2022美白市场趋势指南》的公开数据表明（下同），约90.2%的消费者对祛斑美白类产品需求的关键词都是"效果明显"。如果消费者在1～3个月内不能获得肉眼可见的效果，他们将不会选择继续使用或者回购。

消费者在使用产品时，除了美白效果以外，还希望产品能同时解决痘痘、炎症、色沉、斑点等问题。36.4%的消费者希望产品中的有效成分能实现多种功效的协同功效。

由于美白产品其本身的特点，对于较敏感的肌肤可能会导致一定程度的刺激。有21.5%的消费者表示对美白产品的安全温和性非常关注。

有20.2%的消费者关注美白产品的肤感，希望使用的美白产品有更清爽、不油腻的肤感体验。

近年来，出现了越来越多的"成分党"和"功效党"。有19.7%的消费者表示非常在乎产品的配方、成分的搭配以及美白剂的作用机理，这有助于更精准地选择适合自己的产品。

随着美白市场消费者的低龄化趋势，有5.4%的消费者会考虑提前对皮肤进行护理，在皮肤状态良好的情况下杜绝斑点和色沉的形成，注重先修护再防护的美白理念。

结合以上数据，虽然美白市场竞争激烈，但是消费者对产品的关注点还是存在差异化，品牌和市场可以根据细分人群的特点，进一步挖掘他们的痛点去赢得消费者的青睐。

四、 美白化妆品产品洞察

1. 需求细化，全身美白

消费者对于祛斑美白的需求不断细化，美白产品也已经从大家熟知的精华、面霜、面膜等品类，逐渐扩充到一些之前被忽略的细分品类，如手部护理、身体护理，甚至是沐浴、颈部护理等产品。可见，消费者不仅仅把美白局限于面部，全身美白才是他们的终极诉求。在 2019～2021 年，身体护理和沐浴类的美白产品增幅明显，相关从业人员可对这一明显增幅重点关注。

2. 进口品竞争激烈，国产品逐渐发力

目前在美白市场上，中国本土品牌持续发力，国产品牌热门产品数量较多，以 44.7% 位列第一，远超日本（17%）和韩国（14.4%）。虽然市场上对本土品牌的关注度正逐年上升，过去三年里，从 9% 上涨到 18.8%，但美国和日本仍是美白祛斑市场最受关注的国别。可见消费者对产品的关注度与市场热度存在不匹配现象，本土品牌还有非常大的上升空间。

3. 消费两极分化，高端产品更具潜力

美白产品的市场销售价格跨度较大，从 200 元以下到 2000 元以上不等，相差将近十倍，其中，48.1% 的产品价格主要分布在 200 元以下，30.2% 的产品分布在 200～500 元的价位。由此可见，在美白产品的销售价格区间，接近 80% 的占比都在 500 元以下。

在产品的选择方面，消费者呈现两极分化的情况。2019～2021 年，消费者对于 200 元以下美白产品的关注度，由 16% 提升至 28%，关注性价比的消费人群逐年增加。对于 500 元以上美白产品的关注度，由 10% 提升至 20%，高品质高价位产品也逐渐获得消费者的青睐。与此同时，200～500 元价格区间的市场关注程度在逐步降低。消费者一方面追求极致的性价比，另一方面又追求更高的品质。所以，极致性价比及高品质的美白产品将会带来更多的机会。

五、 美白市场热门成分解析

1. 植物成分更受关注

近年来，祛斑美白成分不断升级，消费者对美白成分的关注度也不断发生变

化。目前，植物提取物类成分因其温和、安全的特点，更受消费者的青睐，其关注度达45.7%，在美白类的成分中遥遥领先。其次为果酸等酸类成分，其关注度为30.4%。经典美白成分抗坏血酸类位列第三，关注度为15.2%。

2. 挖掘成分价值，扩展应用范围

早期的美白市场，烟酰胺成分一枝独秀，虽然目前烟酰胺成分的市场占比依旧很高，但整体趋势在逐年下降。与此同时，多种成分百花齐放，许多植物提取物的应用涨幅明显，如光果甘草提取物、虎杖提取物等。可见，品牌方正在大力挖掘各种美白淡斑成分，极大地扩展了美白淡斑原料的应用范围。

3. 打破认知局限

随着品牌方强烈的教育渗透力度，除烟酰胺以外，消费者开始了解并尝试更多的美白成分及概念。近三年来，消费者对光果甘草的关注度提升了62.1%，对甘草根提取物的关注度提升了51.4%，与此同时377、维生素C乙基醚等成分都有一定程度的提升。可见，有更多的美白成分正在被消费者逐步认可，展现出良好的市场潜力。

六、 美白市场趋势前瞻

1. 细分消费需求

随着消费者美妆心智的提升，产品和市场愈加出现细分化的情况。不同肤质用户对于产品适用性的要求逐渐提高，美白产品也逐渐呈现细分化发展的趋势。比如油皮研制、敏感肌适用等适合不同肤质需求的美白产品。

2. 复配协同增效

各个品牌一直在寻找更好的方式去突破固有的美白思路和方法。通过研究美白机理，选择更多的成分复配协同增效，以期达到更好的美白效果。当前市场氛围下，消费者对于协同美白具有一定的认知并能够接受这种美白思路，未来，这也将是美白产品开发的主要方向。

3. 完善护肤流程

随着消费者护肤理念的升级，他们非常重视"提前预防、内外联动、全身美白"的护肤方法甚至生活方式，他们需要更多的相关配套流程，以满足每一个细节上的美白要求。如四季防晒、内外兼修、医美前后、协同增效、提前预防以及全身美白等。

4. 温和安全高效

随着科研实力的增强与创新发展，更温和、安全、高效的美白成分不断被发掘。产品质量在不断升级，消费者也更加注重美白产品的刺激性、光敏性以及安全性，这又进一步促进了美白市场的发展。

第五节　美白化妆品的未来发展方向

一、美白化妆品的发展趋势

随着美白技术研究的不断深入，消费者对美白化妆品不断产生新的需求。美白化妆品经过多年的发展，从简单的物理遮盖，逐步扩展至依靠清洁、去除角质实现亮肤，选用单组分美白剂、多种美白成分的协同增效，再到如今前期预防、健康美白，每一阶段的发展都是一场技术革命。随着护肤理念的升级，消费者不仅仅需要单纯变白，在变白的同时也需要保持肌肤的健康，所以，开发高效、安全的美白护肤品是未来发展的重要趋势，在成分的选择上也应追求天然、绿色和环保。

二、美白化妆品的创新技术

目前，有一些美白途径的新假设，这些前沿信息会给我们带来一些启示，使美白技术不断更新和迭代，成为美白化妆品的下一个热点。

1. 抑制 MITF 的新方法

MITF 是酪氨酸酶的转录因子，在控制黑色素生成中起到关键性作用。有研究显示，谷氨酸受体（中枢神经系统中一种重要的兴奋性神经递质）可下调MITF 基因的表达。皮肤组织存在着谷氨酸信号系统，其在黑素细胞的重要性也被证实。表皮角质形成细胞可分泌 L - 谷氨酸，并具有谷氨酸受体 NMDAR 及AMPAR 的表达。其中，小鼠黑素细胞中代谢型谷氨酸受体 mGluR1 的过量表达可导致黑素细胞的过度增殖。离子型谷氨酸受体 AMPAR 抑制剂可下调黑素细胞内 MITF 基因的表达。抑制这些受体可导致黑素细胞形态的快速变化，还影响黑素细胞树突的可逆缩回与肌动蛋白和微管蛋白微丝的解体。谷氨酸信号通路可能通过调节 Ca^+ 浓度等环节影响黑色素的合成及转运，因此，谷氨酸受体的相关研究可能是新型美白思路的方向之一。

2. 皮肤微生态的调节

微生态是指存在于特定环境中所有微生物种类及其遗传信息和功能的集合，不仅包括该环境中微生物间的相互作用，还包括微生物与该环境中其他物种及环境的相互作用。正常情况下，皮肤表面有大量微生物存在，这些微生物菌群连同皮肤环境形成了一个类似于生态圈的微生态系统，共同形成了皮肤表面的微生物屏障。

肌肤菌群失调会导致皮肤疾病的发生。如对皮肤黄褐斑区的菌群分布情况进行研究，发现黄褐斑皮损区痤疮丙酸杆菌活菌数明显低于正常皮肤，而棒状杆菌、需氧革兰阴性杆菌、微球菌及其他暂住菌比正常皮肤数量明显增加，尤其是褐色、橘黄色的微球菌明显增加。产色的微球菌随温度升高和时间延长，色素的产生量明显增加，所以黄褐斑在春夏季明显，与这一情况存在相关性。

目前，皮肤微生态的研究越来越受到关注，通过调节皮肤微生态的平衡达到美白祛斑效果，也是一个新的设计思路。

3. 激素调节

性激素影响人体皮肤的多种功能，如雄激素影响皮脂腺的生长和分化、毛发生长、表皮屏障的平衡和伤口愈合等功能，雌激素涉及皮肤老化、色素沉着、毛发生长、皮质生成等功能。有学者认为，黄褐斑与女性的性激素分泌、生理周期密切相关。虽然性激素对人体色素沉着的机理目前尚不明确，但已证实这些激素对黑色素产生有重要影响，这个领域在未来可能会更受到关注。

4. DKK1 的特异性刺激

DKK1 是一种成纤维细胞分泌的因子，可控制黑素细胞生长并强烈抑制黑色素生成。Wnt 信号途径在许多生理过程中都发挥了重要的作用，DKK1 的蛋白产物是 Wnt 信号通路的重要拮抗分子，Wnt 蛋白和其受体的结合可被 DKK1 抑制。经研究，DKK1 通过负调控 Wnt 信号通路，可降低 MITF 水平，从而抑制黑素细胞的生长和色素的生成。因此，基于 DKK1 的相关研究可能是潜在的治疗色素沉着的新方法。

5. 通过黑素小体的酸化加速酪氨酸酶降解

目前，大多数美白剂都是通过抑制酪氨酸酶活性而起到美白效果，加速酪氨酸酶降解的方案还很少被提及。研究发现，酪氨酸酶活性的最佳 pH 接近中性，黑素小体在酸化条件下，酪氨酸酶的活性就会降低，从而减少黑色素的合成。但如何只改变黑素小体的 pH 环境而不改变其他细胞内在酸碱环境，这也是一个新兴的话题。

除此以外，自噬理论、人体生物钟调节、细胞周期调控、细胞自噬理论等都有涉及美白淡斑方面的相关内容。虽然有些前沿技术只是一个雏形，但给我们带来很多启示。随着科学技术的发展，美白的技术正在不断地更新和迭代，持续地促进祛斑美白类化妆品的良性发展，以满足更多的消费者需求。

第二章　美白及透皮作用机理

第一节　皮肤的基础知识

皮肤覆盖于整个身体表面，是人体最大的器官。它不仅是人体抵御外部侵袭的第一道防线，同时具有特殊的独立功能，如保护、吸收、排泄、感觉、调节体温以及参与物质代谢等。成年人的全身皮肤面积为 $1.5 \sim 2.0 m^2$，其重量约占体重的 5%（若包括皮下组织，可达 16%）。皮肤的厚度因年龄、性别、身体部位的不同而存在差异，通常在 $0.5 \sim 4.0mm$（不包括皮下脂肪层）之间，平均 $2.0 \sim 2.2mm$。一般而言，男性的皮肤相对于女性的皮肤厚。眼睑、外阴等部位的皮肤最薄（$0.6 \sim 1mm$），而枕后、颈项、手掌和足跟等部位的皮肤最厚。

皮肤表面由于皮肤组织中纤维束排列方向的不同并受到牵引力的影响，会形成许多皮沟和皮嵴。皮沟将皮肤表面划分成不同的形状，在手背、颈部可见较为清晰的三角形、菱形和多角形。在皮嵴上可见有许多凹陷的汗孔，是汗腺导管的开口部位。在手指和脚趾末端涡旋状的曲面皮嵴即人们常说的"指纹"。

一、皮肤的结构

皮肤由外向里依次为表皮、真皮和皮下组织三个部分组成。此外，皮肤内还含有多种皮肤附属器，如毛发、毛囊、皮脂腺、汗腺、指（趾）甲等。

（一）表皮

表皮（Epidermis）是皮肤的最外层的组织，主要由角质形成细胞和树枝状细胞这两大类细胞组成。因身体部位不同，其厚度也不同，一般厚度为 $0.07 \sim 0.12mm$，手掌和足趾最厚（$0.8 \sim 1.5mm$）。表皮是化妆品发挥功效的主要部位，表皮的完整性、厚度、质地和水合程度在一定程度上决定了皮肤是否美观、是否具有正常的生理功能。

1. 角质形成细胞

角质形成细胞又称为角朊细胞，是表皮层的最主要成分，占表皮细胞的大多数，具有产生角蛋白的特殊功能。表皮中相邻 2 个角质形成细胞通过半桥粒结构衔接在真皮层连接部，维持基底层的稳定，任何原因导致桥粒受损，都会产生表皮内水疱。

由于角质形成细胞在不同发展阶段具有不同的形态特点，角质形成细胞由内向外可分为 5 层：依次为基底层、棘层、颗粒层、透明层以及角质层。基底层（Stratum Germinativum）是表皮的最内一层，又称为生发层，由一层呈栅形排列的圆柱状细胞组成，与真皮波浪式相接。基底细胞具有很强的分裂和繁殖能力，它可以不断分裂，有序向上移行、生长并演变成表皮各层角质形成细胞。棘层（Stratum Spinosum）由 5~10 层多角形、有棘突的细胞组成，也称棘细胞层，是真皮中最厚的一层。棘细胞之间由桥粒连接，桥粒连接处有淋巴液通过，以供给细胞营养。棘细胞胞浆中含有板层小体，内含三酰甘油、脂肪酸、角鲨烯、蜡酯、甘油二酯和胆固醇等脂质，有防止经皮水分丢失（TEWL）和有害细菌侵入、防止水溶性物质的吸收的作用。正常的棘细胞也具有分裂功能，参与创伤的修复，有助于头发和指甲的生长，同时吸收淋巴液中的营养成分，供给基底层养分，协助基底层细胞分裂。颗粒层（Stratum Granulosum）由 2~4 层扁平、纺锤形或梭形的细胞构成，其主要特点是含有大量大小形状不规则的透明角质颗粒。由于颗粒层上部细胞间充满疏水性磷脂质，使水分不易从体外渗入，也能抑制体内的水分流失，避免由于角质层细胞的水分显著减少而造成角质层细胞死亡，对存储水分有重要的影响。透明层（Stratum Lucidum）位于颗粒层和角质层之间，由 2~3 层界限不明显、无核、无色透明、紧密连接的细胞构成，仅见于手掌和足跖的表皮。透明层含有角质蛋白和磷脂类物质，能防止水及电解质透过皮肤，起到生理屏障作用。角质层（Stratum Croneum）由角质形成细胞不断分化演变而来，重叠形成比较坚韧有弹性结构的板层结构，是表皮的最外层部分。角质层细胞内充满了角质白纤维，其中由膜被颗粒释放的自然保湿因子（NMF）包括各种氨基酸及其代谢物，具有很强的吸水能力，使得角质层不仅能防止体内水分的散发，还能从外界环境中获得一定的水分。角质层细胞一般脂肪含量约 7%，水分含量 15%~25%，是皮肤最重要的屏障，能耐受一定的物理性、机械性、化学性伤害，并能吸收一定量的紫外线，对内部组织起保护作用。

新生的角质形成细胞在基底层繁殖，后有序地向外移行，新细胞进入棘细胞层增殖并向表皮层分化迁移，在颗粒层开始退化，在透明层吸收，到角质层形成保护层。这样层层往外推移，最终皮肤的表面脱落，同时由新形成的角质化细胞进行补充的过程，称作"生长分化"。"生长分化"即表皮细胞新陈代谢，通常把基底细胞分裂后至脱落的时间称为表皮细胞更替时间或表皮通过时间。一般健康状况下，成年人皮肤细胞的表皮更替时间为 28 天。婴儿的新陈代谢最为旺盛，而老人表皮细胞的新陈代谢周期由于年龄增长，基底层新生细胞减少，细胞迁移速度减慢，角质层不能正常脱落，抑制细胞增生等原因，延长至 60 天左右。

已经死亡的角质化细胞即常说的"死皮"，正常新陈代谢，外层的"死皮"会自行与其他角质层细胞分离脱落。"死皮"正常脱落，可使皮肤光滑细嫩；"死皮"堆积过厚，会令皮肤在视觉效果上发黄且无光泽；"死皮"的异常脱落则为脱皮现象。市面上许多化妆品通过加速"死皮"脱落，缩短表皮更替时间，从而达到深度清洁、美白祛皱的效果。但过度或者频繁去角质层会导致皮肤敏感及无法耐受微小刺激。

2. 黑素细胞

黑素细胞（Melanocyte）来源于外胚叶的神经嵴，是表皮的重要组成细胞之一，位于基底细胞层，8 ~ 10 个基底细胞之间嵌插一个黑素细胞，呈树枝状突起。黑素细胞能够形成并分泌黑色素颗粒，通过树枝状突起将黑色素颗粒输送到基底层及棘层的角质形成细胞内，按照一定比例（约 1：36）连接并互相影响，构成一个表皮黑色素单位。

黑色素颗粒不仅决定着皮肤颜色的深浅，还是人类防止紫外线辐射可能引起的日晒损伤的天然屏障，可吸收各种波长的紫外线、可见光和红外线，起到过滤光线和清除自由基的作用，从而防止真皮弹力纤维变性老化，保护 DNA 免受紫外线导致的突变，进而降低皮肤癌的发生率。

人表皮中的黑素细胞数可达 20 亿，且不会随着年龄的增加而减少，但基底层的黑色素颗粒在 30 岁以后开始降低（每 10 年降低 10% ~ 20%），所以在老年期会出现色素痣变淡的现象。正常成年人黑素细胞的数量在不同部位有明显差异，面颈部最多，上肢和后背次之，下肢和胸、腹最少。这是因为黑素细胞数量的差异和日光中紫外线照射程度有关。此外，黑素细胞还可见于毛基质，负责向毛发输送黑色素颗粒。

3. 其他树枝状细胞

除了黑素细胞，在表皮内还有三种功能结构各不相同的树枝状细胞，分别为朗格汉斯细胞、未定型细胞和梅克尔细胞。

朗格汉斯细胞（Langerhans Cell）大多位于棘层中上部，来源于骨髓，具有吞噬细胞功能，与机体免疫功能有关。朗格汉斯细胞加工并传递抗原，将抗原带至淋巴结的免疫反应区，激活淋巴细胞。

未定型细胞常位于表皮最下层，细胞中没有黑素小体及朗格汉斯颗粒。有学者认为它们可能分化为朗格汉斯细胞，也可能是黑素细胞前身，故称为未定型细胞。

梅克尔细胞（Merkel Cell）位于表皮的下部，见于手掌、口腔与生殖器黏膜、甲床及毛囊漏斗的基底层，数量很少，目前认为很可能是一个触觉感受器。

（二）真皮

真皮位于表皮和皮下组织之间，是一层抵抗组织，厚度为表皮的 10～40 倍。它是皮肤的第二道防线，有渗透屏障作用，可阻止相对分子质量大于 40000 的物质通过。真皮的结构较表皮更复杂，习惯分为无明确界限的两层：乳头层（上层）和网状层（下层）。乳头层位于浅层，较薄，纤维细密，内含丰富的毛细血管、淋巴管、神经末梢及触觉小体等；网状层位于深层，较厚，纤维粗大交织成网，并含有较大的血管、淋巴管及神经等。真皮主要由大量致密结缔组织及基质构成，其主体细胞称为成纤维细胞，结缔组织中的胶原纤维、弹性纤维及基质都是由它自身分泌的。

真皮结缔组织中的纤维成分为胶原纤维、网状纤维和弹力纤维，这些纤维纵横无序地交织着，对维持正常皮肤的韧性、坚实度、弹性和饱满程度具有关键作用，并可使运动部位活动自如。胶原纤维约占真皮基质质量分数的 75%，体积分数为 18%～30%，是真皮结缔组织中主要的纤维成分，具有韧性大、抗拉力强的特点，能够赋予皮肤张力和韧性，抵御外界机械性损伤，并能储存大量的水分。网状纤维为较幼稚的纤细胶原纤维，在真皮中数量很少。真皮网状层里的胶原纤维通常集合成束，纵横交错，有一定的伸缩性，主要提供抗拉强度和弹性。构成弹力纤维的弹性蛋白分子具有卷曲的结构特点。在外力的牵拉下，卷曲的弹性蛋白分子伸展拉长，而去除外力后，被拉长的弹性蛋白分子又恢复为卷曲状态，如弹簧一般。弹性纤维缠绕在胶原纤维束之间，其行走方向与胶原纤维相对应，富有弹性，可使牵拉后的胶原纤维恢复原状。填在胶原纤维和胶原束间隙内的基质中的弹性蛋白，具有很强的伸缩性，与纤维一起共同维持着皮肤弹性。

真皮基质是一种无定形物质，充满于纤维和细胞间隙，使纤维黏合，起着支持和连接、营养和保护的作用。其主要成分为多种氨基聚糖和蛋白质复合体，如酸性黏多糖、透明质酸、硫酸软骨素及少量蛋白质、电解质等，维持水和电解质平衡，保持皮肤充盈。若真皮基质中透明质酸减少，黏多糖变性，真皮上层的血管伸缩性和血管壁通透性减弱，就会导致真皮内含水量下降，使皮肤出现干燥、无光泽、弹性降低、皱纹增多等皮肤老化现象。此外，真皮里面还有肥大细胞、组织细胞及淋巴细胞等细胞成分。

（三）皮下组织

皮下组织是位于真皮层下部的一层组织，与真皮无明显分界，主要功能包括储存能量、供给能量、保温、抵御外来机械性冲击以及保护血管神经和支撑皮肤。皮下组织主要包括皮下脂肪、淋巴管、肌肉以及丰富的血管和神经。

皮下脂肪又称为皮下脂肪层或脂膜，由脂肪小叶及小叶间隔组成，脂肪小叶中充满球形脂肪细胞，小叶间隔将脂肪细胞分为小叶。其下紧邻肌膜，是疏松结缔结构。皮下脂肪的厚薄因年龄、性别、身体部位及个人营养状态而异。

淋巴管形成的淋巴管网能将侵入表皮细胞间隙和真皮胶原纤维之间的微生物、组织坏死物产物以及肿瘤细胞拦截、吞噬或消灭，是循环的重要辅助系统。此外，淋巴管还可以排除废弃物和多余水分，避免多余的水分淤积在皮肤里造成浮肿。

皮肤的肌肉主要是立毛肌，为纤细的平滑肌纤维束，汗腺周围的肌上皮细胞也具有平滑肌功能。

表皮下与毛囊周围分布着丰富的游离神经末梢，主要功能为感知外界刺激以及传达大脑皮质对皮肤组织的指令（如排汗、收缩等）。皮肤的触压觉由分布于无毛皮肤（如指趾末端）的 Meissner 小体和 Vatel – Pacinian 小体感知，痛、痒及温觉由真皮乳头层内无髓神经纤维末梢感知。

肾上腺素能神经支配血管舒缩、立毛肌竖立及顶泌汗腺分泌，胆碱能神经支配外泌汗腺、内分泌系统调控皮脂腺。紧张或寒冷均可使交感神经兴奋导致立毛肌竖立，形成"鸡皮疙瘩"，还可收缩使毛发直立。

（四）皮肤附属器

皮肤附属器包括毛发、毛囊、皮脂腺、汗腺与指（趾）甲等结构，它们均为化妆品的靶部位，与化妆品的吸收和代谢有一定的相关性。

毛发由角化的角质形成细胞构成，从外到内分为皮小毛、皮质和髓质三层。根据长度和质地来划分，毛发分为胎毛、毳毛、未定型毛发和终毛。毛发的形态、长度、色泽和生长周期因种族、地域、年龄和激素的不同而存在一定的差异。

毛发从筒状的毛囊深部不断向外生长，毛囊由内、外毛根鞘及结缔组织鞘所构成。毛囊上部为毛囊漏斗部，皮脂腺开口于此，中间为毛囊峡部，自立毛肌附着点以下为毛囊下部。

皮脂腺由腺泡和导管组成，主要功能为分泌皮脂和排泄少量废物，在外用化妆品的透皮吸收过程中起重要作用。除手掌和足跟外的全身皮肤都有皮脂腺，其大小和分布并不均匀。皮脂腺分泌皮脂主要受雄激素水平影响，还与皮肤表面的皮脂量有关。

汗腺可分为小汗腺（外分泌腺）和大汗腺（顶泌腺）两种。小汗腺是一种结构比较简单的盲端管状腺，多位于真皮和皮下组织交界处，由腺体分泌部和导管组成。而大汗腺多在皮下脂肪层，腺体位置较深，其分泌部的直径约为小汗腺的 10 倍。汗腺的分泌可起到防止皮肤干燥、有助于散热、调节体温和排出体内部分代谢产物的作用。

指（趾）甲位于手指或足趾末端的伸面，由手足背面表皮变成的坚硬角质蛋白组成的致密的、半透明而坚实的薄板。指（趾）甲分为甲基质、甲板、甲周皮、甲床等，主要功能是保护柔软的甲床免受伤害，帮助手指完成较为精细的动作。

二、 皮肤的生理功能

皮肤覆盖于人体表面，主要功能是维持机体的内环境平衡，防止外环境因素带来的影响。皮肤具有屏障保护、体温调节、感觉应答、分泌排泄、渗透吸收、免疫及代谢等多种功能。

（一）屏障保护作用

皮肤屏障（Skin Barrier）是指皮肤所具有的维持机体内环境的稳定及抵御外环境有害因素的防御功能。广义上的皮肤屏障主要包括与皮肤各层结构相关的屏障（机械性屏障、物理性屏障、化学性屏障、生物性屏障、色素屏障等）；狭义上的皮肤屏障指物理性屏障，主要涉及皮肤表皮，尤其是角质层结构相关的屏障。人体正常皮肤一方面主要保护机体各器官及组织免受外界环境中机械性、物理性、化学性和生物性有害因素的损伤，另一方面也防止了组织内的各种营养物质、水分、电解质和其他物质的丧失。如皮肤中的弹性纤维及脂肪能避免外界机械撞击直接传递到身体内部，以免对机体产生伤害或减少对机体的伤害；皮肤表面呈弱酸性，对碱性物质起缓冲作用，皮肤中的弱酸性及不饱和脂肪酸的杀菌作用，也能有效防止外界化学毒素及细菌的侵蚀。

（二）体温调节作用

人和高等动物机体都具有一定的温度，即体温。体温是人体内部组织和器官的平均温度，是机体进行新陈代谢和正常生命活动的必要条件，分为表层体温和深层体温。人体的外周组织（皮肤、皮下组织和肌肉等处）的温度称为表层温度；机体深部（心、肺、脑和腹腔内脏等处）的温度称为深层温度。健康的人体可以保持 36.5～37.5℃，这是由于皮肤通过保温和散热两种方式参与体温的调节。在寒冷的环境或紧张的状态下，皮肤毛细血管收缩，血流量减少，导致皮肤温度下降；而同时立毛肌收缩，排出皮脂，保护皮肤表层，防止热量散失。而当外界温度升高时，皮肤血管舒张，血流量增多，汗液蒸发增快，促使热量散发，使体温不致过高。皮肤散热主要有辐射、传导和对流散热及蒸发散热的形式。

（三）感觉应答作用

皮肤的知觉神经末梢和特殊感受器广泛地分布在表皮、真皮及皮下组织内，能传导出基本的感觉。一般感知的感觉可以分为两大类，一类是单一感觉（触觉、压觉、冷觉、温觉、痛觉、痒觉等），这种感觉是由于神经末梢或特殊的囊状感觉器接受体内外单一性刺激引起的；另一类是复合感觉（潮湿、干燥、平滑、粗糙、坚硬及柔软等），这种复合的感觉不是某一种特殊的感觉器能完全感知的，而是由几种不同的感受器或神经末梢共同感知，并由大脑皮层进行综合分析的结果。皮肤能把来自外部的种种刺激通过无数神经传达大脑，产生各种感觉，引起相应的神经反射，从而有意识或无意识地在身体上做出相应反应，以避免机械、物理及化学性损伤，维持机体的自身稳态。

（四）分泌排泄作用

皮肤主要通过汗腺和皮脂腺来进行分泌和排泄功能。

汗腺分为小汗腺和大汗腺，主要的生理功能为分泌汗液、调节体温，以及释放具有特定气味的信息物质。汗腺分泌的汗液可补充角质层散失的水分，以保持角质层的正常含水量，使皮肤柔软、光滑、湿润。皮肤可由汗腺将汗排出体外，体内的水分会随汗的排出而散失，同时汗带有盐分及其他化学物质，也能通过皮肤排泄出体外。皮脂腺可以分泌皮脂，帮助皮肤柔软和健康。

皮脂主要含有甘油三酯、蜡酯、角鲨烯以及少量的胆固醇。此外，皮脂腺作为一种全浆分泌腺，分泌的皮脂还含有蛋白质、糖和酶等，能为皮肤正常微生物提供营养，同时游离脂肪酸对某些致病真菌和细菌有抑制作用。皮脂腺分泌的皮脂成分及皮脂量受种族、年龄、性别、食物、营养、气候以及皮肤部位等多种因素影响。汗液与皮脂的相互乳化力很强，能够与多种脂类混合，使皮肤柔软、润泽；也有部分皮脂分泌与汗水混合，加上细菌的感染，会产生异味。

（五）渗透吸收作用

人体皮肤虽然具有屏障防护作用，依旧能够有选择性地吸收外界的物质。皮肤主要通过跨细胞途径、细胞间途径和旁路途径吸收外界物质。跨细胞途径主要是指通过角质细胞及细胞间基质来吸收外界物质，角质层越薄吸收作用越强；细胞间途径则是外界物质绕过角质细胞，在细胞间基质中弯曲扩散；外界物质通过毛囊、皮脂腺或汗管等皮肤附属器直接扩散至真皮层则为旁路途径。类固醇类物质如雌激素和雄激素，以及脂溶性物质如维生素 A、维生素 D、维生素 E 和维生素 K，能够被皮肤吸收，但水溶性物质则由于角质层及皮脂腺的屏障作用，不易被机体吸收。外界物质的吸收程度会受到个体年龄和性别、皮肤部位、皮肤含水量、皮肤温度、皮肤湿度、化妆品酸碱度、被吸收物质的理化性质等因素影响。

（六）免疫作用

皮肤是人体重要的免疫器官，是人体免疫屏障的第一道防线，具有主动的免疫防御、免疫监视及免疫自稳定功能。人体皮肤各部分包含特异的结构组成细胞和免疫细胞，如角质形成细胞、朗格汉斯细胞、淋巴细胞、内皮细胞和巨噬细胞，它们将外源性及内源性的危险信息传递给传统意义上的免疫细胞，当皮肤遇到有害因素侵害时，启动固有免疫（先天性免疫），激活获得性免疫（适应性免疫）。皮肤出现的问题，就是皮肤发出的免疫信号。在疾病状态下，各免疫反应环节的异常可促进疾病的发生发展。例如皮肤免疫功能调节紊乱会导致银屑病和特应性皮炎，表现为红、肿、痒、痛和小红疹子等。影响皮肤免疫的因素主要包括紫外线、皮肤衰老及皮肤瘢痕等。其中紫外线的影响最为明显，UV 照射可改变朗格汉斯细胞的形态结构、数量及功能，进而影响皮肤的免疫作用。

（七）代谢作用

皮肤细胞具有分裂增殖、更新代谢的能力。皮肤内新旧细胞会不断进行新陈代谢，一个代谢周期约 28 天，随着年龄的增加，代谢周期也会有所增加。皮肤的新陈代谢在晚上 10 点至凌晨 2 点最为活跃，因此在此期间保证良好的睡眠对养颜颇有好处。皮肤参与人体的糖类、蛋白质、脂类、水、电解质、维生素和微量元素的代谢。健康皮肤的表皮细胞具有自己的代谢规律，但若代谢过程受到内外因素的影响或在某些疾病状态下，表皮细胞代谢会发生紊乱，主要体现为增殖、分化、成熟到脱落的过程发生的一些变化。表皮细胞代谢紊乱会导致表皮脱落困难，如干燥皮肤皮屑、异常大块头皮屑、痤疮皮脂腺开口处表皮角化异常等。

三、 皮肤的分类

皮肤通常按照皮肤类型和皮肤状态两方面来进行分类，常见的鉴别方法为皮肤观察法，即查看皮肤特征的状况，如水分、毛孔、暗疮、斑点、细纹、皱纹、光泽、弹性等。

（一）按照皮肤类型分类

皮肤类型可分为中性、干性、油性及混合型四种。

1. 中性皮肤

中性皮肤是最理想的皮肤类型，肤质纹理细腻光滑、毛孔细小、光泽富有弹性、油脂和水分分泌均衡，很少或没有瑕疵、细纹，很少出现皮肤问题。

2. 干性皮肤

干性皮肤又称干燥性皮肤，肤质细腻，较薄，毛孔细小，隐约可以看见微血管，皮脂分泌不足且缺乏水分，脸部干燥，会有干裂、蜕皮现象，容易出现细纹，缺乏光泽，日晒后易出现红斑，风吹后易皲裂、脱屑，洗脸后皮肤有紧绷感。

3. 油性皮肤

油性皮肤又称脂溢性皮肤，由于皮脂腺分泌旺盛，皮肤呈油亮感，肤质较厚，毛孔粗大，容易长粉刺、暗疮、面疱，易留色素斑、凹洞或瘢痕结节。这种肤质多见于年轻人、中年人及肥胖者。但由于皮肤油脂的保护，油性皮肤不易老化，不易产生皱纹。

4. 混合性皮肤

混合性皮肤为同时存在两种不同性质的皮肤。一般 T 字部位的前额、鼻翼、下巴处为油性肤质，呈现毛孔粗大、油脂分泌较多的特征，而其他部位如面颊部、眼睛四周呈现出干性或中性皮肤的特征。

（二）按照皮肤状态分类

皮肤状态主要指皮肤的含水程度、敏感性、衰老情况、皱纹等。根据这些特征可将皮肤分为缺水性干性皮肤、缺油性干性皮肤、季节性干性皮肤、角质肥厚型油性皮肤、毛孔粗大型油性皮肤、青春期油性皮肤、暗疮型油性皮肤、敏感性皮肤、衰老性皮肤等。它们的某些特征会与皮肤类型的相似或接近，如缺水性、缺油性、季节性干性皮肤都会呈现出一定的干性皮肤特征；角质肥厚型、毛孔粗大型、青春期、暗疮型油性皮肤会呈现某些油性皮肤特征。敏感性皮肤由于薄而透明，容易看到细小血管，角质层不全，保水能力差，容易泛红、发热、瘙痒、刺痛等。衰老性皮肤的皮肤组织功能减退，弹性减弱，无光泽，皮下组织减少、变薄，皮肤呈现松弛、下垂、皱纹增多。

四、 皮肤的颜色

人类面临外界环境的变化，会通过自身行为或生理反应来应对这些来自外界的压力。人类的肤色就是人类"适者生存"自然选择的结果。人类的肤色常与人种、生活地域有关。不同的人种之间肤色存在明显的差异，一般分为白色、黄色、黑色、棕色等不同种类。同时，不同地区的人类之间的肤色也存在差异，如南亚人的肤色较中亚人的深，南欧人的肤色较北欧人的深等。不同个体的肤色还会随着性别、年龄、部位等不同而存在一定的差异，皮肤血液循环状态及皮肤表面光线反射影响也会影响肤色，如老年人的皮肤由于血液循环较差而呈黄色。此外，不良的生活习惯及精神状态也会影响皮肤颜色，造成皮肤暗黄、黑眼圈等问题。

人类的肤色可分为构成性肤色（固有肤色）和选择性肤色（继发性肤色）。构成性肤色主要由遗传基因决定，选择性肤色则主要受体内外许多因素影响，如被太阳光照射后皮肤内黑色素颗粒增多，使得皮肤变黑；运动后毛细血管扩张、血流加快，导致皮肤发红等。皮肤颜色除了受皮肤中黑色素等生物素的影响外，也受皮肤角质层厚度及粗糙度的影响。如皮肤较薄处的光线透光率较大，可以折射出血管内血色素透出的红色；皮肤较厚的部位（如足跟）光线透过率较差，只能看到角质层内的黄色的胡萝卜素。此外，皮肤的颜色还与全身生理和病理的状况相关，是皮肤美容学中的重要参数。

目前国际上普遍采用国际照明委员会（CIE）规定的色度系统（CIE – LAB 1976 色度系统）来测量皮肤颜色。国际照明委员会（CIE）规定将所有颜色用 L^*、a^*、b^* 三个值来表示，并用三维坐标进行定义。L^* 代表被测物表面的黑白亮度（垂直轴）；a^* 代表红色 – 绿色之间的平衡（水平轴）；b^* 代表黄色 – 蓝色之间的平衡（水平轴）。

五、 皮肤的色素体系

人类皮肤的色素体系主要包括黑色素、胡萝卜素及血红蛋白，这些色素的含量与分布情况是影响皮肤颜色的主要因素。

1. 黑色素

黑色素由黑素细胞形成，位于表皮，包括真黑素（优黑素）和褐黑素（脱黑素），是决定皮肤颜色深浅的主要因素。真黑素表现为棕色或黑色，颜色深；褐黑素表现为黄、红褐色或胡萝卜色，颜色浅。研究表明，不同肤色的人皮肤内的黑素细胞数目相近，而每个个体合成并转运的黑色素的颜色、数量、大小、分布及降解方式不同，导致肤色之间的差异。因此决定不同种族人群皮肤及头发颜色深浅的主要因素不是黑素细胞的数量，而是黑色素颗粒的种类和含量。不同种族人群黑色素之间的具体差异可见表 2 – 1。

表 2 – 1   不同种族角质形成细胞内的黑色素区别

对比项目	黑种人	黄种人	白种人
黑素小体的数量	多	介于黑种人和白种人之间	较少
黑素小体的大小/nm	1×0.5	0.6×0.3	0.5×0.3
黑素化程度	深	适中	浅
黑色素的类型	真黑素多	兼有真黑素、褐黑素	褐黑素多
颜色	棕色、棕黑色或黑色	浅棕色、棕色或棕黑色	浅红色、黄红色或红棕色
存在形式	单个分散	介于前后两者之间	簇状聚集
分布情况	分散于整个表皮	介于前后两者之间	表皮底层的基底层
被角质形成细胞降解的速度	缓慢	介于前后两者之间	易降解
化妆品需求	防晒伤	美白	祛斑，防晒伤

黑色素具有光保护作用，这与其物理和生物化学性质有关。有学者认为黑色素的光保护作用是基于 UV 过滤作用（吸收和散射），氧化 – 还原反应（电子转移）和聚合物自由基的性质（终止自由基的反应）。也有学者认为是吸收剂、电子交换和阴离子聚合物的作用。

2. 胡萝卜素

胡萝卜素呈黄色，主要存在于真皮和皮下组织内，分布较多胡萝卜素的皮肤颜色呈黄色。因此黄色人种的皮肤内含有较多的胡萝卜素，多分布于胸腹部和臀部，面部较少。

3. 血红蛋白

真皮内血管中血红蛋白的颜色随携氧量不同，颜色会有所改变。一般血红蛋白呈粉红色，氧合血红蛋白呈鲜红色，还原血红蛋白则呈暗红色。人们常说的"白里透红""黑里透红"主要受血液内各种血红蛋白含量及比例的变化所影响。"白里透红"就是皮肤血管处较浅、毛细血管扩张、供血充血并且血液携氧量多而呈现的现象。

第二节   色素沉着的成因

一、 黑色素生成原理

（一）黑色素生成的路径

黑色素生成的场所为人体表皮基底层的黑素细胞，这个过程涉及一系列的生物反应和化学反应，如黑色素相关酶和蛋白的基因转录、黑素小体生物合成、黑色素的转移以及黑素小体转运至角质形成细胞。黑色素在皮肤中过量生成和堆积会引发黑斑、黄褐斑、雀斑及恶性黑色素瘤等皮肤问题。

酪氨酸、酪氨酸酶和氧气是合成黑色素必需的 3 种反应物质，其中酪氨酸是制造黑色素的主要原料，酪氨酸酶则是酪氨酸转变成黑色素的主要限速酶，这一反应必须有氧参与其中才可完成氧化反应，生成黑色素。

黑色素的生成主要经历两个阶段，黑素细胞摄取酪氨酸后，在酪氨酸酶（TYR）的催化下羟基化转变为 3,4 - 二羟基苯丙氨酸（多巴），此步骤为慢反应，是决定整个黑色素合成速率的步骤。进而又在 TYR 的氧化作用下形成高度活跃的多巴醌，此步骤为快反应。多巴醌是黑色素形成的中间产物，以此为分水岭，后续将通过两条不同的途径生成真黑素与褐黑素。

真黑素和褐黑素的合成途径：多巴醌经过分子重排环合形成多巴色素，多巴色素可自发性脱羧生成 5,6 - 二羟基吲哚（DHI），在 TYR 作用下生成 5,6 - 吲哚醌（IQ）；或者在酪氨酸酶相关蛋白 2（TRP - 2，多巴色素异构酶）作用下发生结构互变形成 5,6 - 二羟基吲哚 - 2 - 羧酸（DHICA）；再在酪氨酸酶相关蛋白 1（TRP - 1）的作用下生成吲哚 - 2 - 羧酸 - 5,6 - 醌（IQCA）；最后再与其他中间产物结合形成真黑素。而当半胱氨酸或谷胱甘肽存在时，多巴醌可自发与二者提供的巯基（- SH）结合，生成半胱氨酰多巴或谷胱甘肽多巴，进一步氧化聚合生成褐黑素，最后再与真黑素形成混合黑色素，这一过程便是黑色素的生成过程（图 2 - 1）。

（二）影响黑色素合成的因素

影响皮肤色素合成的因素，包括了遗传、炎症、肿瘤以及其他药物等。此外，与日常生活中密切相关的因素有日光照射、空气污染、激素水平变化、痤疮等皮肤炎症、皮肤的老化状态等。

1. 日光照射

日光照射的影响，主要来源于其中的紫外线（Ultraviolet，UV），UV 诱导的皮肤色素的沉着经由多条通路调控，究其本质是黑素细胞提高了黑色素的合成，从而强化对周边角质形成细胞的保护反应。

UV 照射可引起角质形成细胞 DNA 损伤，从而激活 p53 介导的促阿片 - 黑素细胞皮质素原（Pro - opiomelanocortin，PMOC）基因的表达和翻译，POMC 蛋白经酶解后会形成 α - 黑素细胞刺激素（α - Melanocyte Stimulating Hormone，α - MSH），通过与黑素细胞表面的黑皮质素受体 Ⅰ（Melanocortin 1 Receptor，

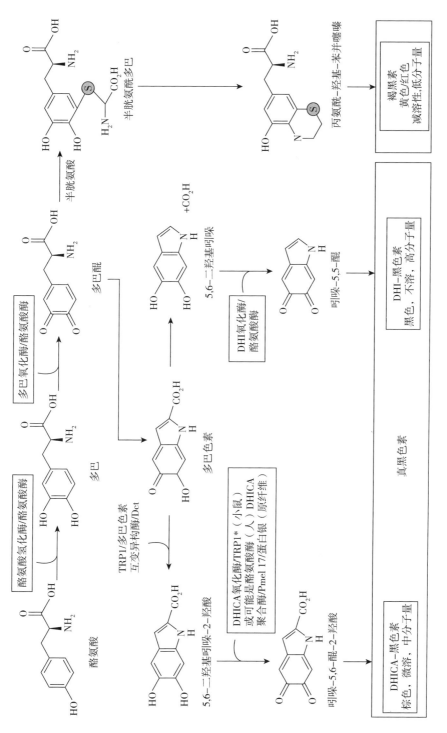

图2-1 黑色素合成途径

MC1R）结合，随后诱发黑色素的合成反应。UV 照射后，黑素细胞中的 MC1R 被激活诱导 MITF 的表达，继而引起 MITF 的调节作用，对前黑素小体蛋白 17（Pre – melanosomal Protein 17，PMEL17）和 TRP – 1 产生影响，最终导致黑色素合成的增加。UV 介导的黑素小体的转运，E – 钙黏着蛋白（Cadherin）在其中发挥着作用，并且在丝状伪足的形成和黑色素转运中也有重要的作用。UV 的照射也可诱导角质形成细胞分泌内皮素 – 1（Endothelin 1，EDN1）、白介素 – 1（Interleukin – 1，IL – 1）、粒细胞 – 巨噬细胞集落刺激因子（Granulocyte – macrophage Colony – stimulating Factor，CM – CSF）等，其中 IL – 1 促使 END1、α – MSH、促肾上腺皮质激素（Adrenocorticotropin Hormone，ACTH）、碱性成纤维细胞生长因子（Basic Fibroblast Growth Factor，bFGF）等的分泌，此外 CM – CSF 可直接促进黑素细胞的增殖同时促进黑色素的合成。UV 诱导黑素细胞前列腺素 E_2（Prostaglandin E_2，PGE_2）的释放，经 G 蛋白偶联受体前列腺素 E 受体（Prostaglandin E Receptor，EP）中的 EP3 和 EP4 来调节环磷酸腺苷（cAMP）/蛋白激酶 A 信号通路，从而对黑色素的合成产生影响。UV 诱导真皮成纤维细胞分泌 bFGF、肝细胞生长因子（Hepatocyte Growth Factor，HGF）、干细胞因子（Stem Cell Factor，SCF）等，其与黑色素表面的不同受体结合后，对黑色素合成产生影响并导致色素沉着。

UV 中的高能量蓝光（$\lambda_{max} = 415\text{nm}$）可激活光敏感受体视蛋白 3（OPN3），进而诱发胞质内钙流，导致钙调素依赖性蛋白激酶 II（Calcium/Calmodulin – Dependent Protein Kinase II，CAMK II）、cAMP 反应元件结合蛋白（CRE – binding Protein，CREB）、细胞外信号调节激酶 1/2（Extracellular Signal – regulated Kinase 1/2，ERK1/2）、MITF 的磷酸化，导致黑色素相关基因转录的提高，从而加速了黑色素的合成。此外，高能量的蓝光照射会导致磷酸化的酪氨酸和 TRP – 1/2 在黑素小体膜上形成稳定的复合物，对真黑素的合成产生持续影响。

2. 空气污染

随着工业化的发展，其产生的气体污染物也在日益影响着人们的生活，同时也会影响皮肤的色素沉着。此外，香烟产生的烟雾也有同样的影响。二噁英和多环芳香烃可与黑素细胞内的芳香烃受体（Arylhydrocabon Receptor，AhR）结合，从而激活黑素细胞合成的信号通路。

3. 激素水平变化

激素水平的变化，对表皮的色素合成也会产生影响。除 α – 黑素细胞刺激素 α – MSH 外，多种激素参与并影响黑色素的合成。由于人黑素细胞中缺乏经典雌激素受体（Estrogen Receptor，ER）和孕酮受体（Progesterone Receptor，PR），雌激素以及孕酮经非经典膜结合受体而发挥作用。雌激素通过 G 蛋白偶联受体而促进黑色素的合成，而孕酮通过孕激素和脂联素受体 7（Progestin and AdipoQ Receptor 7，PAQR7）从而减少黑色素的合成。

4. 炎症反应

炎症后色素沉着（Post - inflammatory Hyperpigmentaion，PIH）的诱发在深肤色人群中相对更易发生，其可由炎症性的皮肤疾病如痤疮等引起。在 PIH 发生的过程中，皮肤中色素的合成增加，同时黑色素向周边角质形成细胞的转运增强，并且在真皮的上部会出现嗜黑素细胞的聚集。炎症过程中的细胞因子、趋化因子、花生四烯酸衍生物、活性氧等均可刺激黑色素的合成。

（三）黑色素生成的相关靶点

黑色素生成的调控是一个复杂的过程，有超过 150 个基因参与其中，与黑色素合成相关的靶点主要有酪氨酸酶（Tyrosinase，TYR）、酪氨酸酶相关蛋白 1（Tyrosinase Related Protein 1，TRP - 1）、酪氨酸酶相关蛋白 2（Tyrosinase Related Protein 2，TRP - 2）和小眼畸形相关转录因子（Microphthalmia Transcription Factor，MITF），其中作为限速酶的酪氨酸酶是最为重要的靶点。

1. 酪氨酸酶

酪氨酸酶具有重要的生理功能，与黄褐斑、雀斑等皮肤色素过度沉着的发生相关，酪氨酸酶基因的突变会导致色素障碍性疾病、白化病、黑色素瘤等多种疾病。

（1）酪氨酸酶的结构与形成　酪氨酸酶是一种 III 型铜蛋白家族的疏水性膜结合蛋白，其蛋白核心主要有 α_2、α_3、α_6、α_7 4 个 α - 螺旋组成。酶的活性中心位于 α - 螺旋中，通过一个内源桥基连接活性中心的两个铜离子 CuA 和 CuB，同时两个铜离子又分别与组氨酸 His_{38}、His_{54}、His_{63} 和 His_{190}、His_{194}、His_{216} 上的氮原子通过配位键结合。由于组氨酸配体中 His_{54} 不在 α - 螺旋上，并且没有与硫原子形成硫醚键，从而导致 His_{54} 容易变动，使得 CuA 要比 CuB 易变动。

酪氨酸酶是由酪氨酸酶基因经转录翻译后在黑素细胞内质网产生的，其过程受小眼畸形相关转录因子 MITF 调控，合成后的酪氨酸酶通过高尔基体转运至黑素小体，经糖化作用修饰后具有活性，发挥合成黑色素的功能。

（2）酪氨酸酶的催化机理　酪氨酸酶在催化反应的过程中，会以氧化态（E_{oxy}，又称为氧 - 铜离子态）、还原态（E_{met}，又称为铜离子态）以及脱氧态（E_{deoxy}，又称为亚铜离子态）三种形态存在（图 2 - 2）。氧化态的酶活性中心的两个二价铜离子由一对外来的氧原子结合并连接；还原态的酶活性中心的两个二价铜离子由一个氧原子连接，E_{met}由于铜离子之间的距离和结合水分子的个数不同可分为E_{met}Ⅰ型和E_{met}Ⅱ型；脱氧态的酶活性中心是两个一价的铜离子，没有与氧结合，而是单独分开的。酪氨酸酶的三种存在形态之间可通过结合或释放氧气而相互转换。

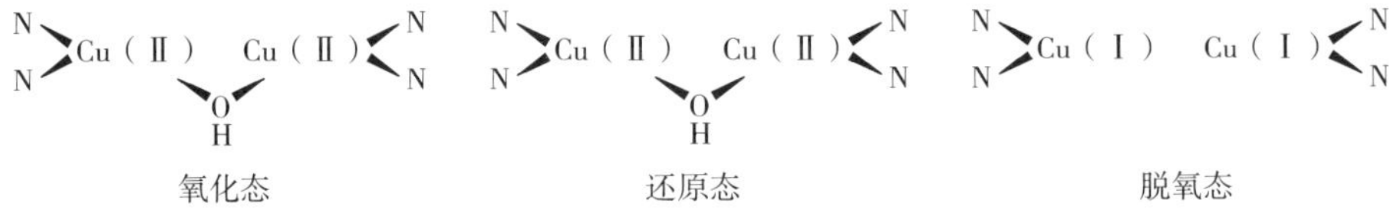

$$
\begin{array}{ccc}
\underset{\text{氧化态}}{{}^{N}_{N}\!\!>\!\!Cu(Ⅱ)\underset{\underset{H}{O}}{}Cu(Ⅱ)\!\!<\!\!{}^{N}_{N}} &
\underset{\text{还原态}}{{}^{N}_{N}\!\!>\!\!Cu(Ⅱ)\underset{\underset{H}{O}}{}Cu(Ⅱ)\!\!<\!\!{}^{N}_{N}} &
\underset{\text{脱氧态}}{{}^{N}_{N}\!\!>\!\!Cu(Ⅰ)\quad Cu(Ⅰ)\!\!<\!\!{}^{N}_{N}}
\end{array}
$$

图 2 - 2　酪氨酸酶的三种形态结构示意图

氧化态的酪氨酸酶由两个二价的铜离子形成正四棱锥状构型，每个铜离子受两个强的赤道面配位原子以及一个相对较弱的轴向组氨酸配基的调控，形成 5 个配位键。其中的三个配位键由蛋白上组氨酸残基上的氮原子形成，外源氧分子以过氧化物的形式与铜离子形成向外的两个配位键，占据了铜离子的两个赤道面的位置，同时作为两个铜离子之间的桥联配体。氧化态的酪氨酸酶同时具有单酚酶活性和二酚酶活性。

还原态的酪氨酸酶与氧化态相似，都含有两个四角形的铜离子，但桥联配体是氢氧化物。当过氧化物加入时，酪氨酸酶从还原态变为氧化态；而当缺少过氧化物时，酪氨酸酶由氧化态变为还原态。还原态的酪氨酸酶只有二酚酶活性。

脱氧态的酪氨酸酶含有两个一价的铜离子，其配位结构与还原态的构型相似，但不含氢氧化物的桥联配体。脱氧态的酪氨酸酶只能结合氧变成氧化态。

2. 酪氨酸酶相关蛋白 1

酪氨酸酶相关蛋白 1，也称为 DHICA 氧化酶，由酪氨酸酶基因家族的 gp75 基因表达。与酪氨酸酶一样，TRP - 1 在内质网合成后经糖化修饰成熟，是参与从高尔基体反面网络结构向阶段Ⅰ黑素小体转移阶段的重要蛋白质。

TRP - 1 的催化活性较 TYR 较弱，它对黑色素合成初期的酪氨酸羟化酶和多巴氧化酶活性具有明显的促进作用，会促使 TYR 和 TRP - 2 的活性明显增加。TRP - 1 不仅参与了黑色素合成代谢过程，也参与黑色素形成过程的系统毒性物质的清除过程，对黑素细胞的增殖和死亡产生影响。

3. 酪氨酸酶相关蛋白 2

酪氨酸酶相关蛋白 2，也称为多巴色素异构酶，由 Slaty 蛋白基因编码表达。TRP - 2 也在内质网中合成，后经高尔基体和反面高尔基体网中的几个步骤成熟，跨越黑素小体膜后最终达到黑素小体。

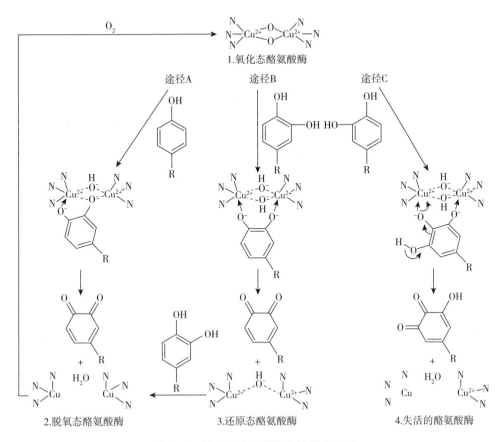

图2-3　酪氨酸酶三种形态的反应机理

TRP-2的作用机理是促使多巴色素结构发生重排，将多巴色素转化为5,6-二羟基吲哚羧酸，最终形成DHICA-黑色素。另外，TRP-2也具有加速黑色素生成的作用，同时酪氨酸酶于黑素小体膜上的稳定性在TRP-1和TRP-2存在的条件下会更好。

（四）黑色素生成的调控蛋白

1. 黑皮质素受体

黑皮质素受体（Melanocortin Receptors，MCRs）是G蛋白偶联受体，包含了MC1R，MC2R，MC3R，MC4R和MC5R。其中，MC1R是黑素细胞表面的受体，在黑色素合成过程中发挥关键作用，调控着黑色素的合成，决定了皮肤色素沉着的多样性。

2. 小眼畸形转录因子

小眼畸形转录因子（Microphthalmia Transcription Factor，MITF）是黑色素细

胞中最重要的转录因子，调控着黑色素合成过程中 TYR、TRP－1、TRP－2 三个关键酶。MITF 还参与了黑素细胞从神经嵴细胞定向分化的调节，并在发育成为黑素细胞后的功能调节上起着重要调控作用；此外还参与了肥大细胞、破骨细胞和眼色素上皮细胞的发育和分化等；同时 MITF 转录因子又受许多重要信号通路的调控，是黑色素合成调节网络的中心枢纽。黑色素生成的相关调控通路与黑色素形成靶点密切相关的信号通路包括了 G 蛋白偶联受体（G Protein－coupled Receptor，GPCR）类和酪氨酸激酶受体（Tyrosine Kinase Receptor，TKR）类。

（1）MC1R/α－MSH 信号通路　MC1R 属于 G 蛋白偶联受体家族，是 α－MSH 的受体，主要在黑素细胞中表达，是调节哺乳动物的头发和皮肤颜色的关键受体之一。α－MSH 与 MC1R 结合后激活腺苷酸环化酶（Adenylate Cyclase，AC），导致细胞内次级信使环磷酸腺苷（Cyclic Adenosine Monophosphate，cAMP）的浓度增加，cAMP 能激活蛋白质激酶 A（PKA）。PKA 是由两个调节亚基和两个催化亚基组成的丝氨酸/苏氨酸激酶，在细胞质溶胶中以无活性的形式存在。cAMP 与 PKA 的调节亚基结合而释放催化亚基，从而激活 PKA，PKA 磷酸化环磷腺苷效应元件结合蛋白 CREB 从而促进 MITF 基因的表达。MITF 与启动子区域的 M－box 结合，调控黑色素生成过程中的 TRY、TRP－1、TRP－2 等相关酶的表达，此外 MITF 还能调节黑素细胞的分化、增殖和存活等功能。研究表明，甘草中的有效成分去氢甘草素 C、白花丹素等在此通路中能发挥一定的抑制黑色素生成的作用。

（2）PI3/AKT 信号通路　磷脂酰肌醇 3－激酶（PI3K）受细胞内 cAMP 的抑制，使得 AKT 磷酸化的减少，糖原合成激酶 3β（GSK3β）的活性增加。GSK3β 激活 MITF，促进 MITF 与 M－box 的亲和力，激活酪氨酸酶家族相关基因的表达，从而刺激黑色素的生成。研究发现，橙皮苷、泽兰叶黄素等能抑制 AKT 信号通路，降低黑色素的生成。

（3）Wnt/β－catenin 信号通路　Wnt 蛋白不存在时，β－链蛋白（β－catenin）被 GSK3β、Axin 和 APC 等组成的多蛋白复合物降解，导致其泛素化和通过蛋白酶体降解。而当 Wnt 蛋白存在时，它会与特异性的卷曲蛋白 Frizzled 受体相结合，导致 GSK3β 依赖的 β－catenin 磷酸化被阻断，使 β－catenin 通过 RAC1 和其他因子转移到细胞核中。Wnt 信号途径的激活会负向调控 GSK－3β，使得细胞质内 β－链蛋白的积累，转运至细胞核形成 T 细胞因子（TCF）和淋巴细胞增强因子－1（LEF1）的复合物，通过 TCF/LEF1 复合物上调 MITF 蛋白的表达，从而刺激黑色素的合成。矢车菊果实中的正己烷部分（HFSF）降低 MITF 的表达就是由 AKT/GSK3β 信号通路介导，降低 β－catenin 的含量。

（4）MAPK 信号通路 丝裂原活化蛋白激酶（Mitogen – activated Protein Kinases，MAPK），是一种能被细胞因子、神经递质、激素等不同的细胞外刺激而激活的丝氨酸 – 苏氨酸蛋白激酶。它被各种细胞外的刺激信号激活，并介导信号从细胞膜向细胞核传导，调控着炎症、细胞凋亡等。

MAPK 是信号从细胞表面传递到细胞核内部的重要传递者，在多种不同的信号转导过程中充当信号转导成分，同时在调控细胞周期中发挥着重要作用。其主要有 ERK，JNK，p38，ERK5 等 4 个亚族，传导的主要途径包括细胞外蛋白调节激酶（Extracellular Regulated Protein Kinases，ERK）通路、c – jun 氨基末端激酶（c – jun N Terminal Kinase，JNK）通路以及 p38 信号通路 3 个。

角质形成细胞分泌的干细胞因子（Stem Cell Factor，SCF）与 c – Kit 受体结合，从而介导二聚化，激活 MAPK 的活性和自身的磷酸化，最终激活 MITF，促进酪氨酸酶基因的表达，导致黑色素生成的增加。

（5）Nitric Oxide 信号通路 一氧化氮（Nitric Oxide，NO）是一种由 NO 合成酶合成的可扩散的自由气体，被认为是存在于不同细胞和组织中的主要细胞内和细胞间的信使分子。紫外线照射后，NO 的生成量显著增加，激活可溶性的鸟苷酸环化酶（Guanylate Cyclase），上调黑素细胞内的环磷酸鸟苷（cGMP）水平，从而激活 cGMP 依赖蛋白激酶通路，活化蛋白激酶 G。细胞内 cGMP 快速增加，导致 MITF 被激活，酪氨酸酶活性上调，刺激黑色素的生成。

（6）NF – κB 信号通路 紫外线照射，会引起皮肤色素沉着和炎症反应。核因子 NF – κB 主要通过各种促炎蛋白影响 UVB 诱导的炎症反应，如诱导型一氧化氮合、环氧合酶 – 2 等。NF – κB 途径可被自由基、紫外线照射、细胞因子、细胞应激等各种刺激激活。

（7）其他调控信号 高能量蓝光可激活黑素细胞 G 蛋白偶联受体 OPN3，导致细胞内钙增高，激活钙调蛋白激酶 Ⅱ（Calmodulin Kinase Ⅱ，CAMK Ⅱ）、CREB、ERK1/2 和 p38，进而活化 MITF 使得酪氨酸酶的活性提高，导致黑色素生成的增加、色素沉着。

（五）黑色素生成的旁分泌调节

旁分泌指的是细胞产生的激素或调节因子通过细胞间隙对邻近的细胞起调节作用。黑素细胞内的稳态维持主要是通过与周围细胞的复杂旁分泌网络来维持的，包括角质形成细胞、朗格汉斯细胞、成纤维细胞、血管内皮细胞、神经细胞/炎症细胞等，同时受 UV 的调节。

1. 角质形成细胞

角质形成细胞和黑素细胞共同构成表皮黑色素单位。黑素细胞与角质形成细胞之间的交流方式之一是经 E 钙黏素的直接连接以源于角质形成细胞的可溶性因子的旁分泌效应，分泌不同的生长因子、细胞激素、炎症因子等调控黑素细胞的增殖、活化、树突的形成和黑色素的合成等功能。此外，角质形成细胞还能调控黑色素生成蛋白的转录，从而影响黑色素的生成。

（1）黑素细胞刺激素 黑素细胞刺激素（Melanocyte Stimulating Hormone, MSH）是 POMC 衍生而来的肽类成分，是腺垂体前叶分泌的一种激素。除垂体外，表皮角质形成细胞、黑素细胞和朗格汉斯细胞均可产生 α-MSH 和 POMC 的相关肽类，其中以角质形成细胞合成的对于调节黑素细胞功能、影响皮肤色素沉着等起到重要的作用。

此外，表皮的 ACTH、促脂素（Lipotropin, LPH）具有 MSH 的氨基酸序列，通过与 MC1R 的特异性结合从而促进黑色素的生成。角质形成细胞通过旁分泌产生的 ACTH 相较于乙酰化 α-MSH 在刺激黑素细胞产生黑色素上的作用更强。

（2）内皮素 内皮素（Endothelin, EDN）可通过 TYR、TRP1-1、MAPK、PKC 等通路促进黑素细胞的增殖以及黑色素的生成。角质形成细胞能合成和分泌 EDN1，且 UVB 的照射也能诱导角质形成细胞分泌 EDN1，当其被黑素细胞内的高亲和性 END1 受体接受后，会促进黑素细胞快速增殖并激活酪氨酸酶、增加 TRP-1 的活性，同时抑制黑素细胞的凋亡。有研发发现，EDN1 可使体外培养的黑素细胞树突数量增加，长度延长，且呈剂量依赖性。此外，它可上调 MC1R 的水平，提高 MC1R 与 α-MSH 的亲和力，影响黑素细胞的功能。

（3）炎症介质 前列腺素（Prostaglandin, PG）和白三烯（Leukotriene, LT）是介导炎症反应的介质，影响着许多的生物过程。黑素细胞表达 PGE_2 和 $PGF_{2\alpha}$ 等多种受体，已被证实了 PGE_2 和 $PGF_{2\alpha}$ 受体能刺激黑素细胞树突的形成、激活酪氨酸酶，并且受紫外线照射的影响，黑素细胞上的 PG 受体水平会有所上调。LT 是非常有效地促进黑素细胞分裂的因子，并且不需要其他促分裂剂的协同作用。LTC_4 和 LTD_4 具有促进黑素细胞分裂增殖的作用，且可能是黑素细胞生长和黑色素合成的重要介质，是炎症后黑素细胞增生的重要因素。肥大细胞被皮肤表面的炎症因子刺激后释放的组胺，也是一种典型的炎症因子，能与 H1 和 H2 受体结合诱导黑素细胞树突的生长、上调酪氨酸酶的活性，促进黑色素的生成。

角质形成细胞分泌的 IL-1、IL-6、TNF-α 是抑制黑色素生成的细胞因子，均能诱发剂量依赖性的酪氨酸酶活性的降低，其中 IL-1α 的抑制作用最强。同时，这三种细胞因子也能诱发剂量依赖性 H-TdR 掺入抑制和细胞倍增的时间延长，从而抑制黑素细胞的分裂增殖。经研究认为，其作用可能是经负反馈环路从而对抗黑素细胞合成黑色素的刺激效应，因此也被认为是炎症后色素减退的重要介质。

（4）碱性成纤维细胞生长因子　角质形成细胞产生的碱性成纤维细胞生长因子（bFGF）是体内天然的黑素细胞分裂剂，其与酪氨酸酶跨膜受体结合，经由 cAMP 途径促进黑素细胞的有丝分裂作用。与其他角质形成细胞分泌的细胞因子一样，bFGF 受紫外线的照射的影响而上调。此外，bFGF 也可促进黑素小体从黑素细胞向角质形成细胞的转运。

（5）转化生长因子　黑色素的生成一部分依赖于黑素细胞的增殖和分化。转化生长因子（TGF-β）作为一种重要的角质细胞来源的黑素细胞调节因子，在没有紫外线照射的情况下，角质形成细胞分泌 TGF-β 抑制黑素细胞的分化。紫外线照射能抑制 TGF-β 的生成，而 TGF-β/Smads 的抑制可上调黑素细胞中的 PAX3，这与紫外线诱导的黑色素生成反应以及色素的沉着有关。

（6）神经营养因子　神经营养因子（Neurotrophin，NT）包括神经生长因子（NGF）、神经营养素-3（NT-3）、神经营养素-4（NT-4）和脑源性神经营养因子（Brainderiverd Neurotrophic Factor，BDNF）。NT 能与高亲和力的 Ttk 受体、低亲和力的 p75NTR 受体两个跨膜糖蛋白相互作用。其中，NGF 与 TrkA 结合，BDNF、NT-4 与 TrkB 结合，NT-3 与 TrkC 结合，而上述的 NT 成员均能与 p75NTR 结合。NGF 随紫外线的照射水平上调，对黑素细胞有趋化性并诱导树突分化，同时增加抗凋亡 Bcl-2 蛋白的水平从而减少黑素细胞的凋亡。此外，NT-3 也能增加黑素细胞的存活。

（7）肝细胞生长因子或扩散因子　据报道，肝细胞生长因子或扩散因子（HGF/SF）在体外能促进黑素细胞的分裂，但需在 bFGF、MGF 等促分裂剂存在的情况下。此外，它也能导致配体细胞的酪氨酸酶活性以及黑色素含量高于正常水平。

（8）外泌体　角质形成细胞释放的外泌体，能调控黑色素的合成。外泌体主要由蛋白质、脂质和 RNA 组成，而 miRNA 可调节 RNA。外泌体中的 miR-3109 对黑色素的生成具有调节作用。

2. 成纤维细胞

成纤维细胞来源的可溶性因子在人皮肤颜色形成以及 UV 照射调节黑色素的生成中发挥着重要作用。成纤维细胞可分泌与角质形成细胞相同的细胞因子，如 SCF、DKK1、IL、TNF、CSF、NTs 等，以及生长因子如 KGF、HGF、bFGF、TGF-β 等，直接或间接地作用于黑素细胞从而调节肤色。

成纤维细胞和源于成纤维细胞的细胞外基质蛋白（ECM）也可影响黑素细胞的增殖、凋亡、活性等。其中，真皮成纤维细胞可分泌可溶性因子从而调控皮肤的构成性色素沉着。另外，细胞因子的旁分泌通路调控着表皮色素的沉着，如角质形成细胞产生的 IL－1α、TNF－α，可刺激成纤维细胞释放 HGF、SCF 等黑素细胞刺激因子。

3. 免疫细胞

皮肤炎症或自身免疫性疾病通常会伴有色素沉着障碍，这可能是通过多种类型的免疫细胞和表皮黑色素单位之间的复杂的相互作用来调节的。辅助性 T 细胞参与慢性炎症反应，根据其分泌的细胞因子分为 Th1、Th2 和 Th17 三大亚型。其中，Th2 型细胞分泌的 IL－4 可直接抑制正常人黑素细胞的黑色素生成，Th17 细胞分泌的 IL－17 也有直接抑制黑色素生成的作用。

4. 其他细胞因子

黑素细胞的调节作用，也有来自毛细血管的内皮细胞和激素、神经细胞分泌因子等的作用。雌激素、内啡肽等会影响皮肤色素的沉着，而雄激素对黑素细胞则具有抑制作用。总而言之，角质形成细胞、成纤维细胞、免疫细胞等均可分泌各种细胞因子，而这些细胞因子最终会通过不同的信号途径来调节黑色素的生成。

二、 黑素小体转运和代谢原理

（一）黑素小体的转运和代谢

正常的皮肤颜色，主要由皮肤内的各种色素含量，包括黑色素、类黑素、胡萝卜素及皮肤血液中氧合血红蛋白、还原血红蛋白，以及皮肤的厚度和光线在皮肤表面的放射现象所决定。其中，黑素细胞产生的黑色素沉着状况是决定皮肤颜色的主要因素，该过程包括了黑素细胞内黑素小体的装配与黑色素的合成、黑素小体由核周向树突远端转移、黑素小体传递至邻近角质形成细胞、黑素小体在角质形成细胞内再分布与降解。由此可见，皮肤颜色除了取决于黑素细胞产生的黑色素的种类和数量以外，还受到了黑素小体转运、再分布和降解能力的影响。

1. 黑素小体的装配与黑色素合成

黑素小体是黑素细胞细胞质内具有膜的球或椭圆形的特有细胞器，起源于核周的高尔基体囊泡，是黑色素合成的"加工厂"。随着囊泡的不断分化，多种黑色素合成相关酶相继装配入囊泡内并被有步骤地活化，从而使得黑素小体具有了黑色素合成能力，在内源性或外源性信号刺激作用下，启动黑色素合成，逐渐成为成熟的黑素小体。

黑素小体由蛋白质结构和脂色素组成，是黑素细胞内的特殊颗粒，根据其黑素化的程度不同，黑素小体的发展分为四期：Ⅰ期，黑素小体为球形或卵圆形空泡，内有少量蛋白质微丝，酪氨酸酶的活动性很强，但尚无黑色素形成；Ⅱ期，黑素小体呈卵圆形，大量的微丝蛋白交织成片，酪氨酸酶活性很强，但仍未形成黑色素；Ⅲ期，黑素小体仍呈卵圆形，酪氨酸酶活性较小，有部分黑色素合成；Ⅳ期，黑素小体充满黑色素，酪氨酸酶已无活性。黑色素的合成是一个多步骤的酶促生化反应，酪氨酸酶、多巴色素互变酶、二羟基吲哚羧酸氧化酶等起着复杂而又精细的调控。酪氨酸酶（Tyrosinase，TYR）是黑色素合成的关键酶，是黑色素合成早期的主要限速酶，其量与活性直接与黑色素合成的速率相关。酪氨酸酶相关蛋白1（TRP-1）与TYR催化活性一致，TRP-2催化多巴色素转化为5，6-二羟吲哚乙酸。总的来说，TYR、TRP-1、TRP-2共同调控着黑色素的合成。

2. 黑素小体由核周向树突远端转移

黑素细胞内成熟的黑素小体会沿着细胞树突伸展方向往树突远端转移，树突是黑素细胞的重要形态学标志，其形状和长短将直接影响黑素小体的转运。肌动蛋白微丝（Actin）是黑素细胞树突的主要组成，成熟的黑素小体依靠驱动蛋白（Kinesin）和动力蛋白（Dynein）沿着微管（Microtubules）运动，并通过由GTPase、Rab27a、MyosinVa组成的三联蛋白沿着肌动蛋白微丝（Actin）运动。驱动蛋白是微管正末端导向运输的蛋白，促进黑素小体向细丝末端运动。而动力蛋白则使其向反方向运动。驱动蛋白和动力蛋白两者相互协调，带动黑素小体向树突末端运动。此外，肌动蛋白微丝和微管蛋白也是黑素小体向树突远端运动所依赖的运动轨道，其中远距离的运动依赖于微管蛋白，近距离的移动以及定位则依赖于肌动蛋白微丝。

黑素细胞树突末端的肌动蛋白连接着肌球蛋白，捕获微管末端的黑素小体。被捕获的黑素小体终止长距离的运动，限定于树突末端的短距离运动，使聚集在树突末端。Rab27a通过介导与肌动蛋白结合，促进肌球蛋白靠近黑素小体表面并连接到膜上，完成黑素小体的捕获。黑素亲和素与肌球蛋白及黑素小体结合，调节黑素小体向远端转移。不同蛋白的相互结合，共同参与黑素小体向树突远端转移的过程。

3. 黑素小体传递至邻近角质形成细胞

黑素细胞胞吐释放黑素小体，到达黑素细胞的树突远端后，肌动蛋白骨架发生构架改变形成通往胞浆膜的通道。黑素小体到达胞浆膜后立即黏附并融合，随后被释放到细胞间隙，被邻近的角质形成细胞吞噬或与之发生膜融合。

黑素小体传递至临近角质形成细胞的机制目前尚未明确，但有多种假说已被提出：一是黑素细胞胞吐释放黑素小体，随后被角质形成细胞吞入；二是角质形成细胞通过活跃的细胞吞噬作用，吞噬黑素小体及其富集的黑色素；三是黑素细胞与角质形成细胞的细胞膜融合，通过细胞质的作用黑素小体转移到角质形成细胞中；四是黑素细胞树突胞膜里的黑素小体脱落后，通过吞噬作用被角质形成细胞内化。

4. 黑素小体在角质形成细胞内再分布与降解

黑素小体进入角质形成细胞后，会选择性地移向角质形成细胞的表皮侧，有利于更好地吸收透入皮肤中的紫外线，保护细胞基因的稳定性。随着角质形成细胞向角质层的移动并完成分化，黑素小体也不断降解。最终角质形成细胞到达角质层，黑素小体的结构也随之消失。此外，部分的黑色素会移向真皮浅层，或被吞噬降解，或被运送至血液中，随血液循环分解并排出。

（二）黑素小体转运的相关蛋白

1. Rab27a

Rab27a 是一种组织特异性蛋白，存在于溶酶体相关颗粒和分泌粒。其参与黑素小体的转运，在黑素小体转运至黑素细胞树突远端的过程中起着关键的作用。黑素细胞中的 Rab27a 与成熟的黑素小体结合，在微管上驱动蛋白的作用下运输到黑素细胞的树突端，而位于树突的黑素亲和素羧基末端与微丝上的肌球蛋白连接成复合物，其氨基末端与 Rab27a 连接，形成 Rab27a/melano‑philin/myosinVa 三联蛋白复合体，以此共同转运黑素小体。

2. 黑素亲和素（Melanohpilin）

黑素亲和素由 MLPH 基因编码，是 Rab 效应基因的家族成员，属于载体蛋白的一种。它可与肌球蛋白以及黑素小体结合，从而调节黑素小体向树突远端的移动。

3. 肌球蛋白（MyosinVa）

肌球蛋白家族成员都有一个由 ATP 结合的 N 端动力区，可与肌动蛋白微丝结合并通过水解的 ATP 提供动力。而另一端的 C 端尾区则介导肌球蛋白与运载物的相互作用，以此决定肌球蛋白功能的特异性。黑素细胞中，肌球蛋白 MyosinVa 的 C 端尾区与黑素亲和素结合，介导黑素小体向树突远端的移动。

4. 蛋白酶激活受体‑2（PAR‑2）

蛋白酶激活受体‑2 是蛋白酶激活受体家族的成员，是一种位于细胞膜表面具有 7 个跨膜结构的 G 蛋白偶联受体，能介导跨膜信号传导，可被丝氨酸蛋白酶所激活，是黑素小体传递的主要调节剂。PAR‑2 表达于表皮中的角质形成细胞，激活或抑制其活性可相应地增强或减弱角质形成细胞的吞噬功能，从而引起黑素传递的变化。此外，PAR－2 可使角质形成细胞分泌前列腺素 E_2、前列腺素 F－α，使黑素细胞树突增多，最终导致皮肤色素沉着而显黑。

三、 面部泛红原理

（一）面部红血丝

面部红血丝，又称为面部毛细血管扩张。毛细血管壁的弹性降低而脆性增强，血管持续性不均匀地扩张甚至破裂，导致面部皮肤泛红。形成面部红血丝的原因复杂，但一般可分为原发性毛细血管扩张和继发性毛细血管扩张两种。

1. 原发性毛细血管扩张

原发性的毛细血管扩张，变现为血管壁薄，有的毛细血管、小动脉及小静脉的壁仅由一层内皮细胞组成，周围也仅由一层无肌肉、无弹性的结缔组织包围，使得血管不能收缩。

2. 继发性毛细血管扩张

（1）高原气候因素　高原地区低压缺氧，导致皮肤缺氧红细胞增多，血管长期代偿性扩张，进而导致收缩功能障碍，最终引起永久性的毛细血管扩张，即人们熟知的高原红。人体由于高原缺氧的环境，血液黏度增加，影响临界微血管半径，微血流阻力增加从而易形成瘀滞。其中，红细胞、血小板、pH 值等变化，均会对血液黏度和临界毛细血管半径产生影响。

（2）药物刺激因素　长期使用具有抗过敏、消炎等作用的激素类药膏，会影响皮肤局部的分解代谢，从而导致胶原变性、毛细血管弹性下降及脆性增加等问题。从而引起局部皮肤的毛细血管扩张、萎缩或紫癜等。此类情况在及时停用药膏并采取适当的治疗后，有可能恢复毛细血管的正常功能。

（3）物理刺激因素　日晒风吹、极端高温或低温等不可抗的刺激，会使得毛细血管的耐受性超出正常范围而扩张破裂，造成面部泛红或紫红色。强烈的紫外线照射下，自由基被活化，在其攻击和破坏毛细血管壁细胞的过程中，大量细胞死亡或代谢紊乱，导致毛细血管壁的弹性下降，收缩功能发生障碍引起毛细血管的扩张。因此，清除自由基能在一定程度上减少对毛细血管的伤害。存在于皮肤真皮层的毛细血管，完成血液与组织间的气体与物质交换的同时，可通过收缩和扩张以调节血流量，从而应变外界的明显温度变化，快速调节体温。然而当温度的骤变范围超出了毛细血管的耐受，则会引起毛细血管的扩张。

（4）化学刺激因素　利用酸性较强的物质能对皮肤最外层角质层进行剥脱，

但频繁或过量使用会使皮肤的天然屏障受到破坏，致使局部发生炎症，出现皮肤过敏反应，从而使面部泛红。化学刺激、过敏等因素对组织细胞损伤后，溶酶体膜较易破裂从而释放出多种水解酶和致炎因子，引起一系列的炎症反应。其中，水解酶的释放产生细胞自溶并损伤其他细胞组织，肽酶可使局部血管扩张并引起疼痛，通透因子则可迅速增加毛细血管的通透性，组胺释放因子促进肥大细胞释放组胺并扩张毛细血管等。所有的炎症介质在过程中均表现出扩张血管、提高血管壁通透性等作用，使得局部皮肤泛红。

（5）疾病相关并发症　一些局部或全身的疾病也会引起毛细血管的扩张，导致面部产生红血丝。如酒渣鼻、甲亢、糖尿病、静脉曲张等。

（6）其他因素　辛辣饮食、嗜好烟酒等个人习惯也与毛细血管的扩张有着密切的联系，因为刺激性的因素容易加重炎症反应或过敏症状。

（二）敏感皮肤

皮肤敏感，指的是皮肤的一种高反应状态，皮肤受物理、化学或温度变化等刺激后出现的灼热、刺痛、瘙痒、紧绷等症状，可伴有红斑、鳞屑以及毛细血管扩张等症状。

1. 敏感皮肤的成因

（1）外源性因素　各种物理因素、化学刺激可诱发或加重敏感性皮肤问题，主要包括环境因素、化学因素、不良生活方式等。环境因素如季节交替、空气污染、空气湿度、紫外线强度等。皮肤的敏感程度会随温度、湿度的变化、紫外线的增强而变得更严重；日常使用的化妆品、洗涤剂、染发剂等产品中也可能含有易产生刺激的化学物质，从而诱发皮肤敏感；过度且不恰当的皮肤护理以及熬夜、不健康的饮食等生活习惯也会促使皮肤的敏感。

（2）内源性因素　敏感皮肤的内源性因素包括基因遗传、年龄、性别、内分泌、生理周期、情绪精神状态等。不同的种族、不同个体间由于遗传的差异，皮肤呈现的敏感度也有所不同。不同的年龄、性别间对于同样的刺激，皮肤表现的敏感程度也不尽相同。内分泌失调或生理周期的影响可能会导致皮肤抵抗能力下降，皮肤免疫反应增强，从而引起皮肤敏感。

（3）其他因素　研究表明，敏感皮肤可继发于其他的一些皮肤病，尤其是与屏障受损相关的疾病，如玫瑰痤疮。另外，敏感皮肤与特应性皮炎相关，皮肤屏障缺陷、瘙痒与免疫紊乱相互作用，导致了皮肤疾病的发展。

2. 敏感皮肤的发生机制

敏感皮肤的发生机制复杂，并不是特定物质的接触和作用所导致，而是皮肤自身结构与感受神经的既定状态。总结来说，敏感性皮肤是在内、外因素刺激下，皮肤屏障受损而导致感受神经暴露增加，对刺激更为敏感，继而引发的一系列皮肤免疫炎症反应的复杂过程。

（1）皮肤屏障功能受损　皮肤屏障的完整与角质细胞与细胞外成分、角质层厚度、角质层含水量、皮肤表面脂膜、皮肤酸碱度、皮肤免疫功能及皮肤细胞的营养与更新密切相关。皮肤屏障是抵御外界环境刺激的一道防线，能有效阻止刺激进入皮肤，同时减少水分或营养物质的流失，皮肤屏障功能的受损是皮肤敏感的重要原因。敏感皮肤可分为3种类型：类型Ⅰ为低屏障功能组，只有屏障功能的缺陷，但无明显的炎症反应；类型Ⅱ为炎症组，屏障功能正常但存在炎症改变；类型Ⅲ为亚健康组，屏障功能正常且无炎症改变。由角质形成细胞和细胞间脂质及其他结构连接而成的"砖墙"结构，对于维持皮肤屏障的完整性至关重要。屏障功能的受损，会加速经皮水分的散失以及营养物质的流失，导致细胞间脂质中的神经酰胺含量明显减少，而鞘脂水平上调，屏障的稳定性降低，是皮肤敏感的重要原因。另外，脆弱的皮肤屏障，会使得皮肤的通透性增加，刺激物、过敏原等更容易进入，同时更深层的皮肤暴露且神经末梢得不到很好的保护，从而在刺激下诱发局部的皮肤炎症，出现泛红发痒、灼热刺痛等症状。皮肤屏障受损，皮肤对外界刺激的抵抗能力减弱，被认为是皮肤敏感的重要原因。

（2）表皮微生物屏障紊乱　皮肤表面含有多种微生物，包括细菌、真菌、病毒和蠕形螨等，它们共同构成了皮肤的微生物屏障。人体的表皮可看作一个微生态系统，正常情况下微生物与人体皮肤处于互生互助的平衡状态。一方面皮肤为微生物提供营养物质及调节物质，提供赖以生存的场所；另一方面微生物通过分泌抗菌肽或游离脂肪酸来阻止病原体在皮肤上定植，从而维持表皮生态的平衡健康。表皮微生物在不同个体、部位、环境、生理状态等情况下有所差别，但常驻菌群仍保持相对稳定的状态。但有研究发现，敏感皮肤上的常驻菌群多样性不如非敏感皮肤丰富。尤其是与皮肤水分含量呈现一定正相关性的表皮葡萄球菌的数量较少，而表皮葡萄球菌与皮肤泛红呈现一定的负相关性。当前，针对皮肤微生态失衡直接导致皮肤敏感的描述，并没有明确的证据，但干燥、有炎症的皮肤会改变皮肤微生物的多样性，增加致病菌丰度，增强致病菌的生物表达，最终进一步加重皮肤敏感。皮肤微生物群是一个复杂的生态系统，菌群的不平衡可能是导致敏感性皮肤发病的机制之一，具体的机制仍有待进一步研究。

（3）皮肤感受神经系统异常　敏感皮肤通常会伴有灼热、刺痛、瘙痒等感官症状，提示皮肤中的神经感觉功能异常，很有可能是一种敏感皮肤的病理机制。一方面，皮肤屏障受损使得表皮内神经纤维末梢得不到充分的保护，从而较易暴露在刺激物的环境中，增强皮肤的感觉反应；另一方面，敏感皮肤中肽能 C 纤维密度减小，且热痛阈值明显降低，而低于正常热痛刺激阈值的刺激也较容易激活肽能 C，加上肽能 C 纤维和 A-δ 纤维密度的降低还可能会导致剩余神经末梢的高反应性。所以，部分人群皮肤屏障完好，但又表现出皮肤敏感。

（4）TRPV1 通道激活　通过对敏感皮肤特征进行研究，在角质层中观察到所有类型的神经生长含量均高于非敏感皮肤，因此认为敏感皮肤的过敏反应与神经因素密切相关。近年来研究的热点香草酸亚型瞬时受体电位 1 通道蛋白，即 TRPV-1，是一种非选择性的阳离子通道，在局部神经源性炎症中控制着神经肽的释放。TRPV-1 在成纤维细胞、肥大细胞和内皮细胞上均有表达，介导对辣椒素、冷热、薄荷脑等刺激有反应，在敏感皮肤上引起疼痛、灼热、瘙痒等症状。有研究发现，皮肤敏感者的两种 TRPV-1 特异性基因型具有更高的频率，其蛋白表达水平也更高，说明 TRPV-1 在敏感皮肤的机制中可能起着重要作用。致敏的 TRPV-1 受体可被低于正常阈值的温度所激活，轻微的温度升高即可致使敏感皮肤的症状，从而引发神经源性炎症。

TRP 通道分布广泛，可以被不同的物理、化学或热刺激所激活，这些刺激同时也是敏感皮肤的触发因素。角质形成细胞中也有 TRPV-1 和 TRPV-4 的表达，TRPV-1 通道的激活是导致部分敏感皮肤红斑的原因，其通过感知紫外线、热刺激等外界刺激来激活皮肤免疫细胞、T 细胞以及嗜酸性粒细胞的大量渗出，同时伴有促进炎症因子的分泌，导致灼热、瘙痒或刺痛等现象。

（5）免疫炎症反应　TRPV-1 在皮肤伤害性感觉神经末梢以及角质形成细胞和肥大细胞上广泛表达，其可引起内皮细胞和肥大细胞分泌内皮素，诱导肥大细胞脱颗粒，导致神经源性炎症。EDN1 会诱导肿瘤坏死因子 α（TNF-α）和 IL-6 的分泌，同时促进血管内皮生长因子的产生，使得血管的反应性增高，引起血管扩张。另一方面，TRPV-1 可通过介导轴突内囊泡胞吐，释放降钙素基因相关肽、P 物质、血管活性肠肽等神经源性炎症因子，激活感觉神经末梢附近的角质形成细胞、肥大细胞、抗原提呈细胞和 T 细胞，释放前炎症细胞因子和趋化因子，引起局部血管扩张、皮肤血流量增加和肥大细胞脱颗粒，最终引起 T 淋巴细胞及嗜酸粒细胞向局部迁移，引发皮肤免疫以及炎症反应，导致红斑、灼热、瘙痒等症状。

（6）基因表达差异　研究发现，敏感皮肤和非敏感皮肤的样本中存在大量差异表达的基因，许多参与特异性炎症和免疫反应的编码基因在敏感皮肤中的表达有所上调，如免疫球蛋白重常数 α1/2（IGHA 1/2）、I 型钙黏附素（CDH1）、Toll 受体 1（TLR1）、S100 钙结合蛋白 A8（S100 A8）、非编码基因 GATA3AS1

等。所以，免疫系统的作用有可能是通过激活受体而导致其 mRNA 的上调而引起的。

（7）其他 除上述的机制以外，精神、心理因素在敏感性皮肤发生的过程中起着重要的作用。Misery 等研究发现，压力和情绪可诱发或加重敏感性皮肤患者的神经感觉伤害症状及红斑反应，面部红斑患者出现抑郁症状的概率更高。此外，心理压力还能破坏皮肤的渗透性和抗菌屏障，导致皮肤敏感。

四、 面部黄化原理

（一）面部皮肤黄化的形成因素

1. 类胡萝卜素

类胡萝卜素是一类萜烯类化合物天然色素的总称，大多数天然存在的类胡萝卜素是由 8 个类异戊二烯单元组成的四萜类化合物，根据化学结构中是否含氧，可分为含氧官能团的叶黄素类和不含氧的胡萝卜素类。除八氢番茄红素、六氢番茄红素等几种类胡萝卜素无色外，绝大部分的类胡萝卜素呈黄色、橙色或红色。其中，叶黄素具有着色功能，当过量摄入后有可能造成其在表皮基底层积聚，最终造成皮肤的泛黄。

2. 皮肤生物黄色素

导致皮肤黄化的生物黄色素，主要有脂褐素、羰基化蛋白、晚期糖基化终末产物、褐黑素等。

（1）脂褐素 脂褐素又称"老年色素"，常说的老年斑便是沉积在老年皮肤表面的脂褐素。脂褐素形成的主要原因是脂质的过氧化产物丙二醛的作用结果，因其强烈的交联性质，可与体内含游离氨基酸的磷脂、酰乙醇胺、蛋白质、核酸等生物大分子发生交联，使膜脂蛋白之间或自身发生交联形成比原来大几倍甚至几十倍的不溶于水的大分子聚合物，后经溶酶体吞噬并逐步沉积，最终形成脂褐素。脂褐素在皮肤的角质细胞、基底细胞、棘细胞、黑素细胞中均有分布，因其难溶于水的性质致使在皮肤细胞内大量聚集，最终导致皮肤泛黄。

（2）羰基化蛋白 羰基化蛋白是羰基化反应的产物，由蛋白质碱性氨基酸残基的游离氨基和活性醛化合物反应生成，是氧化应激的早期标记，是一种棕黑色具有自发荧光性的不溶颗粒。羰基化反应主要是醛类与蛋白质发生的反应，醛类的产生可分为外源性和内源性两种，内源性的醛类主要通过两步反应产生：活性氧（如超氧阴离子、羟自由基等）导致皮肤的不饱和脂肪酸形成脂过氧化物和环化过氧化物；脂过氧化物和环化过氧化物分解成不饱和的醛类。羰基化蛋白一般沉积在暴露于光照处的表皮层与真皮层，表皮层羰基化蛋白含量高于真皮层，其原因在于表皮层持续暴露在氧化环境和皮脂腺分泌的不饱和脂质环境中，为活性醛化合物的不断生成创造了有利的条件。角质层由于长期暴露在氧化的环境下会导致羰基蛋白的增加，可导致其透明度降低、保水能力降低、毛孔变暗等问题。而真皮层中大量的胶原蛋白、弹性蛋白等也会出现羰基化蛋白的累积，而羰基化蛋白的堆积会引起皮肤颜色的变化。

（3）晚期糖基化终末产物　晚期糖基化终末产物（Advanced Glycation End Products，AGEs）是由还原糖的羰基蛋白质、脂质、核酸的游离氨基酸通过非酶作用形成的不可逆稳定聚合产物的统称。其生成的途径有美拉德反应途径、葡萄糖自氧化和脂质过氧化以及多元醇途径等（图 2−4）。

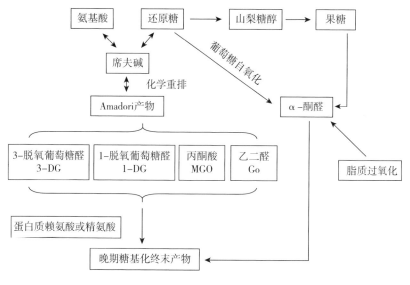

图 2−4　AGEs 的形成途径

①美拉德反应途径　非酶糖基化，指的是在无酶催化条件下，还原性糖的醛基或酮基与游离氨基酸反应，生成可逆或不可逆的高级糖基化终末产物（AGEs）的过程。糖基化终末产物的生成的过程可分为 3 个阶段：初级阶段，还原性糖以非酶促方式依附于蛋白质、脂质或 DNA 的游离氨基酸上，发生羰氨缩合和分子重排，通过亲核加成反应形成席夫碱（Schiff Bases）。席夫碱是具有碳−氮双键的化合物，其中氮不与氢相连接。该反应的开始取决于还原性糖的浓度，并且在数小时内发生，如果糖的浓度降低反应可逆；中级阶段，不稳定的席夫碱发生进一步化学重排，形成 Amadori 产物，也称为前期糖基化产物。Amadori 产物的性质更稳定，但反应仍是可逆的。而席夫碱易于氧化，产生自由基和活性羰基并形

成 AGEs；终极阶段，随着 Amadori 产物的不断积累，将会发生复杂的氧化、还原、水合等化学重排，并形成交联蛋白质。此过程发生需要较长的时间，但反应不可逆，最终的产物为 AGEs。AGEs 为棕色或黑色的具有荧光特性的大分子物质，具有不可逆性、交联性、不易被降解性等特征，主要存在于皮肤的表皮层与真皮层。其中，Amadori 产物形成 AGEs 的情况有三种：一是还原糖和蛋白质生成 Amadori 产物，再经过复杂的化学重排和自动氧化生成；二是由 Amadori 产物与 Amadori 产物衍生物反应形成 AGEs；三是由两个分子的 Amadori 直接缩合形成 AGEs。

②葡萄糖自氧化和脂质过氧化　AGEs 也可以通过脂质过氧化反应和葡萄糖氧化反应产生，通过增加氧化应激形成二羰基化合物的衍生物是形成 AGEs 的另一种途径。这些二羰基化合物的衍生物，主要是 α‑酮醛（乙二醛、甲基乙二醛、丙酮醛和 3‑葡萄糖酮醛）与一元酸反应形成 AGEs。

③多元醇途径　多元醇途径是另一个研究较多的 AGEs 的形成机制，其反应过程中葡萄糖被醛糖还原酶转化成山梨醇，又经山梨醇氢酶促使形成果糖。果糖代谢物（3‑磷酸果糖）再转化成 α‑酮醛，再与一元酸反应形成 AGEs。

（4）褐黑素　褐黑素与黑色素都是以酪氨酸为底物在酪氨酸酶的作用下合成的，褐黑素与黑色素合成比例主要与酪氨酸酶的活性相关。酪氨酸在酪氨酸酶的催化作用下生成多巴，进而结构重排形成多巴醌，褐黑素就是多巴醌与半胱氨酸形成半胱氨酰多巴后脱羧而形成的。褐黑素为红、黄色含硫可溶性聚合物，其在黑素细胞内合成后形成成熟的黑素小体，沿着微管、微丝被运输到黑素细胞的树突，最终达到角质形成细胞。

（5）皮肤表面脂质氧化　皮肤表面的脂质，是由甘油三酯、蜡酯、角鲨烯、脂肪酸以及少量胆固醇、胆固醇酯和双甘脂组成的非极性脂类混合物。其中，角鲨烯具有高度的不饱和性，在 UV 诱导下易被氧化形成角鲨烯过氧化物以及丙二醛，角鲨烯过氧化物可作为糖化反应的底物，丙二醛作为羰基化反应的底物，在一定程度上增加了糖基化和羰基化反应，从而导致皮肤泛黄。

（二）影响皮肤黄化的因素

1. 外源性的摄入

类胡萝卜素无法在人体内合成，只能通过外源性的摄入，但如果单次过量摄入类胡萝卜素，会使其不能被及时消化而造成堆积，从而使得皮肤黄化。此外，高糖、高碳水化合物的饮食习惯，也会在一定程度上加速非酶糖基化反应，加快非酶糖基化反应终末产物的累积，最终造成皮肤黄化。

2. 环境的影响

我们日常所处的环境，有颗粒物 PM2.5、一氧化碳、二氧化氮等污染物，也有无形的紫外线，都会对皮肤造成一定程度的影响。严重的空气污染可能会导致皮肤表面脂质过氧化和蛋白质氧化，最终形成醛类物质，进而导致脂褐素、羰基化蛋白、非糖基化终末产物的增加，影响皮肤肤色。而较强的紫外线会增加单线态氧、羟自由基等活性氧的含量，加速皮肤表面脂质的氧化，加重皮肤生物黄色素的累积，最终使得皮肤黄化。

3. 年龄的增长

随着年龄的增长，无论是自然老化还是光老化，都会造成皮肤生物黄色素的堆积，其中关于年龄与脂褐素含量的关系已有报道。脂褐素会随年龄增长在人体细胞内逐渐沉积，同时清除能力的下降也会进一步造成沉积。有研究表明，非糖基化终末产物也会随年龄的增长而在细胞内逐步累积，皮肤的生物黄色素累积，最终使得皮肤黄化。

4. 血液微循环

面部皮肤颜色在血液微循环良好的情况下会表现出红润的健康状态，而当血量不足与血流不畅时，将会出现面色晦暗及色素沉着的问题。血液循环较好时，血液可以为肌肤的成纤维细胞、胶原细胞等关键细胞提供充足的物质和能量，将细胞的代谢产物和各种有害物质及时清除，保证肌肤的正常新陈代谢，使面部肤色红润透白。随着皮肤的衰老，微循环系统会出现毛细血管体密度降低和阻塞的问题。血瘀状态的皮肤中脱氧血红蛋白的聚集使皮肤颜色更黑，这是由于脱氧血红蛋白在 630～700nm 范围内的吸收光谱与表皮黑色素的吸收光谱相似而导致。

5. 其他因素

皮肤表观颜色的视觉效果，会受到皮肤含水量、光泽度、粗糙度等影响，当皮肤反射光线的能力降低，肤色暗黄、欠缺透明感的情况会更加严重，呈现较为暗淡的状态，从而会影响对肤色的主观判断。

第三节　美白作用机理

一、　祛斑美白作用机理

祛斑美白，是通过天然或人工合成的物质来降低皮肤色度或减轻色素沉着，以达到皮肤祛斑美白、肤色改善的目的。

（一）关于黑色素

1. 黑色素形成的诱因

正常情况下，皮肤内的黑素细胞产生与代谢的黑色素会达到平衡，从而使皮肤形成正常且稳定的颜色，这种肤色的深浅一般是由个体遗传和生活环境所决定。然而，一些外因会通过影响体内的激素或黑素细胞活性增强因子来提高皮肤内黑素细胞的活性，使合成更多的黑色素，或使黑素细胞生长、增殖。

（1）紫外线　太阳光中的紫外线会使角质形成细胞产生内皮素，内皮素与黑素细胞外的受体结合激活黑素细胞，使黑色素合成异常，导致皮肤晒黑。此外，紫外线会导致自由基的形成，自由基的存在使得巯基氧化，从而激活酪氨酸酶，促进黑色素的合成。紫外线是黑素细胞活性异常的最主要诱因，防止紫外线直接照射皮肤可有效降低紫外线对皮肤的影响，相关内容将在下文（三、防晒作用机理）详细叙述。

（2）维生素　维生素在新陈代谢中起着重要的调节作用，许多的维生素都会直接或间接影响皮肤的肤色。如维生素 C 具有还原多巴醌和黑色素的功效、维生素 E 有抑制酪氨酸酶活性的功效、维生素 B_3 有阻断黑色素向角质形成细胞运输以及降低皮肤光敏感性的功效、维生素 B_6 有抗糖基化的功效，这些功效都会直接影响皮肤的肤色。还有另外的一些维生素具有抗氧化、增强细胞活性、消除微循环障碍等功效，这些都会间接地影响皮肤的肤色。

（3）金属元素　酪氨酸酶是铜离子多酚酶，细胞内的铜离子增加会在一定程度上激活酪氨酸酶，所以减少铜离子的摄入能减少黑色素的生成。铅、汞能使酪氨酸酶失活，阻止黑色素的生成，但同时也能与有机物中的巯基结合，使巯基减少导致酪氨酸酶激活，因此，使用铅、汞等美白功效成分，不仅有金属中毒的风险，还会使黑色素生成增加，皮肤颜色加深。砷、铋、银等元素本身不具有美白功效，但会结合皮肤中的巯基，从而激活酪氨酸酶，使其产生更多的黑色素。

（4）情绪　促黑素细胞激素主要是由脑垂体分泌的多肽类激素，角质形成细胞中也会产生。它是调节黑素细胞活性的主要激素，许多的外部因素会影响促黑素细胞激素的分泌，从而影响黑色素的生成。紧张、焦虑、激动、运动等会促使人体交感神经兴奋，引起血管收缩、心搏加强、心搏加速、新陈代谢亢进等，从而抑制促黑素细胞激素的分泌，降低黑素细胞的活性；而当人处于舒缓状态、睡眠状态、休息状态、情绪低落时，会促使副交感神经兴奋，身体表现出血管舒张、血压下降、心跳减缓、代谢水平减缓等状态，导致促黑素细胞激素分泌，黑素细胞活性增强。但舒缓、睡眠、休息状态并非主要的影响因素，不会带来黑素细胞的活性异常增强，不必在意其可能带来黑色素合成的增加。

但是，与紧张、焦虑、激动等情绪相反，抑郁、绝望、情绪低落等负面情绪会使得副交感神经兴奋，导致皮肤颜色加深和色斑形成。

（5）内分泌　人体内，除了促黑素细胞激素外，还有其他的许多激素也会对皮肤颜色产生影响，所以维持体内的激素平衡，有助于防止黑素细胞活性的异常。比如，少量的肾上腺皮质激素可抑制促黑素细胞激素的分泌，雌激素可解除谷胱甘肽对酪氨酸酶的活性抑制，孕激素可促使黑素小体的转运扩散等。

2. 阻止黑色素的生成

黑色素的合成原料酪氨酸是人体必需的氨基酸，在多种的食物中均有酪氨酸，因此通过减少酪氨酸摄入量来减少黑色素生成是不可取的。而形成黑色素过程中的众多氧化反应，氧化剂主要由呼吸所带入的氧气转化而成，因而难以通过减少氧化剂来阻断黑色素的生成。因此，阻止黑色素生成的有效措施主要是抑制酪氨酸酶、抑制多巴色素异构酶和5,6 – 二羟基吲哚羧酸氧化酶的活性、促使多巴醌转化成颜色更浅的褐色素、还原多巴醌和黑色素。

（1）阻断黑色素合成过程

①抑制酪氨酸酶

A. 抑制酪氨酸酶的基因表达　具有碱性螺旋 – 环 – 螺旋 – 亮氨酸拉链结构的小眼畸形转录因子（MITF）与黑素细胞内的 α – MSH、Wnt/β – catenin、SCF/c – kit 三个信号通路均相关，通过与酪氨酸酶、酪氨酸相关蛋白 1 和酪氨酸相关蛋白 2 基因中的启动因子 M – box 结合来调控基因的表达。Wnt 信号通路包括 cAMP 和 IL6 可以调控 MITF 的转录水平，MITF 蛋白的表达水平则通过 p38 信号和 MAP 激酶信号通路调控。外源信号因子通过激活 cAMP，从而激活 PKA 活性改变酪氨酸酶基因的转录水平。有研究发现，一种从 Piper longum 提取的天然化合物可以抑制 cAMP 及酪氨酸酶的转录。转化生长因子 β1 可以下调 MITF 的表达并阻碍细胞外信号调节激酶 ERK 的激活，溶血磷酸酯通过激活 MITF 的降解，C2 神经酰胺、神经酰胺胆碱通过 ERK 阻碍 MITF 的表达，最终降低酪氨酸酶基因的表达水平。此外，谷氨酰胺受体对 MITF 的表达有显著的影响，离子型谷氨酰胺受体的阻断会使 MITF 蛋白的表达水平急剧下降。

B. 抑制酪氨酸酶的活性　酪氨酸酶作为黑色素合成过程的主要限速酶，其主要催化两类不同的反应：一元酚羟基氧化生成邻二羟基化合物；邻二酚氧化生成邻二苯醌。根据抑制机理的不同，酪氨酸酶抑制剂分为破坏性抑制和非破坏性抑制。

酪氨酸酶的破坏性抑制也称为不可逆抑制，是指直接对酪氨酸酶进行修饰、改性从而失去对酪氨酸催化的作用，最终达到抑制黑色素生成的目的。从酪氨酸酶结构可知，作为一种结合酶，发挥作用的是作为辅助因子的铜离子，铜离子的含量降低会使得酪氨酸酶的活性显著下降。即抑制分子可通过破坏酪氨酸酶的活性部位，与之发生不可逆的结合或破坏其结构，使酪氨酸酶失去催化活性。人体皮肤中存在酪氨酸酶活性的自我调节机制，即通过表皮内的巯基化合物，特别是谷胱甘肽来络合铜离子从而达到抑制酪氨酸酶的活性。

酪氨酸酶的非破坏性抑制也称为可逆抑制，是指不对酪氨酸酶本身进行修饰或改性，通过抑制酪氨酸酶的生物合成或取代其作用底物而达到抑制黑色素生成的目的。抑制分子与酪氨酸酶的结合是可逆的，过程中逐渐趋于动态平衡，酪氨酸酶的活性会随着抑制剂浓度的增加而降低，但不会导致酪氨酸酶失去活性。通常根据抑制机理可分为竞争性抑制、非竞争性抑制、混合型抑制和反竞争性抑制。

竞争性抑制指的是具有与底物相似结构的抑制剂，能与底物竞争酪氨酸酶活性中心的双核铜离子结合位点，从而阻止底物与酪氨酸酶的结合，产生可逆的抑制作用。值得注意的是，相当一部分结构与底物不相似的抑制剂也表现出竞争性抑制作用，而且抑制剂与酶的结合和底物与酶的结合不能同时进行。含酚羟基结构的化合物对酪氨酸酶大多表现为竞争性抑制，且对位取代的化合物抑制强度高于邻位或间位的取代化合物，它们可以与酪氨酸酶的双铜离子活性中心结合。如我们熟知的熊果苷，是一种含酚羟基的糖苷化合物，其结构与酪氨酸酶单酚底物 L - 酪氨酸的结构相类似，表现出一定的酪氨酸酶抑制作用。黄酮类化合物如栎精、高良姜精、非瑟酮、3,4,7 - 三羟基异黄酮、桑色素等均是酪氨酸酶的竞争性抑制剂，根据结构可推测它们是通过与酶活性中心的铜离子螯合而抑制其活性的。含硫化合物如苯基硫脲，其主要通过硫取代酪氨酸酶还原态的活性中心两个铜离子之间的氢氧化物桥联配体，从而与底物竞争酶的活性中心，形成酪氨酸酶的竞争性抑制。

非竞争性抑制指的是酪氨酸酶既与抑制剂结合，又可以与底物结合，但底物与抑制剂之间没有竞争。酪氨酸酶与底物结合后，抑制剂会与酶活性中心以外的位点结合，通过改变酶的空间结构或位阻从而抑制酪氨酸酶与底物的结合，降低催化活性中心的效率。常见的抑制机理为抑制剂与酶活性位点外的氨基酸残基结合形成席夫碱结构。醛类化合物如茴香醛、枯茗醛、对甲氧基水杨醛等，可通过结构中的羰基与酪氨酸酶活性中心周围的 - SH、 - NH$_2$、 - OH 等亲核基团结合，形成稳定的席夫碱结构，并且在酪氨酸酶的疏水环境中能稳定存在，从而在活性中心的周围形成空间位阻而阻止底物与活性中心的作用，抑制酪氨酸酶的催化活性。并且当醛类化合物的对位引入推电子基团，对酪氨酸酶的抑制作用会有所增强，同时抑制强度也会随推电子基团的推电子能力增强而增强。

混合型竞争抑制指的是抑制剂会与底物竞争酪氨酸酶的活性中心位点，同时也会与酶－底物的复合物结合，即与酶活性中心以外的位点结合。主要的抑制机理为抑制剂与酪氨酸酶活性中心双核铜离子间的内源桥基作用，其效果介于竞争性抑制与非竞争性抑制之间。

反竞争性抑制指的是抑制剂必须与酪氨酸酶和底物结合后的复合物结合的一种抑制类型。

虽然一些酪氨酸酶抑制剂活性很高但其毒副作用也很大，因而禁止在化妆品中添加使用。

常用的酪氨酸酶抑制剂主要有熊果苷、曲酸及其衍生物、鞣花酸、甘草黄酮、白藜芦醇、阿魏酸、维生素 C 及其衍生物、根皮素、谷胱甘肽等。

除此之外，一些天然提取物也常用于抑制酪氨酸酶的活性，主要有茶叶提取物、当归提取物、甘草提取物、酵母提取物、姜黄提取物、红景天提取物、荔枝壳提取物、芦荟提取物、石榴提取物、桑白皮水提取物等。

C. 加速酪氨酸酶的降解　真核细胞中，选择性消除蛋白是一种重要的调控生理过程的机制，细胞内的蛋白质水平受其合成与降解之间的平衡调节。酪氨酸酶在内质网中合成和分选，然后转移至高尔基体中进行糖基化修饰，存在一段时间后会被降解。目前已知的酪氨酸酶降解有泛素－蛋白酶体途径和溶酶体途径两种。

泛素－蛋白酶体途径一般会高选择性地降解泛素化标记的蛋白质以及内质网内折叠发生错误的蛋白质。被泛素化修饰的酪氨酸酶被蛋白酶体降解，而未成熟的酪氨酸酶则从内质网和高尔基体逆向输送到细胞质，随后被泛素化标记进入蛋白酶体分解过程。亚油酸、亚麻酸、磷脂酶 D_2 等能增加泛素化标记的酪氨酸酶数量，从而促进酪氨酸酶的蛋白酶体分解，减少酪氨酸酶的数量，抑制黑色素的合成。

溶酶体途径基于黑素小体与溶酶体具有共同的靶向基序，使得黑素小体膜上的酪氨酸酶可能被靶向溶酶体所降解。有研究发现，异马草酸三萜、苯并吡喃衍生物等诱导的酪氨酸酶的降解与溶酶体相关。

②抑制多巴色素异构酶和 5,6 －二羟基吲哚羧酸氧化酶　黑色素生成的过程中，多巴色素异构酶催化多巴色素氧化成二羟基吲哚羧酸，5,6 －二羟基吲哚羧酸氧化酶催化二羟基吲哚羧酸氧化成吲哚醌羧酸，是黑色素生成的重要途径，抑制这两种酶的活性，可以大幅减少黑色素的生成。目前，光果甘草提取物是已知

的抑制上述两种酶的活性成分。

③促使多巴醌转化成褐色素 黑色素生成的过程，是酪氨酸在酪氨酸酶的催化作用下的一系列反应。过程中所产生的多巴醌、5,6-二羟基吲哚、5,6-二羟基吲哚-2-羧酸等都为黑色素中间体，一些具有抗氧化能力的成分能加速这些中间体还原成多巴和多巴色素，从而抑制黑色素的生成。此外，提升细胞内的谷胱甘肽和半胱氨酸的水平，可以促使褐色素的生成，从而改善肤色。

④还原多巴醌和黑色素 黑色素形成过程中发生多次氧化反应，若能把氧化生成的中间体或黑色素还原，则可以阻断黑色素的生成链，从而减少黑色素的生成。维生素 C 及其衍生物具有还原黑色素的关键中间体多巴醌，还原黑色素分子并使其褪色的作用。从植物提取的花青素，也可将多巴醌的邻苯二醌结构还原成酚型的结构，将颜色较深的氧化型色素还原为颜色较浅的还原型色素，从而使色素褪色。

（2）防止黑素细胞的异常激活

① 抑制黑素细胞活性增强因子 人体内产生的增强黑素细胞活性的激素或活性因子有很多，主要有碱性成纤维细胞生长因子、神经细胞生长因子、内皮素、促黑素细胞激素、促肾上腺皮质激素、孕激素、雌激素等。抑制活性增强因子，能阻断黑素细胞活性的异常。

②阻止黑色素活性细胞与增强因子的结合 表皮层的角质细胞在紫外线的照射下会释放出内皮素，可与黑素细胞膜上的内皮素受体 ETR 相互作用，通过酪氨酸酶以及 MAPK、PKC、PKA 等信号通路，刺激黑素细胞的增殖并激活酪氨酸酶，从而使得黑色素的合成量急剧增加。内皮素作为角质形成细胞和黑素细胞间相互作用的桥梁，在黑素细胞增殖过程中发挥着重要作用。调控内皮素的合成与转录过程以减少其表达，从而抑制黑素细胞的增殖，最终达到减少黑色素合成的目的。如洋甘菊提取物中含有的一种阻止内皮素与黑素细胞受体结合的成分，使得内皮素不能激活黑素细胞。

内皮素拮抗剂与黑素细胞受体结合的位点在黑素细胞膜外，其作用于角质层的角质形成细胞，不需要渗透入具有多层结构的皮肤，而酪氨酸酶活性抑制剂则需要穿过皮肤的角质层、深层表皮、黑素细胞膜、黑素小体膜等四重屏障，所以从皮肤表面渗入的内皮素拮抗剂与酪氨酸酶活性抑制剂相比较，其需要的渗透距离更短，作用效率理论上较酪氨酸酶抑制剂更高，同时也更为安全。

此外，促黑素细胞激素的拮抗剂，如九肽-1，它和黑素细胞上的 MC1 受体有很好的匹配度，可竞争性地与 MC1 受体结合，从而阻止黑素细胞被异常激活。

③ 破坏异常激活的黑素细胞 对于由激素、紫外线等外部因素引起的黑素

细胞的异常激活，壬二酸能抑制亢进的黑素细胞活性而不影响正常的黑素细胞。有研究表明，壬二酸是通过破坏异常黑素细胞线粒体的呼吸来抑制其生长和增殖的。也有观点认为，氢醌脱色的实质是一种酪氨酸酶介导的细胞毒性作用。氢醌分子较小，容易扩散进入黑素细胞的黑素小体上，阻断黑色素生成途径中的一个或多个步骤，同时被氧化形成的半醌基物质会使细胞膜脂质发生过氧化，破坏细胞膜的结构，最终导致黑素细胞的死亡。

3. 去除黑色素

皮肤中已经形成的黑色素可跟随角质细胞的正常代谢脱落，也可通过细胞吞噬降解作用，被还原剂还原等途径代谢除去，或从血液循环中分解并从肾脏排出。使用化妆品，可在体内黑色素自然代谢的基础上，通过加强代谢或解决代谢过程中出现的问题来去除黑色素。

（1）刺激基底层细胞增殖，促进代谢更新   年轻肌肤更新的周期一般为28天，但随着年龄的增长，更新周期会逐渐变长，相应地被转运到角质形成细胞中的黑素小体代谢也会变慢。因此，刺激基底层细胞的增殖，促进角质形成细胞的分化与黑色素的代谢，可达到去除色素沉着的目的。如全反式维A酸就是通过促进角质形成细胞的增殖以及表皮层的更新代谢来达到美白效果。

（2）促进细胞对黑色素的吞噬和分解   表皮层中的黑素小体可以直接被黑素细胞的树突结构输入角质形成细胞或被角质形成细胞直接吞入，角质形成细胞中的黑素小体在其外推角化的过程中逐渐被酸性的水解酶所分解。真皮层的黑色素可以被嗜黑素细胞吞噬并降解。目前，促进细胞对黑素小体的吞噬及降解的功效成分报道不多，需更多地研究发掘或开发有效的成分。

（3）提升皮肤内还原剂水平   黑色素形成过程中经历多次的氧化反应，若存在更强的还原剂，其能代替氧化或把已经被氧化的物质还原。黑色素本身也能被较强的还原剂所还原。维生素C是最具有代表性的还原剂，它不仅能还原黑色素，对于黑色素合成过程中形成的氧化物同样具有还原作用。细胞内维生素C水平的高低与皮肤内黑色素的水平成反比，也有统计学的数据证实了摄入维生素C更多的中年女性的肤色更浅。

4. 降低黑色素对肤色的影响

黑色素若处于皮肤的深层，则不能被人眼看见，对肤色的影响较小，所以阻止黑色素运输到表皮浅层，也即角质层，可以有效地减轻黑色素对皮肤肤色的影响。即使黑色素运送到表皮浅层，若能有效地遮蔽这些黑色素，也可减轻黑色素对肤色的影响。

（1）阻断黑色素向表皮浅层转移   黑素细胞有许多树状突起深入到表皮浅

层，这些树突在运输黑素小体到表皮各层的过程中发挥着重要作用，黑色素的运输被阻断后，黑素小体在黑素细胞中的累积会使得其自身的形成减少，从而降低了黑素细胞的活性。另一方面，黑色素的运输被阻断后，黑素小体主要集中在基底层附近，而位于表皮深层的黑素小体对肤色的影响较小，进入角质形成细胞被分解的机会较大，从而在表皮更新过程中被外推到表皮浅层的概率也较小。黑色素运输阻断剂最具代表性的是维生素 B_3。

维生素 B_3 又称为烟酸，在人体内代谢形成烟酰胺，由于烟酸会导致皮肤泛红、过敏等症状，所以化妆品中一般添加烟酰胺来阻断黑色素向表皮浅层转移。

（2）遮蔽表皮浅层黑色素　角质层是皮肤的最外层，沉积在角质层的黑素小体对表观肤色影响较大。若能遮蔽此部分的黑素小体，则能有效淡化皮肤颜色，同时不会降低皮肤对紫外线的防御作用。

四肽 –30 是皮肤自有的一种亮肤肽，它能使肌肤色调均匀，显著减少炎症后的高色素性褐斑，其作用原理是阻止黑色素在角化细胞中被发现，同时减少酪氨酸酶的数量、抑制黑素细胞的激活。

（3）作用于黑色素转运和代谢阶段　黑色素合成后，随着黑素小体的不断成熟，会转运至黑素细胞的树突末端，最终到达角质形成细胞并再分布形成黑色素的"核帽"，随角质层的代谢而不断被降解。黑素小体在角质形成细胞转运的过程中，跨膜 G 蛋白偶联受体 PAR – 2 发挥着重要的作用。激活的 PAR – 2 能增加角质形成细胞的吞噬作用，增加黑素小体的转运，而 PAR – 2 的拮抗剂则能抑制角质形成细胞摄入黑素小体。研究显示，烟酰胺能有效抑制黑色素的转运。

（二）关于面部泛红

1. 修护皮肤屏障

皮肤屏障能有效防止外界有害因素的入侵与体内营养物质的流失，完整的皮肤屏障能改善面部泛红的现象。外源性补充天然保湿因子增加皮肤含水量，或使用保湿剂、封闭剂提高皮肤的保水能力，维持角质层水合作用，改善皮肤因干燥而导致的瘙痒、泛红。皮肤屏障的修护，还可通过补充神经酰胺及类神经酰胺、植物油脂、胆固醇、甘油三酯、角鲨烷、脂肪酸等脂质填补皮肤结构的空缺，筑牢皮肤的最外层防线。另外，有研究发现，给予受损肌肤适当地补充负电子可加速恢复皮肤的屏障功能，如带有负电位的硫酸钡。

2. 抑制炎症反应

舒缓和减少皮肤炎症，能改善皮肤敏感导致的皮肤泛红或因抓挠导致的皮肤屏障的损伤。通过降低核因子蛋白 NF – κB 信号传导和前列腺素 PGE_2 的分泌、降低细胞内活性氧簇的水平、破坏导致炎症反应的下游通路的作用均可降低炎症反应，常见成分如燕麦生物碱、甘草酸二钾、白藜芦醇等。通过促进皮肤 β - 内啡肽的释放以及抑制神经肽 CGRP 的释放，或抑制 TRPV1 离子通道的反应，可缓解炎症引发的刺痛感、瘙痒感，减少皮肤屏障的二次损伤，如金盏花提取物、4 - 叔丁基环己醇等。

3. 调节皮肤微生态

皮肤表面的菌群多样性，特定菌群的丰度等微生物状态与皮肤的状态息息相关。正常的微生物菌群不仅可以合成营养素来营养皮肤，还可以产生和分泌活性物质作为抗原，刺激皮肤免疫系统对抗外来菌群的入侵。寄居在皮肤的微生物菌群可产生酯酶、蛋白酶、角蛋白酶、磷酸酶和 DNA 酶等胞外酶类，这些胞外酶可降解大分子多聚体，释放出容易被吸收利用的小分子营养物质。如革兰氏阳性球菌和阴性细菌产生的胞外酶，其活性作用之一是将环境中的生物大分子分解为小分子的化合物，作为营养物质通过细胞膜转运到细胞内。皮肤微生物还能合成大量的维生素和其他化合物，其产生的磷脂、固醇等可被皮肤细胞吸收，促进细胞生长，延缓皮肤衰老减少皱纹。此外，其产生的电解质、小分子蛋白质等具有保湿性，可给皮肤补充水分。

通过加入益生元、益生菌、后生元可调节皮肤微生态的平衡，帮助恢复皮肤健康状态。益生元为皮肤上的益生菌提供营养物质，促进益生菌的生长；后生元是益生菌细胞壁碎片及分泌物、代谢物，能上调抗菌肽和丝聚蛋白水平，可抑制有害菌的过度生长和表达；益生菌能直接补充皮肤益生菌以调节皮肤微生态平衡，但由于其在护肤品配方中的活性难以保证，化妆品规范对细菌要求严格，目前很少直接加入活的益生菌成分。化妆品配方中一般会选择加入益生元或后生元，如低聚果糖、低聚半乳糖、益生菌细胞裂解物等。

（三）关于面部黄化

1. 深层保湿

保持皮肤紧致饱满的关键在于皮肤角质层的含水量，当其含量低于 10% 时，皮肤的张力及光泽会消失，皮肤不再娇嫩，角质也容易剥落。使用保湿化妆品，也就是含有保湿成分的产品，能保持皮肤角质层一定的含水量，增加皮肤水分、润度，以恢复皮肤的光泽和弹性。它不仅能保持皮肤水分的平衡，而且还能补充重要的油性成分、亲水性保湿成分和水分，并且能作为其他活性成分的载体，使之更易被皮肤所吸收，达到调理和给予皮肤营养的目的，使皮肤滋润、健康。

2. 清除过量自由基

自由基通常指的是独立存在的带有未成对电子的原子或原子基团、分子或离子。自由基化学反应活性强，具有顺磁性、寿命短等明显的特征。其所带的未成对电子具有配对成键的倾向，因此自由基极易发生电子的得失反应，由于极不稳定的状态，使之会快速反应，并引发其他自由基的生成，出现连锁反应。糖和蛋白质的非酶糖化产物的自动氧化，是在有氧条件下由自由基介导发生的反应。自由基是产生糖基化合物并进一步产生脂褐素产物的主要诱因。自由基清除剂是能够阻断自由基参与的氧化反应或清除自由基的物质，可分为内源性自由基清除剂和外源性自由基清除剂两大类。内源性自由基清除剂包括酶类和非酶类清除剂，酶类清除剂一般为体内的抗氧化酶，主要有超氧化物歧化酶（SOD）、过氧化氢酶（CAT）、谷胱甘肽过氧化酶（GSH－Px），非酶类自由基清除剂则一般是体内的一些水溶性或脂溶性的维生素、肽类或蛋白质，如维生素 E、维生素 A、谷胱甘肽等。外源性自由基清除剂指的是通过体外添加来增加清除能力的物质，如茶叶中提取的茶多酚类，从植物中提取的黄酮类化合物以及一些中草药提取物等。清除皮肤中过量的自由基，减少自由基对皮肤的伤害，能有效解决面部皮肤的黄化问题。

3. 抑制非酶糖基化反应

糖基化反应可以在初级和中级阶段被抑制，抑制 AGEs 生成的方法主要是预防 AGEs 的形成、减少 AGEs 对细胞的影响和破坏 AGEs 等。

非酶糖基化反应形成的席夫碱，因易于氧化产生自由基和活性羰基，最终形成非酶糖基化终末产物 AGEs。目前，抗糖基化的机制主要有破坏形成的糖基化终末产物交联结构、阻断反应底物还原糖中的羰基或二羰基以及亲和加成形成的席夫碱、抑制糖基化终末产物的形成等。

非酶糖基化终末产物形成的必要条件是反应初始的羰胺反应，即氨基酸或胺和带有羰基的化合物发生的亲核反应，选用特定的亲核化合物来封闭羰基化合物是抑制 AGEs 形成的有效途径，如化妆品中添加的维生素 B_6、肌肽、二肽－4、根皮素和根皮苷等可以通过竞争蛋白质和游离氨基或捕捉羰基化合物等途径减少 AGEs 的产生。

4. 消除微循环障碍

微循环障碍主要表现为毛细血管体密度降低和毛细血管阻塞。针对毛细血管体密度降低的问题，目前尚未见有效的解决办法，虽然运动可以在衰老早期缓解毛细血管体密度的降低，也有研究报道了激活血管内皮细胞活性的方法，但逆转血管衰老的方法很难真正用于人体。针对血液黏稠度升高的问题，化妆品中可以添加一些溶解纤维蛋白的成分，如小分子肝素、水蛭素、红花提取物、人参提取物、银杏提取物、丹参提取物、三七提取物等。针对毛细血管变窄的问题，可以添加扩张血管的成分，如维生素 B_3、P 肽及其他肽、乙醇、橘皮提取物等。

5. 针对胡萝卜素导致的皮肤偏黄

胡萝卜素带来的肤色偏黄，尚无非常有效的手段改变，一般通过彩妆在皮肤表面调色掩蔽。但一些有风险的方法可以快速改变皮肤偏黄，主要是使用荧光增白剂、强氧化剂和剥脱部分角质层。

（1）荧光增白剂　荧光增白剂可以吸收紫外线并散射出蓝光，以补充黄色皮肤反射光中缺乏的蓝光，使肤色变得白亮。尽管众多的研究表明荧光增白剂对人体无毒无害，相关部门对荧光增白剂也无禁用规定，但是化妆品中大量添加非皮肤自由的荧光增白成分，渗入皮肤会带来负担，有一定的安全风险。

（2）强氧化剂　强氧化剂在化妆品中添加的主要是过氧化氢，它可通过氧化破坏胡萝卜素、黑色素等有机色素分子中的共轭双键，从而漂白皮肤。但同时，强氧化剂的存在会影响抗氧化成分和构成皮肤分子的还原性基团的作用能力、破坏皮肤组织结构、加速皮肤衰老。《化妆品安全技术规范》（2015 年版）中明确规定皮肤类化妆品中过氧化氢浓度不得超过 4%。

（3）剥脱部分角质层　角质层胡萝卜素含量高、不透明，皮肤颜色是由角质层反射的，存在胡萝卜素会使得皮肤看起来偏黄。磨削术、激光、果酸等都可以剥脱部分的角质层，使角质层变薄而透明，肤色显示为更白嫩的里层。此外，剥脱角质层的方法会使皮肤的屏障功能削弱，外界物质的透皮吸收增强从而可能会加重皮肤敏感。虽然剥脱后的角质层会在一段时间内得以修复，但也不能轻易使用，以免引起皮肤变红、干燥等不良反应。

二、 物理遮盖法美白机理

物理遮盖，是指通过在护肤品里添加粉体原料，涂抹后覆盖于皮肤表面，令皮肤看起来白度提升，从而达到即时美白的效果。通过物理遮盖的方法达到的美白效果是暂时性的，随着护肤品的洗去效果也会消失。

粉体原料在化妆品中应用广泛，大致可分为着色粉体、白色粉体、体质粉体和珠光粉体等。着色粉体用于调整色调；白色粉体具有遮盖、增白的作用；体质粉体的主要作用有调节产品铺展性、吸附性、贴肤性、光泽感、质感，以及淡化视觉焦点和装载活性成分等；珠光粉体则可提高产品的光泽感和质感。

具有最直接和显著增白效果的粉体原料主要为二氧化钛和氧化锌，粉体的屈折率一般大于 2.0。不同粉体的增白效果与其表面处理、包裹的方式相关，应根据不同的产品类型选择合适的粉体。

具有提亮功效的粉体原料主要有珠光、氯氧化铋、云母等，此外一氮化硼也具有美白提亮的效果。据文献资料，随粒径的增大一氮化硼的美白提亮效果越弱，在粒径为 3μm 时效果最好，同时将提亮粉类与一氮化硼组合使用会使提亮效果得以提升。

柔光类粉体原料，常见的如聚甲基丙烯酸甲酯、甲基丙烯酸甲酯交联聚合物、月桂酰赖氨酸等，一方面可以改善化妆品的铺展性、贴肤性等，另一方面通过柔焦效果从而淡化、掩盖斑点，达到一定的美白提亮的效果。

三、防晒作用机理

阳光中的紫外线，有利于人体合成维生素 D，可以帮助钙质在骨骼中沉积。然而过量照射紫外线不仅会引起晒伤、色素沉着、皱纹、皮肤光老化等问题，还可能引起 DNA 损伤等慢性伤害。为了防止过量日光照射给皮肤带来的伤害，人们从很早以前就开始采用如织物、太阳伞、太阳镜、防晒霜等方法来屏蔽紫外线。防晒美白，是通过躲避、遮挡、防护等途径，以延缓并减轻紫外线辐射对皮肤的伤害，保护皮肤不被晒黑或晒伤的一种方法。

1. 太阳辐射与紫外线

电磁波辐射大概可分为：电或无线电波，光学射线，X 射线、γ 射线和宇宙射线。太阳辐射只是整个电磁波辐射的很小一部分，太阳谱（图 2-25）的光学区可分为紫外区、可见区和红外区，紫外区具有最短的波长和最高的能量，到达皮肤的紫外线量与其波长相关，长波辐射的部分更容易到达真皮的深层。这部分能量会引起光化学反应，对皮肤或头皮造成即时和滞后的伤害，这种作用称为光化学效应或光生物效应。

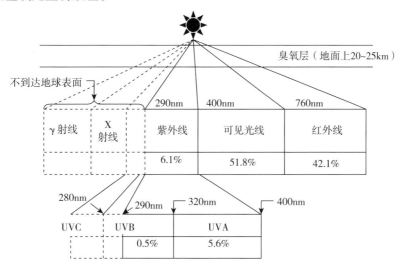

图 2-5　太阳光的光谱组成

2. 不同波长的紫外线

紫外线（Ultraviolet，UV）是指波长为 100～400nm 的电磁波。根据波长的不同，可以把紫外线分为 A、B、C、D 四段。

（1）UVA　UVA 是指波长 320～400nm 的紫外线，又称长波黑斑效应紫外线。能穿透臭氧层和大气层到达地面的 UVA 有 98%，该波段的紫外线具有数量多、穿透能力强等特点，是引起角质形成细胞产生内皮素、激活黑素细胞并晒黑皮肤的主要原因。波长长、光子能量较低、被吸收概率较小、穿透能力强的 UVA 能深入到达真皮层，诱发自由基的生成，抑制形成胶原蛋白和透明质酸，导致胶原纤维的交联，损伤 DNA，损伤血管壁同时使其失去弹性。但其在真皮层引起的变化十分缓慢，也就是光老化。

防晒化妆品中，防止 UVA 紫外线能力大小的指数称为防晒黑指数，一般用 PA 表示，欧美防晒化妆品中用 PPD 表示，但欧美人以皮肤古铜色为美，不注重皮肤防晒黑，导致 PPD 并没有被广泛应用。

（2）UVB　UVB 是指波长 280～320nm 的紫外线，又称中波红斑效应紫外线，仅有 2% 的太阳光中的 UVB 能穿透臭氧层到达地面。UVB 进入皮肤，主要引起表皮和真皮浅层的病变，主要表现为：引起乳头层非特异的急性炎症反应，使得毛细血管扩张，通透性增加，甚至出现内皮损伤，毛细血管的扩张是皮肤形成红斑的原因；引起基底层液化，棘细胞层出现晒斑细胞，细胞周围可能出现海绵样水肿，形成空疱即皮肤表面形成的水疱；由 UVB 引起的红斑或水疱消退后，基底层增生活跃，黑素细胞分泌黑色素增加，原来的病变细胞层迅速褪皮脱落，最终皮肤变黑。

防晒化妆品中，防止 UVB 紫外线能力大小的指数称为防晒伤指数，用 SPF 表示。UVB 也会引起皮肤的黑色素增加，但与 UVA 相比量较少，晒黑的效应可以忽略不计。少量的 UVB 短时间照射会促使人体矿物质代谢和产生维生素 D，促进钙的吸收。UVB 是重点防护的紫外线波段，可被厚云层、衣服、玻璃等阻断。

（3）UVC 和 UVD　UVC 是指波长 200～280nm 的紫外线，又称短波灭菌紫外线，紫外线杀菌用的就是此段波长的紫外线。UVD 是指波长 100～200nm 的紫外线，又称真空紫外线，因其在非真空状态下易被吸收，所以只能在真空中传播。UVC 和 UVD 的波长短，光子能量高，而紫外光子的能量恰好与构成人体的有机分子中原子间的共价键被破坏或切断的能量相匹配，共价键 σ 键或孤立的 π 键都可能被切断。而又是因为光子的能量高，所以穿透力不强，太阳光照射到地球大气层外面，其中高能的紫外线会被臭氧层完全吸收，因此地面上不必担心

UVC 和 UVD 辐射。但是，由于在地球南极的上空有臭氧层空洞，处于南极地区的人们则需要防护 UVC 和 UVD。

3. 紫外线的生物学效应

紫外线的生物效应，是指人体或生物受到一定剂量（辐射强度×时间）的紫外辐射后产生的生理变化。尽管紫外辐射所占太阳辐射的能量比例较小，但由于其光量子能量较高，所产生的光化学作用和生物学效应都十分显著。

（1）阳光对人体的功效作用　从心理学和生理学的角度看，适度地接受可见光的照射，可增强交感神经 - 肾上腺系统的兴奋性和应激能力，增强人体免疫力，促进部分激素的分泌，对生长发育有着重要的作用。阳光还可刺激血液循环，增加血红蛋白的形成，降低血压，还可通过活化表皮内存在的 7 - 脱氢固醇产生维生素 D。目前阳光也被用于一些结核病、皮肤病的治疗中，对自律神经系统也存在有益的影响，减少对各种感染的易感性。此外，阳光可促使皮肤内黑色素生成并可促进表皮层加厚，对紫外线引起的晒伤起着自然的保护作用。

维生素 D 的产生及皮肤维生素 D 调节的光化学过程见图 2 - 6。

UVB 进入皮肤，会被表皮角质细胞和真皮结缔组织细胞浆膜内的 7 - 脱氢胆固醇吸收，导致 B 环打开形成前维生素 D_3。由于前维生素 D_3 的热力学不稳定性，在皮肤内温度下双键重排，形成热力学稳定的维生素 D_3。在暴露于阳光后的 1~2h 内，浆膜内形成的前维生素 D_3 大部分会转变为维生素 D_3。又由于维生素 D_3 的构型在脂质双层内是不稳定的，所以被细胞膜逐出后进入胞外空间，最终进入体内循环系统与维生素 D 结合蛋白 α - 球蛋白结合。

人体所需的维生素 D 中 90%~95% 都来自阳光暴露。合理地使用阳光是明智的，应适当暴露在阳光下。每周将手臂、面部暴露 2~3 次，为最低红斑剂量（MED）的 1/4~1/3 剂量，足以满足人体的需要。

（2）紫外线晒黑作用　紫外线和可见光引起红光的波段会刺激晒黑的响应，分为即时晒黑、滞后晒黑和真正晒黑。每个人晒黑的能力取决于黑素细胞产生的黑色素，一般都是先天性的。

即时晒黑是 300~660nm 光波的能量刺激所引起的，其最高效率的波长范围位于 340~360nm。该段能量的光波能引起皮肤表皮层内，未氧化黑色素颗粒变成黑色，并在暴露于阳光约 1h 后达到最大值，在 2~3h 内开始消退。UVA 能激活体内的光敏性物质产生活性氧 ROS，间接引起黑素细胞的氧化损伤，使黑色素前体转变成黑色素，同时加速黑素细胞内的黑素小体的转运，从而引起皮肤的即时性黑化。

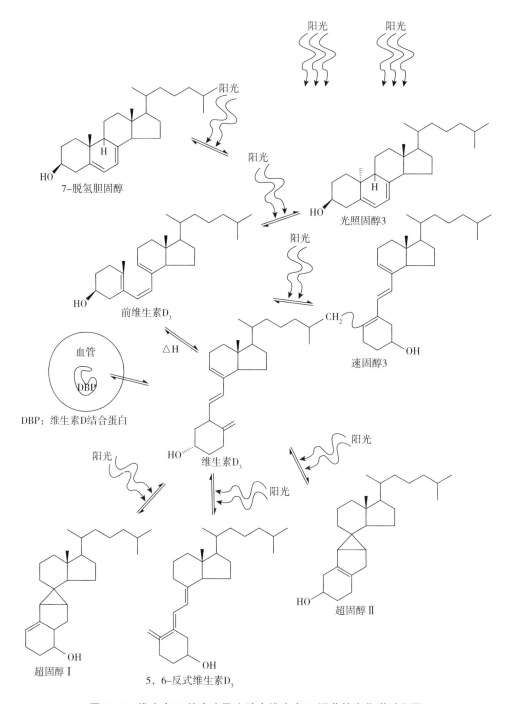

图2-6 维生素 D 的产生及皮肤内维生素 D 调节的光化学过程图

滞后晒黑包括表皮底部细胞层存在黑色素颗粒的氧化作用及其向皮肤表面的迁移过程。滞后晒黑在皮肤暴露于阳光 1h 后开始出现，约在几十小时后达到峰值，然后在 100~200h 内迅速消退。真正晒黑约在暴露阳光 2 天后开始，在 2~3 周后达到峰值。滞后晒黑和真正晒黑主要是由波长为 295~320nm 能引起红斑的辐射所刺激产生的。UVB 会促使角质形成细胞分泌 α-MSH，激活黑素细胞膜上的 MC1R，促进酪氨酸酶的合成，增加黑色素的生成。同时 UVB 还会促使黑素细胞树突的增长，加快了黑素小体向角质形成细胞的转运，从而导致了皮肤的延迟性黑化。

晒黑的简单定义，是增加皮肤色素的产生。这种色素也称为黑（色）素，包括黑色的优黑色素和红棕色的脱黑色素。黑色素的生成在黑素质粒内，其含有黑色素产生所必需的组分，黑素质粒通过黑素细胞的树突迁移至表皮角细胞。一般 1 个黑素细胞与 36 个角质细胞缔合组成表皮黑色素单元。只有当含有黑色素的黑素质粒进入角质细胞内，皮肤才会呈现晒黑的棕黑色。实际上，棕褐色的皮肤是人体的自身保护反应，以减少阳光辐射对皮肤的伤害。晒黑是其中一种紫外线生物学效应的直观表现，生物学效应是复杂的和多样性的。

（3）杀菌作用 紫外线可杀死或抑制常见的细菌，杀菌机理主要是由于紫外线辐射对细菌 DNA 复制的阻止作用。紫外线杀菌和抑菌的作用与辐射强度、波长以及微生物对紫外线的敏感程度相关。

相同的辐射强度下，不同波长的紫外线杀菌和抑菌的效果不同，紫外线的辐射强度越强杀菌能力越突出。研究表明，大肠埃希菌对波长为 234nm 的紫外线最敏感，波长为 253nm 的紫外线对细菌的抑制及清除作用最强，波长为 265nm 的紫外线对绿脓杆菌和金黄色葡萄球菌的作用最强。

（4）紫外线的损伤 紫外线接触到生物机体后，其光子的能量转化为分子间化学键的热效应，进而对生物系统的许多分子产生相应的破坏力，这是紫外线影响人类的生理基础。紫外线的波长越长，穿透力也越强。紫外线损伤有两种作用机制：一是直接途径，紫外线光子被细胞内敏感分子吸收，导致光反应发生；二是间接途径，细胞内的物质吸收紫外线，散发荧光，以热能的形式失去能量，形成新的光化学产物。

紫外线对皮肤的影响主要由 UVA 和 UVB 引起，UVA 主要诱发皮肤黝黑和光老化，与 UVB 共同作用可致皮肤癌和免疫抑制；UVB 则主要诱发皮肤红斑和水肿。

①皮肤晒伤 晒伤是表皮的暂时性伤害，按其严重的程度，出现的症状可由淡红斑至疼痛烧伤，更严重的是产生小疱，当大面积的皮肤被晒伤，还可能会出

现颤抖、发热、恶心和瘙痒等。晒伤的症状可能是由于蛋白质组分的变性，刺激皮肤细胞层受损害或破坏的结果。受损害的细胞可释放组胺类物质，以响应血管的扩散和红斑，同时会引起皮肤肿胀，刺激皮肤底层细胞的分裂。

晒伤症状出现以前的潜伏期，太阳辐射生成的光化学降解产物会诱发一系列的自由基反应，导致生物活性物质的形成，扩散至皮肤血管后产生上述症状。

按照晒伤的症状，可把晒伤定为四种程度：一是最低可感知的红斑，是在暴晒 20min 内出现的可辨认的淡红或紫色皮肤；二是鲜明红斑，在暴晒 50min 内出现的皮肤呈亮红色的状态，但无任何疼痛感；三是疼痛烧伤，是在暴晒 100min 内出现的，伴有鲜明的红斑和中等至强烈疼痛感的症状；四是起疱的烧伤，在暴晒 200min 内会出现，其特征是有鲜明的红斑和强烈的疼痛感。

晒伤一般不会留下痕迹，但根据红斑出现的时间，可分为即时性红斑和延迟性红斑。即时性红斑一般数小时内可逐渐消退，而延迟性红斑持续时间较长，可持续数日然后逐渐消退，会伴随脱屑和色素沉着的出现。

②皮肤光老化　皮肤光老化是指皮肤长期受日光中的紫外线照射后，由于累积性损伤而导致的皮肤衰老或加速衰老的现象。波长较长、携带能量较少的 UVA 可穿透表皮深层真皮层，其中有 30% ~50% 的能量蓄积于真皮乳头层中，引起日光性皮肤组织变性和皮肤光老化。紫外线穿透皮肤的深度随波长的增加而更深入。

光老化的病理表现为真皮上层弹力组织的变性，会导致表皮粗糙、表面皱纹变深、皮肤松弛下垂、毛孔扩大、毛细血管增生、皮肤表面泛红等情况出现。紫外线还会损害皮下胶原蛋白，加速皮肤的衰老。长期的紫外线照射会引起皮肤脂质过氧化终产物丙二醛含量的增高，胶原含量降低，与皮肤的老化直接相关。不同肤色的人群皮肤光老化程度也不同，肤色浅的人光老化更为严重。

光老化是一种可以随着年龄增长而累积的损害，有研究表明在 20 岁之前人们已经累积了 50% ~80% 的损害，而且该损伤无法被机体自身修复，因此光老化是一种不可逆的损害。

③免疫抑制　免疫抑制，指的是身体的免疫系统受到干扰，导致无法正常工作，从而降低了免疫力。免疫力低下会使得身体容易受到细菌、真菌以及病毒的感染，甚至会诱发癌变。紫外线通过影响朗格汉斯细胞的抗原提呈功能、诱导调节性 T 细胞形成、影响角质形成细胞合成并释放细胞因子、影响尿酸代谢、神经内分泌、DNA 损伤等途径抑制皮肤免疫系统，最终导致皮肤疾病。据报道，角质形成细胞在 UVB 辐射后可释放多种细胞因子，尤其是白介素 -1、白介素 -10 与肿瘤坏死因子 - α 等，从而影响抗原提呈细胞功能的正常发挥，并诱导 T 细胞

耐受。

④皮肤光敏感 皮肤光敏感是指在光敏感物质存在的条件下，皮肤对紫外线耐受性降低或者是感受性增高的现象，可引发光过敏反应和光毒性反应。这种现象一般只在少部分人群中发生，属于皮肤对紫外线辐射的异常反应。

⑤DNA 光损伤 DNA 光损伤是人体皮肤对紫外线辐射最为直接的急性反应，其本质是生色团碱基分子吸收紫外线而发生光学反应。UVA 主要通过激活内源性的光敏剂诱导活性氧簇形成，产生氧自由基进而引起一系列氧化性损伤，从而间接实现其对 DNA 的毒性作用。UVB 能够被核酸直接吸收，尤其是细胞的DNA，UVB 会直接诱导其基础结构损伤。细胞 DNA 吸收 UVB 后，会导致嘧啶碱基对相互连接并扭曲 DNA 螺旋。

4. 防晒美白的途径与原理

紫外线无处不在，无论是室内还是室外，只要是在不需要人工光源照明也能看清物体的亮度情况下，人类在紫外线面前就无处可藏。对抗紫外线，可选择躲避、遮挡、防护等不同的途径，应根据紫外线指数的强弱选择合适的策略。

（1）避开阳光直接照射 户外活动时，可选择在紫外线指数相对较弱的时间段进行，人为地避开阳光直射。特别是一天中紫外线最强的时间段，最好选择室内的活动以减少紫外线辐射。一般地，紫外线最强的时间出现在午后两点，此时的太阳光和地面成垂直线，这样的照射强度是最大的，同时地表的温度也最高。其次，不可避免地在户外活动时，尽量在树荫、建筑阴面等阴凉处活动，避开反射日光的地方，例如玻璃幕墙、汽车玻璃等。

（2）物理遮挡紫外线 物理遮蔽，是一个有效的防晒武器。通过墨镜、帽子、防晒衣等可有效地阻挡相当部分的紫外线。减少皮肤遭受紫外线的损伤。

①太阳眼镜的防晒原理 防紫外线的太阳眼镜，可以有效地阻挡紫外线的照射，起到保护眼睛和眼周皮肤的作用。这是由于太阳眼镜镜片的表面附着一层经特殊技术处理的涂层，从而达到阻挡紫外线照射的目的。

防紫外线的太阳眼镜标签或镜片上会有"防紫外""UV400"等不同的标识，应在选用时根据需求选择合适的款式。标注"UV400"表示镜片对紫外线的截止波长为 400nm，即镜片在波长 400nm 以下的光谱透射比的最大值不超过2%；标注"UV""防紫外"表示镜片的截止波长为 380nm；标注"100%UV吸收"表示镜片对紫外线有 100% 的吸收功能，即其在紫外线区平均的透射比小于 0.5%。

②帽子的防晒原理 帽子是最简单有效的阻挡紫外线损伤的工具之一，能有效地保护前额、头皮、耳朵和脖子等大部分区域的皮肤。对市面上不同款式的帽

子进行研究，发现只有宽檐帽子能够达到全方位的保护，且一般脸颊两边是防护中的盲区，使用帽子后还需要辅助防晒霜达到更好的效果，保护皮肤免受紫外线的损伤。

③防晒衣的防晒原理　服装能在一定程度上防护紫外线辐射，但夏季轻薄的服装无法在户外日光下起到足够的保护作用，因此需通过专业手段对衣物进行处理，如增加织物密度、选用特殊面料或特殊的紫外线吸收剂浸泡衣物等，得到俗称的"防晒衣"。

紫外线防护系数值（UPF）是衡量衣物对紫外线防护能力的指标，它的数值大小直接反映其防护能力。如衣物的 UPF 值为 30 时，表明在衣物的保护下皮肤受紫外线辐射的量是没有防护时的 1/30，也就是说 UPF 值越高，衣物对抗紫外线的功能就越强。根据《纺织品防紫外线性能的评定》的规定，UPF 大于 30 且 UVA 透过量小于 5% 的产品才能称为防紫外线产品。

衣物对于紫外线透过率的影响因素主要有织物覆盖系数、纤维种类、织物颜色、后期整理加工中的化学添加剂及测试参数等。

织物的覆盖系数越大，相应的紫外线透过率越低。相同质地的织物，紫外线的防护性能随着厚度和质量的增加而增加。即编织得越紧密，光透过的可能性也就越小，则防护能力越高。比如同样是棉质，牛仔裤的防晒能力要比轻薄 T 恤要强。

纤维的种类直接影响其紫外线的吸收性能。如亚麻和涤纶纤维本身的防护能力要比纯棉纤维的好，而腈纶是防护能力最强的面料，市售常见的轻薄、颜色鲜艳的透气型防晒衣一般选用腈纶面料。

不同颜色的纤维织物其抗紫外线的性能也有所不同。实验的结果显示，深颜色的织物具有较好的防护性能，黑色和蓝色具有较低的紫外线穿透率，而白色的透光率较高。

在纺织纤维纺丝时添加陶瓷微粒，可反射紫外线达到防护效果；对织物进行防紫外线后处理，如将织物浸染紫外线吸收剂、屏蔽剂，或是在织物表面进行防紫外涂层整理等，可提高织物的防晒性能，这也是传统面料无法达到的高防护效果。

防晒衣上使用的无机紫外线屏蔽剂，主要是利用无机化合物对光线的折射、反射、散射等性能来达到防护紫外线的目的，包括二氧化钛、氧化锌、氧化铝、高岭土、滑石粉、炭黑等。有机类抗紫外剂则主要通过吸收紫外线进行能量转换，将紫外线变成低能量的热能或波长更短的电磁波，从而达到防紫外线辐射的目的。理想的紫外线吸收剂吸收紫外线后转化为热能、荧光、磷光等，包括苯酮类化合物、水杨酸类化合物、有机镍聚合物等。

（3）使用防晒化妆品　防晒化妆品，指的是添加了能阻隔或吸收紫外线的防晒剂以防止皮肤被晒黑、晒伤的化妆品。研究表明长期使用防晒化妆品防晒，可有效地延缓皮肤光老化的发生，也可有效防止急性光损伤。防晒化妆品的防晒机制基于产品配方中所含的防晒功效成分，即防晒剂，可大致将其分为物理防晒、化学防晒和生物防晒等几大类，现分别介绍如下。

①物理防晒　物理防晒，顾名思义就是利用物理学的原理防晒。采用片状的紫外线屏蔽剂，通过反射和散射的作用，减少紫外线与皮肤的接触，从而防止紫外线对皮肤的伤害。常用的紫外线屏蔽剂包括氧化锌、氧化镁、二氧化钛等无机粉体，其屏蔽机理可用固体能带理论来解释。作为紫外线屏蔽剂的二氧化钛、氧化锌等均属于宽禁带半导体，金红石型二氧化钛的禁带宽度为 3.0eV，对应吸收 413nm 的紫外光，氧化锌的禁带宽度为 3.2eV，对应吸收 388nm 的紫外光。当高能紫外线照射时，价带的电子被激发到导带上，产生空穴 - 电子对，从而吸收紫外线。微米级的二氧化钛和氧化锌对波长较长的 UVA 更有效，当这些无机粒子达到 5% 的浓度时，几乎可以完全阻隔 UVA，但由于阻塞毛孔、导致皮肤干燥脱皮等原因，同时也受限于防晒化妆品的剂型，不可能无限提高无机粒子的浓度，只能作为化学防晒的补充。纳米级二氧化钛和氧化锌因其表面有众多未成键原子轨道，电子在未成键原子轨道中跃迁可以吸收紫外线，纳米级的粒子的比表面积较微米级增加上千倍，粒子表面对紫外线的吸收率也相应地上千倍增加，所以纳米级的二氧化钛和氧化锌对 UVA 和 UVB 都有较好的防护作用，是很好的光谱紫外线吸收剂。另外，由于纳米二氧化钛和氧化锌的粒径小于紫外线的波长，当紫外线照射后其电子被迫振动，成为二次波源向各个方向发射电磁波，从而达到散射紫外光的作用。

②化学防晒　化学防晒就是利用化学成分来防晒，利用透光的化学成分吸收紫外线辐射，使其转化为分子振动能或热能，从而达到防晒的目的。紫外线吸收剂的作用机理是基于其分子内的氢键，苯环上的羟基氢和相邻的羰基氧之间形成分子内的氢键，从而构成了螯合环。吸收紫外辐射后，吸收剂的分子发生热振动，导致氢键的破裂螯合环被打开，形成不稳定的高能状态离子型化合物，螯合环只有在把多余能量释放后恢复低能稳定状态时才会闭合，这样周而复始吸收紫外辐射从而起光保护作用。此外，羰基被激活发生互变异构现象，生成烯醇结构消耗部分能量。紫外吸收剂可分为 UVA 吸收剂、UVB 吸收剂以及 UVA、UVB 光谱吸收剂。

我国在《化妆品卫生规范》中列出了准许使用的有机防晒剂，并对其使用条件（主要是用量）作出了规定。通常的防晒产品中会将多种防晒剂配合使用，以增强防晒的效果。

a. 樟脑类　樟脑类吸收剂具有六环结构，吸收紫外线能量后，使连接苯环的双键旋转以将能量释放，并且此光异构化摆动是可逆的，使得此类吸收剂具有良好的光稳定性，同时安全性高。目前国内允许使用的樟脑类紫外吸收剂有 6 种，是可使用品种最多的一类紫外线吸收剂。

b. 二苯甲酰甲烷类　二苯甲酰甲烷类吸收剂因具有酮 – 烯醇互变异构体而具有耐紫外光的特性，其烯醇式结构在 345nm 处有较强的吸收，而酮式异构体结构在 260nm 处有较大的吸收，是一类很好的 UVA 紫外线吸收剂。

c. 对氨基苯甲酸类　对氨基苯甲酸（PABA）衍生物是最早使用的一类紫外线吸收剂，分子内含有两个极性较强的官能团羧基和氨基，能形成分子间的氢键，但由于氢键增加了分子间的缔合作用从而形成晶状化合物影响产品的使用和防晒效果，氢键与极性溶剂分子间的缔合作用使得水溶性增强而不利于产品的防水性能。此外由于分子内的羧基和氨基对产品 pH 的变化敏感，且游离胺的存在也增加了产品的刺激性，此前也有关于此类光吸收剂的分解产物可能会引发皮肤癌的相关报道，因而现已很少使用。目前国内允许使用的有 PABA 乙基己酯、对氨基苯甲酸、PEG – 25 对氨基苯甲酸等。

d. 水杨酸类　水杨酸类紫外吸收剂含有邻位官能团，能形成内部氢键，吸收 300 ~ 310nm 的紫外线，但当能量积累到一定程度时分子发生重排，形成强紫外防御能力的二甲苯酮结构，从而产生较强的光稳定作用。

e. 肉桂酸酯类　肉桂酸酯类吸收剂在紫外线区有较高的吸收系数，主要是由于其苯环和羧基形成共轭键的作用。其中，甲氧基肉桂酸酯是目前最为通用的 UVB 吸收剂，其具有较宽的紫外线吸收范围且吸收效果好，安全性高，加之其不溶于水，是防水防晒产品的重要原料。

f. 苯酮类紫外线吸收剂　苯酮类紫外线吸收剂的最大吸收波长在 330nm，但对于整个 UVA 和 UVB 区域都有较强的吸收作用，常被称为广谱紫外线吸收剂。苯酮类因其分子内存在氢键，吸收紫外光能量后分子发生热振动，从而破坏氢键和激发羰基，氢键破坏把紫外光转变成热能释放，羰基发生互变异构化生成烯醇结构也消耗部分能量。此类吸收剂结构中内氢键越强，则破坏它需要越多的能量，吸收紫外线的能力就越强，反之亦然。

g. 三嗪类紫外线吸收剂　三嗪类紫外线吸收剂的吸收范围较广，能吸收 280 ~ 380nm 的紫外光，但由于吸收了一部分的可见光，容易使产品泛黄。三嗪类的吸收机理与苯酮类相类似，其吸收紫外线的效果与邻羟基的个数有关，邻羟基个数越多，紫外线吸收能力越强。此类吸收剂的突出特点就是高耐热性和强紫外线吸收性，其较大的分子结构是其具有强紫外线吸收性的主要原因，同时也造成了其在化妆品中的溶解性问题。目前国内允许使用的三嗪类紫外线吸收剂有 3 种。

h. 苯唑类紫外线吸收剂　苯唑类紫外线吸收剂在 300 ~ 385nm 内有较高的吸光指数，其吸收机理是将光能转化为热能。吸收剂在吸收光能前以苯酚类化合物的形式存在，这种不稳定的互变异构体结构能将多余的能量转化为热能，从而恢复到更为稳定的基态，整个互变过程效率高且几乎可以无限次重复，这也使得此类化合物具有较好的光稳定性。目前国内允许使用的苯唑类紫外线吸收剂有 3 种。

③生物防晒　生物防晒是通过生物防晒剂使皮肤免受紫外线的伤害。生物活性物质具有纳米球形的吸收和反射功能，能均衡肤色，维持皮肤水分含量，更能修复 UVA、UVB 对细胞的伤害，对日晒引起的色斑有明显的修饰改善作用。

生物防晒剂本身不具有紫外线的吸收能力，但其在抵御紫外线辐射中发挥着重要的作用。紫外线辐射是一种氧化应激的过程，通过产生的氧自由基对组织造成损伤，生物防晒剂所含活性物质能够通过消除或减少氧活性基团的中间产物，从而阻断、减缓组织损伤或促进晒后修复，起到间接防晒作用。

如防晒产品中的维生素 C、维生素 E、β - 胡萝卜素等，还有一些植物提取物，如芦荟、沙棘、母菊、金丝桃、胡椒酸、迷迭香酸、槲皮素、芦丁等，能有效活化皮肤细胞，有助于修复皮肤，增强皮肤对紫外线的抵抗能力。

四、　角质剥脱作用机理

角质剥脱，指的是通过物理或化学的方法，使皮肤最外层老化的角质层脱落，下层新生的角质细胞往上推移，使得肤质更加平滑、肤色更加透亮，以保持肌肤良好状态的一种方式。

1. 物理剥脱

物理剥脱，指的是在护肤品中添加磨砂剂，通过在使用过程中对皮肤最外层角质层的磨剥，使皮肤看起来显得白嫩的一种方式。化妆品中常用的磨砂颗粒，可大致分为糖粒、盐粒、天然材质类以及塑料颗粒类等。塑料颗粒相对于天然材质颗粒更为柔软、平滑且温和，但突出的缺点是不容易降解，会导致环境污染问题，已逐渐被禁用。

2. 化学剥脱

化学剥脱，指的是通过化学药物的细胞毒性以及蛋白质凝固作用，破坏表皮细胞，造成蛋白质凝固溶解，引起皮肤炎症继而利用创伤修复过程促进表皮细胞的分裂，促进黑素细胞的代谢，使胶原纤维排列规则化、均一化，同时还能够使变性的弹力纤维发生质的改变，淡化色素沉着，达到美白的效果。

化学剥脱剂的种类繁多，常用的有 α – 羟基酸、β – 羟基酸、三氯醋酸、苯酚、Jessner's 溶液、全反式维 A 酸等。根据其作用于皮肤的深度，可将化学剥脱进行如下分类，见表 2 – 2。

表 2 – 2　化学剥脱的分类

化学剥脱的分类	作用深度	常用化学剥脱剂
浅表剥脱：轻度	棘层	20% ~ 50% 羟基乙酸
		20% ~ 30% 水杨酸
浅表剥脱：深度	表皮 – 真皮乳头 60μm	10% ~ 30% 三氯醋酸
		Jessner's 溶液
		70% 羟基乙酸
中层剥脱	真皮乳头 – 真皮网状层上部 450μm	35% ~ 40% 三氯醋酸
		88% 苯酚
		Brady's 组合（干冰 + 35% 三氯醋酸）
		Monheit's 组合（Jessner's 组合 + 35% s）
		Coleman's 组合（70% 羟基乙酸 + 35% s）
深层剥脱	真皮网状层中部 600μm	Baker – Cordon 溶液（88% 苯酚 + 蒸馏水 + 皂液 + 巴豆油）

化学剥脱的深度，主要取决于所使用的化学剥脱剂的种类、浓度、停留时间、pH、表皮完整性、皮肤解剖结构等，应根据需要选择合适、安全、有效的方法。

第四节　美白活性物透皮吸收的作用机理

一、化妆品透皮吸收的理论

化妆品活性成分的透皮吸收，指的是化妆品中功能性成分按产品的有效性作用于皮肤的表层或进入表皮层、真皮层，并在该部位积聚和发挥作用的过程。其中，关于透皮吸收的理论，主要有扩散理论、渗透压理论、水合理论、相似相溶理论和结构变化理论。

（一）扩散理论

扩散模型长期以来作为药物经皮肤渗透的主要模型，一般认为化妆品中功效成分经皮肤渗透也是一个依靠浓度梯度而被动扩散的过程，常用菲克第一定律

（Fick's first law）来描述，即在稳态扩散过程中，扩散流量 J 与浓度梯度 dc/dx 成正比：

$$J = -D\frac{dc}{dx}$$

式中，D 为扩散系数，表示单位浓度梯度条件下，单位时间单位截面上通过的物质流量，单位为 cm^2/s。负号表示物质沿浓度梯度降低的方向扩散。特别地，菲克第一定律仅适用于稳态扩散。

根据皮肤的扩散系数 $K_P = J_{SS}/c_V$，其中 K_P 为扩散系数，J_{SS} 为药物透皮吸收稳定后单位面积扩散流量，c_V 为药物在贴剂中的浓度，由此可得：

$$K_P = K_m D/h$$

式中，K_m 为药物在载体中和角质层中的分配系数，D 为平均扩散系数，cm^2/s 为角质层厚度。通过上述公式可以看出，增加局部用药的浓度，可增大药物的渗透量。使用表面活性剂、水杨酸等成分使角质层厚度变薄，即 $K_P = J_{SS}/c_V$ 数值变小，相应的扩散系数 K_P 增大。另外，增大 K_m 值，即使药物在载体中的亲和力小于角质层的亲和力，也能使扩散系数增大，增加渗透速率。

（二）渗透压理论

渗透压理论基于把皮肤看作是一层半透膜，半透膜的存在和半透膜两侧单位体积内溶剂的分子数不相等是产生渗透现象的两个必需条件。半透膜隔开有浓度差的溶液，其溶剂通过半透膜由高浓度向低浓度溶液扩散的现象称为渗透，为维持高浓度与低浓度溶液之间的渗透平衡而需要的额外压强称为渗透压。

范特霍夫定律指出，对稀溶液来说，渗透压与溶液的浓度和温度成正比，它的比例常数就是气体状态方程式中的气体常数 R。公式为：

$$\pi V = nRT \text{ 或 } \pi = cRT$$

式中，π 为稀溶液的渗透压，单位为 Pa；V 为溶液的体积，单位为 L；n 为溶质的物质的量，单位为 mol；R 为气体常数，其数值与 π 和 V 的单位有关，当 π 的单位为 Pa，V 的单位为 L 时，R 的值为 8.31kPa·L（K·mol）；T 为热力学温度，单位为 K；c 为溶液的浓度，单位为 mol/L。

由此可以看出，增加功效成分的浓度或温度，均可使 π 值增大，促进吸收。当涂抹力度增大、涂抹时间加长时，相当于增加一个外界压力，使得压力大于 π 值，从而增强了功效成分的透皮吸收能力。这也就很好地解释了使用化妆水时应轻拍脸部，而用膏霜乳液时应打圈按摩式涂抹更容易吸收。

（三）水合理论

水合，就是角质细胞与水分的亲和，皮肤的水合作用通常有利于活性成分的经皮吸收。当角质层细胞的角蛋白中含氮物质的水合力提高后，细胞自身发生膨胀，角质层结构的致密程度降低，物质的渗透性增加。增强皮肤的水合作用时，水溶性和极性的功效成分更容易从角质层细胞透过，相较于脂溶性活性成分，这种促渗效果更为显著。水合理论也从一个方面很好地解释了皮肤补水与透皮吸收的关系，所以无论什么功效的化妆品，保湿是最为基础的，它能更好地促进其他功效成分的透皮吸收。

（四）相似相溶理论

相似相溶是一个众所周知的溶解规律，简单来说就是极性溶质易溶于极性溶剂，非极性溶质易溶于非极性溶剂。分子间的极性相似易互溶，且越相似溶解得越好。

透皮吸收中，非极性的活性成分易通过富含脂质的部位从而跨越细胞屏障，而极性的活性成分则依靠细胞转运到达皮肤深层。一般而言，脂溶性的活性成分，其油/水分配系数大，相比于水溶性或亲水性的活性成分更容易通过角质层，这是因为细胞间通道的脂质双分子层的阻力比角质层细胞要小得多。虽然如此，对于脂质双分子层中的亲水区和角质层下的亲水活性表皮，脂溶性太强的成分也难以透过。所以物质的透皮吸收速率与油/水分配系数的关系往往呈抛物线关系，但具体物质的吸收速率需经过分析才能达到较为准确的数值。总的来说，活性成分具有和皮肤成分、结构和性质相似的特征时，更容易透过皮肤。

（五）结构变化理论

结构变化理论主要用于解释促渗剂的作用机理，从不同的角度阐述皮肤屏障瞬间打开的过程。促渗剂进入皮肤后，或通过破坏扰乱细胞间脂质的有序排列，或直接抽提角质层脂质成分，使得脂质排列有序性下降，膜脂的流动性增加，降低皮肤的屏障作用；或通过破坏角质蛋白的致密结构降低屏障阻力，增加活性成分的渗透率；或提高角质层的溶解性能，改善活性成分在其中的分配，从而促进吸收。一般认为，促渗剂的作用是暂时的，去除后皮肤能恢复正常的屏障功能。

二、美白活性物经皮吸收的过程

祛斑美白活性成分常作用于表皮中的角质形成细胞、基底层的黑素细胞，从而抑制黑素体的转运或黑色素的生成，也有部分作用于真皮层的成纤维细胞。物理遮盖、防晒类活性成分应停留在皮肤表面，起吸收和反射紫外线的作用。角质剥脱活性成分作用于角质层最外层，可改变角质层结构，促进角质更新。

（一）美白活性物在皮肤中的扩散

美白化妆品涂抹于皮肤上，功效成分从化妆品中释放，经皮肤表面溶解的部分分配进入角质层，扩散通过角质层后到达活性表皮的界面，再分配进入水性的活性表皮，继而扩散到达真皮层。由于角质层是亲脂的，脂溶性的活性成分能更好地透过，但同时又必须有足够亲水性，才能顺利地穿过含水活性表皮到达更深层的真皮。因此，美白活性物在皮肤中的扩散能力，主要取决于其油/水分配系数，适宜的油/水分配系数使其能有效地扩散进入皮肤深层。

（二）美白活性物经皮吸收的途径

功效成分通过皮肤表层进入深层的途径分为表皮途径和皮肤附属器途径。一般认为，透皮渗透的主要屏障来自角质层。离体透皮实验研究表明，将皮肤角质层剥除后，物质的渗透性大大增加。分子质量小的物质，能向吸收的最大屏障角质层中扩散，尽管数量上有限，但越深入皮肤，其扩散的速度越大。美白活性物经皮吸收的途径，实际上取决于途径的表面积和长度，也取决于区域内活性物的扩散性和溶解度。

表皮途径是指活性成分通过表皮角质层进入活性表皮，进而扩散至真皮的途径。表皮途径又分为细胞内途径和细胞间途径。角质层细胞的细胞膜是致密交联的蛋白网状结构，细胞内规整排列着大量的微丝角蛋白和丝蛋白，两者均不利于活性成分的扩散，但巨大的扩散面积使其成为活性成分进入皮肤的途径。由于功效成分通过细胞内途径进入皮肤的过程需经多次的亲水/亲脂环境的分配，所以该途径在表皮途径中仅占极小的部分。细胞间隙面积占角质层面积的 0.01% ~ 1%，但其疏松的结构使得其总容积占角质层的 30% 左右。该途径阻力较角质层细胞小，是大部分亲水性和亲脂性活性成分的主要渗透途径，在经皮吸收过程中起着重要的作用。

皮肤附属器途径，包括毛囊、皮脂腺、汗腺的透皮途径。皮肤附属器位于真皮层内，直接通向皮肤表面的外部环境，活性成分可通过此进入皮肤的深层。皮肤附属器在皮肤表面所占的面积只有 0.1% 左右，虽然活性物通过皮肤附属器的渗透速度比表皮途径快，但在大多数情况下不能成为主要的透皮吸收途径。对于部分离子型活性物及水溶性的大分子物质，由于难以通过富含类脂的角质层，可能经由此途径进入皮肤。

三、 美白活性物经皮吸收的影响因素

美白活性物本身的活性以及将功效成分输送到作用靶点是美白化妆品发挥作

用的两个决定性因素。美白活性物的经皮吸收，需要透过不同的皮肤结构到达相应的作用靶部位，以一定的浓度释放并保持足够长的时间从而实现美白的目的，其过程是复杂的，主要受到皮肤的生理病理状态、活性物的理化性质以及护肤品的剂型等因素的影响。

（一）皮肤的生理病理状态

1. 年龄和性别

年龄是直接影响皮肤的生理条件。新生儿的皮肤很薄，真皮结缔组织的纤维较细，毛血管网丰富。随着年龄的增长，表皮细胞的层数增加，角质层随之变厚，真皮纤维增多，由细弱变为致密。人的表皮在 20 岁时最厚，此后逐渐变薄。真皮则在 30 岁时最厚，以后逐渐变薄并伴有萎缩，皮肤的外观逐渐出现自然的衰老变化，以致出现皱纹、弹性下降等变化的趋势。Roskos 等研究了 18 ~ 40 周岁中青年人与 65 周岁以上的老年人对同一组药物的经皮吸收差异。结果显示，老年组对亲水性药物的通透性显著低于中青年组，而对于亲脂性药物的吸收则差别不大。这表明皮肤的老化对亲水性成分的吸收影响较大，预测其与皮肤老化使得表面脂含量和水化能力的降低有关。

经皮吸收的差异也存在于性别、个体之间。比如角质形成细胞的大小，女性相比男性的要大，而相同部位的皮肤渗透性在不同的性别、个体之间也可能相差甚远。

2. 种族和解剖部位

角质层的厚度，是决定皮肤渗透率和渗透系数的重要因素，在不同的动物皮肤中，以猪皮肤与人皮肤组织结构最为相似，其中 2 ~ 3 月龄的小猪皮肤解剖生理特点最接近于人体。由于无毛小鼠、尤毛大鼠的皮肤容易获得，所以在体外的经皮渗透实验中更为常用。

黄小平等以苯甲酸、水杨酸为模型药物，选用离体小猪腹部皮肤和耳部皮肤以及 20 岁成年男性大腿皮肤为屏障，评价了猪不同部位皮肤与人皮肤药物的渗透性比值。结果表明，猪耳和猪腹部皮肤对水杨酸和苯甲酸的渗透性与人体大腿皮肤有一定的相似性（表 2 – 3）。在透皮吸收的研究中，可选用猪耳皮肤代替，且其来源方便且更贴近实际应用场景。

表 2 – 3　猪不同部位皮肤与人皮肤体外渗透性比值

皮肤种类	水杨酸	苯甲酸
人体大腿	1.00	1.00
猪腹部	0.89	1.03
猪耳朵	1.08	1.04

种族和基因因素对皮肤渗透的差异性也起着重要的作用，已有文献报道亚洲人与白种人在皮肤类型的相似性和差别，主要表现在角质层间无明显差异、表皮的色素沉着疾病的发生率亚洲人比白种人高、与其他亚洲人或白种人比较后发现中国人瘢痕疙瘩发生率较高且皮脂分泌更多。

由于角质层细胞层数、真皮厚度、皮肤附属器密度的不同，身体不同解剖部位的皮肤也存在渗透性的差异，同时还可能与皮肤的生化成分在不同部位的差异有关。一般认为，人体皮肤渗透性的大小顺序为：阴囊 > 腋窝 > 耳后 > 前额 > 下巴 > 头皮 > 腹部 > 手臂 > 腿部 > 胸部 > 脚底。而实际的经皮吸收量会因成分而异，例如常用于治疗银屑病的煤焦油软膏，一般以环芳烃（PAH）皮肤表面消失量和尿中 PAH 代谢产物 1 - 羟基芘含量为参数测定 PAH 的经皮吸收量，PAH 的消失结果显示，不同部位的皮肤吸收量依次为：肩部 > 前臂 > 前额 > 腹股沟 > 手掌 > 脚踝；而 1 - 羟基芘含量的结果显示，不同部位的吸收量依次为：颈部 > 小腿肚 > 前臂 > 手掌。

3. 温度和水合作用

美白活性物在角质层的扩散属于被动扩散，温度的改变能明显地影响成分的渗透系数。皮肤温度的升高，对于亲水性和亲脂性的功效成分的经皮吸收均有促进的作用，其原因可能是温度升高，使得活性物从护肤品中释放的速度加快，也使得皮肤脂质通道的流动性提高。但是皮肤的温度难以严格控制，而且温度超过 43℃ 会引起烧伤和不适，所以一般研究的温度控制在 32 ~ 42℃ 之间。温度升高 5 ~ 10℃，皮肤的通透性可提高 1.9 ~ 3.4 倍。护肤品中常见的羟苯甲酯、羟苯丁酯、咖啡因等体外的经皮扩散系数完全依赖于温度，其透过量和滞留量均随皮肤温度的升高而增加。

皮肤的水合作用，是皮肤的角质层吸收水分使皮肤水化的结果，皮肤的含水量较正常状态多的现象称为皮肤的水化。角质层的水化，很大程度上归因于与角化细胞相关联的天然保湿因子（NMF），其含量最高可达角质层干重的 20% ~ 30%。NMF 的主要成分为 40% 氨基酸、12% 吡咯烷酮羧酸、12% 乳酸、8.5% 糖、7% 尿素，以及少量的氯、钠、钾等。其能在角质层中与水结合，通过调节、储存水分达到保持角质细胞间隙含水量的作用，使皮肤呈现自然的水润状态。当角质层的含水量从正常值 10% ~ 40% 增加到 50% ~ 70% 时，厚度增加，细胞间隙变大，从而促进功效成分的透过。

水合作用对于增加亲脂性成分的通透性有积极的作用，而对于亲水性的成分则影响不大。通过类脂性的基质或借助膜布等基材覆盖皮肤表面防止皮肤内水分的损失，可有效增加角质层的内源性水化作用，从而增加皮肤的通透性。如固体脂质纳米粒（SLN）用作防晒油、维生素 A 和维生素 E 等的经皮给药载体，能有效促进此类成分的透皮。目前认为，SLN 促透作用主要是与其在皮肤表面形成连贯的具有"闭塞效应"的膜，从而增强皮肤水合作用相关。

4. 病理因素

角质层屏障作用的破坏，如物理、化学、创伤等造成的皮肤损伤，可使得护肤品中成分的经皮渗透速率明显增加。当皮肤有如湿疹、溃疡，或烧伤、烫伤等明显的炎症时，皮肤血流速度加快，使表皮与深层组织间的活性成分浓度差变大，促使成分更容易被吸收。相反地，如硬皮病、老年角化病等可使皮肤的角质层致密，进而减少成分的通过性。

（二）活性物的理化性质

护肤品中功效成分的理化性质，决定了其在皮肤中的转运速率，但其在护肤品中的分散状态、基质对成分的亲和力及对皮肤渗透性的影响都可能会改变功效成分的渗透性。由于目前对于化妆品透皮吸收的研究非常有限，这里参考药物透皮吸收的研究，对可能影响成分透皮吸收的条件进行分析，为后期的研究工作提供借鉴。

经皮吸收候选药物的选择主要依据药物的理化性质和药理特征。理想的经皮吸收药物应具备以下的特性：a. 分子量小于 500；b. 熔点小于 200℃；c. 油水分配系数对数值在 1～3 之间；d. 无皮肤刺激性，不发生皮肤过敏反应；e. 口服生物利用度低，生物半衰期短；f. 有较强的药理活性。虽然随着化学及物理促渗透技术的广泛应用，限制的条件也不再绝对，但在设计护肤品时，了解成分的分子大小和形状、油水分配系数和溶解度、熔点、分子形式等理化参数对经皮吸收参数的影响，会有助于预测成分的经皮吸收特性和设计产品的剂型。

1. 油水分配系数与溶解度

（1）油水分配系数　药物在皮肤内的转运伴随着分配过程，药物油水分配系数（$K_{O/W}$）的大小是影响药物经皮吸收的最主要因素之一。亲脂性的药物有利于角质层的分配，但过强的脂溶性，活性表皮和真皮的分配可能会成为其主要的屏障。渗透系数与油水分配系数不呈线性关系，水溶性药物渗透系数小，而亲脂性很强的药物渗透系数也小，这可能是因为亲脂性很强的药物容易蓄积在角质层中。

油水分配系数影响药物的透皮吸收行为。对于亲脂性的小分子药物（r < 4Å），趋向于细胞间通路的自由扩散；对于亲脂性的大分子药物（r > 4Å），则更趋向于细胞间通路的径向扩散；对于水溶性的大分子药物趋向于皮肤附属器通路，水溶性小分子药物趋向于细胞间通路透过角质层。

（2）溶解度和熔点　与一般的生物膜相类似，熔点低的药物容易透过皮肤。根据一般经验，分子量每增加 100，最大渗透速率降低到原来的 1/5，而熔点每升高 100℃，最大渗透速率降低到原来的 1/10。大部分药物的皮肤渗透速率（J）与膜两侧的浓度梯度成正比，而其浓度梯度与介质（一般为水性）中药物的溶解度成正比，故溶解度大、熔点低的药物渗透速率大。

2. 分子大小和形状

（1）药物分子大小　一般地，药物分子大小对药物通过皮肤角质层扩散的影响，与药物在聚合物膜内的扩散相类似，近似地遵循 Stokes – Einstein 定律：

$$D = \frac{K_B T}{6\pi\eta r}$$

式中，D 是扩散系数，K_B 是 Boltzman 常数，T 是热力学温度，π 是圆周率，η 是扩散介质黏度，r 是药物分子的半径。由此可见，扩散系数 D 与药物分子的半径 r 成反比。

药物在皮肤内的扩散，主要是通过皮肤角质层内曲折的非均相类脂双分子层的过程，其扩散可用自由体积理论解释：

$$D = D_0 \times \exp(-\beta V)$$

式中，D_0 是假设分子体积为 0 时的扩散系数，β 是由膜性质决定的常数，V 是药物分子的体积。由此可见，V 越大扩散系数 D 越小，且 D 对 V 的变化相比 Stokes – Einstein 定律更敏感。

通过对苯甲酸、苯甲醇、咖啡因等多种药物的饱和丙二醇溶液经无毛小鼠皮肤的稳态渗透速率（J）结果回归，发现用在辛醇中的溶解度 S_{oct} 校正后的 J 和 V 呈负相关，相关方程如下：

$$\lg \frac{J}{S_{oct}} = 1.129 - \frac{0.0187}{2.303}V$$

式中，分子体积（V）的系数很小，只有当分子体积大时才显示对渗透速率（J）的影响。

（2）药物分子形状　药物分子的立体构象复杂，需多参数联合表征。拓扑学中的分子结合度和 κ 指数、基于分子多为结构的分子形状分析（MSA）和 STERIMOL 参数、加权整体不变分子（WHIM）等被用于分子形状的定量，但这些指数不能体现线性分子和非线性分子的差异，而有研究表明，线性分子通过角质细胞间类脂双分子层结构的能力明显强于非线性分子，如分子量相同、分子体积和表面积相近的正己烷和环己烷，正己烷的透皮速率明显要高。

分子的形状可以通过分子的线性指数来量化。线性指数（L_i）是通过分子转动扭矩（ML）和分子量（M_w）等参数理论计算得到的。根据L_i的大小，可将药物分子分成5个类别：线性小分子（4~7）；直链线性分子（3~4）；带末端支链的直链线性分子（1.5~3）；直链非线性分子（0.5~1.5）；高度的直链非线性分子（0~0.5）。

3. 分子形式

很多药物是有机弱酸或有机弱碱，它们以分子型存在时容易透过皮肤，而以离子型存在时则难以透过。由于皮肤的表皮和真皮的pH不同，可根据药物的pK_a值来调节经皮给药制剂基质的pH，使其分子型和离子型的比例发生改变，从而提高渗透性。另外，选用与离子型药物电荷相反的物质作为基质或载体，形成电中性的离子对也有利于药物在角质层中的渗透。

药物从给药系统释放到皮肤表面，会溶解在皮肤表面的液体中，发生部分解离，以分子型和离子型两种形式存在。总的渗透速率（J_T）与分子型及离子型各自的渗透系数（P）、所占药物总量的百分数 f（由解离度决定）以及药物在溶液中的总浓度 C 有关，以弱碱性药物为例，药物总的渗透速率 J_T 为：

$$J_T = \frac{P_B + P_{BH^+} \times [H^+]/K_a}{1 + [H^+]/K_a} \times C$$

式中，C 为弱碱性药物在溶液中的总浓度；P_B 和 P_{BH^+} 分别为分子型和离子型药物的经皮渗透系数；$[H^+]$ 为氢离子浓度；K_a 为药物解离常数。

当溶液的 pH 比药物的 pK_a 大得多，即 $[H^+]/K_a \leq 1$，药物以分子型存在，则 $J_T \approx P_B \times C$。

当溶液的 pH 比药物的 pK_a 小得多，即 $[H^+]/K_a \geq 1$，药物以离子型存在，则 $J_T \approx P_{BH^+} \times C$。

当溶液的 pH 等于或近似等于药物的 pK_a，即 $[H^+]/K_a \approx 1$，则 $J_T \approx \frac{P_B + P_{BH^+}}{2} \times C$。

4. 分子结构参数

药物分子的结构参数，主要有物理化学参数、量子化学参数以及拓扑学参数等，包括电荷参数、分子轨道能量、偶极矩、分子摩尔质量、油水分配系数、Wiener 指数等。量子化学参数中，电荷参数应用于反映化学反应的指数和分子间的相互作用；偶极矩是表示分子中电荷分布的物理量，是分子极性大小的度量。拓扑学参数可将复杂的立体化学结构转化为简单的矢量或数字，反映分子中键的性质、原子间的连接顺序、分子的形状等结构信息。Wiener 指数在一定程度上反映了分子的大小，在分子量较小的范围内，分子越小透皮效果越好，这与药物透皮吸收速率是保持一致的。同样的制剂处方中，药物分子立体构效、静电作用、药物含量等都可能是导致药物经皮透过性能差异的原因。

5. 经皮渗透的动力学特征

（1）**经皮渗透系数**　利用药物的理化参数可预测其经皮渗透系数，估算其经皮给药的可行性，目前有用于预测药物经皮渗透系数的模型方程有 Mitragotri 方程、Potts and Guy 方程等。

2002 年提出的 Mitragotri 方程，是相对比较简单的预测方程，假设药物通过皮肤进入人体内主要有亲脂性途径和水性孔道途径两个，认为亲脂性的小分子药物经细胞间质通路进入人体内并不是单纯的扩散过程，需要通过曲折的孔隙，并基于菲克扩散定律以及定标粒子理论建立了多孔扩散模型。

$$P(cm/s) = 5.6 \times 10^{-6} K_{O/W}^{0.7} \exp(-0.46 r^2)$$

式中，P 是经皮渗透系数；$K_{O/W}$ 是正辛醇/水分配系数。

目前最常见的预测方程是 1992 年提出的 Potts – Guy 方程，其假设药物在皮肤内的渗透过程是溶解与扩散的过程。但由于该模型方程是基于 93 个化合物结果回归得到的，统计数据尚不全面。随着药物亲脂性增强，药物分配进入皮肤越容易，因此渗透系数变大；当分子量增大时，药物扩散进入皮肤反而减少。

$$\lg p(cm/s) = 0.71 \lg K_{O/W} - 0.0061 MW - 6.3$$

式中，P 是经皮渗透系数；$K_{O/W}$ 是正辛醇/水分配系数，MW 是分子体积。

经皮渗透性能与药物的油水分配系数、分子体积等有一定的相关性，但选用不同的预测模型应从方程的适用条件出发，选择与药物匹配度最好的。

（2）**经皮渗透动力学**　药物通过皮肤的渗透一般认为是被动扩散的过程，常用菲克扩散定律来描述。将皮肤看作是一个均质膜，药物通过皮肤很快被毛细血管吸收进入人体循环，因此药物在皮肤内表面的浓度很低，即符合扩散的漏槽条件。假设应用于皮肤表面的药物是饱和系统，在扩散过程中药物的浓度保持不变，则通过皮肤的药物累积量 M 与时间 t 的关系为：

$$M = \frac{DC'_0}{h}t - \frac{hC'_0}{6} - \frac{2hC'_0}{\pi^2}\sum_{n=1}^{\infty}\frac{(-1)^n}{n^2}\exp(-\frac{Dn^2\pi^2}{h^2}t)$$

式中，D 是药物在皮肤内的扩散系数，单位为 cm^2/s；C'_0 为皮肤最外层组织中的药物浓度；h 是皮肤厚度；π 是常数；n 根据计算的精度要求而定，是从 1 到 ∞ 的整数。

t 的关系是一条曲线，当时间数值充分大时，上式可简化为：

$$M = \frac{DC'_0}{h}\left(t - \frac{h^2}{6D}\right)$$

药物通过皮肤的扩散达到稳态时的 M – t 的关系如上式所示，但由于皮肤最外层组织中的药物浓度 C'_0 一般不能测得，而与皮肤接触的介质中的药物浓度 C_0 可知，当 C'_0 与 C_0 达到分配平衡时，可由分配系数 K 得到求得 C'_0，即：

$$C'_0 = C_0 K$$

由此可得，稳态渗透速率（J）为：

$$J = \frac{dM}{dt} = \frac{DKC_0}{h}$$

J 就是药物累积渗透量与时间曲线的直线部分的斜率。其中 DK/h 称为渗透系数 P，单位是 cm/s，它表示渗透速率与药物浓度之间的关系，所以：

$$J = PC_0$$

如果皮肤内表面所接触的不是"漏槽"，则渗透速率与皮肤两边的浓度差 ΔC 成正比，即：

$$J = P\Delta C$$

当 M = 0 时的时间为时滞 T_l，即：

$$T_l = \frac{h^2}{6D}$$

实际上，皮肤也不是一个均质膜，它是由角质层、活性表皮和真皮组成的多层组织，每层组织的渗透性能不一样，相应地各有一个渗透系数，将渗透吸收的倒数称作为扩散阻力，则皮肤总扩散阻力 R_T 是每层组织扩散阻力之和，也即：

$$R_T = \frac{h_{SC}}{D_{SC}K_{SC}} + \frac{h_E}{D_E K_E} + \frac{h_D}{D_D K_D}$$

式中，下标 SC、E、D 分别表示角质层、活性表皮和真皮。由于角质层的屏障作用，其扩散阻力较其他两层组织要大得多，也即角质层决定了整个皮肤的屏障性能，所以：

$$P = \frac{D_{SC}K_{SC}}{h_{SC}}$$

若考虑药物渗透通过皮肤有表皮和附属器两个平行途径，则药物的总渗透速率是两个途径的速率之和。因活性表皮与真皮的性质接近，统称为活性组织，则药物的稳态渗透速率 J 为：

$$J = \left[F_{SC}\left(\frac{D_{SC}D_{Vt}K_{SC}}{h_{SC}D_{Vt} + h_{Vt}D_{SC}K_{SC}}\right) + F_r\left(\frac{D_f D_{Vt}K_f}{h_f D_{Vt} + h_{Vt}D_f K_f}\right) \right]\Delta C$$

式中，F 为渗透途径的面积分数，下标V_t、f 分别表示活性组织和附属器途径。

目前关于药物透皮吸收的动力学研究文献，多半是使用微积分建立模型，且部分微积分方程无法得到精确解。此外动力学研究所需的数据十分有限，同一个皮肤样本测得的数据稀少，数学模型的准确性仍有待验证。

（三）护肤品的组成

功效成分相对于护肤品，就好比药物相对于给药系统，给药系统的组成不仅对药物的释放速率有影响，而且对角质层的水化程度、药物与皮肤类脂的混合以及皮肤的渗透性均有影响。同样的，护肤品的组成对于功效成分的透皮吸收有着重要的影响。

1. 功效成分含量的影响

功效成分的经皮吸收，是被动的扩散过程，从动力学的分析也不难发现，随着皮肤表面层成分浓度的增加，渗透速率会随之增大，所以功效成分在产品中的浓度以及涂抹在皮肤表面的面积均会影响其经皮吸收的程度。值得注意的是，美白剂的使用在我国的《化妆品安全技术规范》（2015 年版）中有明确的最高添加量规定，不能为了增大美白活性成分的渗透而跨越了法规的红线。

2. 剂型因素的影响

护肤品剂型主要影响功效成分的释放性能，进而影响其透皮速率。功效成分从产品中释放越快，则越有利于其经皮吸收。陈传秀等采用 Franz 扩散池和离体小鼠皮进行体外透皮吸收实验，研究了葡萄糖酸锌在不同基质中的透皮吸收速率，结果显示吸收率从大到小为卡波姆凝胶 > CMC – Na 凝胶 > W/O 乳膏 > 凡士林油膏，且体外释放动力学均符合 Higuchi 方程。这说明护肤品的不同剂型对于功效成分的透皮吸收有着重要的影响，对于不同的美白活性成分，应通过研究确定适合的剂型以达到功效的最大化。

3. 护肤品组成的影响

护肤品中的基质成分，与皮肤接触产生相互作用，从而影响皮肤的透过性，改变皮肤的屏障作用，如配方中的表面活性剂、产品的 pH 值等都会影响功效成分的经皮吸收。此外，功效成分的溶解状态也会受基质的影响，通常功效成分在基质中完全溶解比存在未溶固体颗粒释放得快。选择对穿透分子亲和力低并恰好能溶解功效成分的基质有利于成分的释放。

一般地，离子型的活性成分难以透过角质层，可通过加入与其带有相反电荷的物质，形成离子对，使容易分配进入角质层类脂。当扩散到水性的活性表皮层内，解离成带电荷的分子继续扩散到真皮。有机酸和有机碱类的活性成分，其解离度由本身的 pKa 值以及基质的 pH 值决定，所以在皮肤可耐受的 pH 值 5 ~ 9 范围内选择合适的基质 pH 能在一定程度上提高活性成分的渗透性。

透皮吸收促进剂指的是能够扩散进入皮肤，降低功效成分通过皮肤的阻力的成分，促进剂有单一经皮吸收促进剂、多元经皮吸收促进剂。多元的组合包括经皮吸收促进剂之间的组合，如天然或合成经皮促进剂的多元组合，也有助透剂如丙二醇、乙醇等与经皮吸收促进剂之间的组合。按照一定比例配成的多元经皮吸收促进剂往往会产生比单一经皮吸收促进剂更好的效果，但是也与活性成分的溶解性等理化性质相关。不同的促透剂对于不同的功效成分会有不同的促透效果，对于同一功效成分在相同的浓度条件下也可能会产生不同的促透效果，此外同一促透剂在不同的浓度条件下对同一功效成分会产生不同的促透效果。

关波等研究了氮酮、薄荷醇、冰片、麝香酮等 4 种不同的促透剂对根皮素的透皮促进作用，结果显示促透作用随着促透剂的浓度增加而增加。以增渗倍数为指标，促透剂浓度为 1.0% 时，促透效应为薄荷醇 > 麝香酮 > 冰片 > 氮酮；促透剂浓度为 2.0% 时，促透效应为薄荷醇 > 冰片 > 氮酮 > 麝香酮；促透剂浓度为 4.0% 时，促透效应为薄荷醇 > 氮酮 > 冰片 > 麝香酮。但是薄荷醇和冰片均有强烈的皮肤清凉感，当浓度过大时皮肤会有不适，所以在产品中的使用量需依实际需求而定。

4. 制作工艺的影响

护肤品的制作工艺的不同，对于产品中的功效成分的释放有明显的影响，从而影响成分的经皮吸收速率。方电力等以辛酸/癸酸甘油三酯、1,3 - 丁二醇、吐温 - 80、司盘 - 60、桦皮散等为原料制作了桦皮散微乳液，透皮实验结果表明桦皮脂酸 24h 的累积透过量以及渗透速率均远大于未经微乳化处理的桦皮散提取原液。王赞丽等将熊果苷制备成壳聚糖纳米粒，体外透皮实验结果显示，熊果苷壳聚糖纳米粒在 12h 内累积透皮量和稳态渗透速率分别是熊果苷美白乳液的 4.71 倍和 4.68 倍。

(四) 护肤品搭配的影响

一般的日常护肤的步骤为洁面、爽肤水、精华、乳液或面霜，在选择护肤品搭配使用时，消费者都期望达到 1 + 1 > 2 的效果，这需要在护肤品开发的过程中考虑到不同成分、不同产品的相互作用，这些都会对成分本身的功效以及透皮吸收速率等产生影响。唐泽严等研究了不同相对分子质量透明质酸对还原型谷胱甘肽透皮吸收的影响，发现相对分子质量为 7000、12000、90000 的透明质酸在角质层中对还原型谷胱甘肽均有显著促进储留的作用，角质层中 12h 储留的还原型谷胱甘肽的量分别为对照组的 1.76 倍、1.66 倍和 2.24 倍，这可能与低相对分子质量的透明质酸促进了皮肤的水合作用，或是透明质酸与谷胱甘肽的相互作用增强了其在角质层的滞留有关。而相对分子质量为 360K、920K 的高相对分子质量透明质酸在 12h 后的角质层储留量仅为对照组的 0.36 倍和 0.28 倍，真皮层中 12h 的储留量仅为 0.36 倍和 0.21 倍，说明高相对分子质量的透明质酸不利于还原型谷胱甘肽的渗透和滞留。

第五节　透皮促进技术

透皮促进技术的应用，对于提高活性物质透过皮肤发挥功效起到重要的作用。关于透皮促进技术，大致可分为生化技术、物理技术以及药剂学技术。

生化技术指的是利用皮肤屏障的手性选择，通过合成前体化合物来达到透皮吸收的目的。物理技术则是应用物理方法改变角质层的结构从而扩大透皮的途径，常见的有离子导入、超声促透、微针、电穿孔等。但这两类技术因其适用性、安全性等原因在化妆品中的应用并不广泛。

药剂学技术的发展迅速，内容丰富，在化妆品中应用最为广泛的透皮促进技术包括促透剂、脂质体、微胶囊、微乳液技术等。

一、 促透剂

添加促透剂是化妆品应用最普遍的促渗方法，因其稳定性好、成本低等优势得到了青睐。一直以来也有很多致力于开发可逆的促透化学物的研究，根据促透剂的性质主要有以下的几类。

（一）化学促透剂

化学促透剂（Chemical Penetration Enhancer）能可逆性地改变皮肤角质层的屏障功能，从而促进功效物质到达不同的皮肤深度，并且在过程中不会损伤皮肤的活性细胞。经皮促透剂须无毒、无刺激性、无致敏性，对皮肤的影响是可逆的，且起效迅速，单相促透。

1. 酰胺类

氮酮，是第一个作为透皮促进剂被开发出来的化学物质。它能够溶解于大多数溶剂，促渗透作用起效较慢，但维持时间较长，应用广泛具有很强的适应性。荧光探针研究显示，氮酮可以与脂质分子的烃链相互作用，认为氮酮的促透机制可能是与角质层中的脂质发生作用，增加其流动性，减少扩散阻力；增加了角质层的含水量，使细胞间隙扩大，功效物质在角质层/基质间的分配系数增大，利于在角质层中形成储库。氮酮对水溶性分子、脂质分子、生物碱类分子的经皮吸收有不同的促渗效果，对大部分的水溶性分子、生物碱分子有较好的促透作用，而对一些脂溶性分子则没有促透作用，有时甚至起到阻滞作用。

吡咯烷酮类衍生物对极性、半极性和非极性的化合物均有一定的促进透皮渗透的效果。此类化合物在低浓度时选择性分配进入角质蛋白，高浓度时则影响角质层的流动性并同时促进功效物质在角质层的分配。吡咯烷酮类促进剂与氮酮相似，具有用量低、毒性小、促进作用强等优点。

2. 溶剂类

溶剂类的促透剂，在化妆品中的应用主要有醇类、聚乙二醇及衍生物、表面活性剂等。

醇类在经皮给药制剂中常用作药物的溶媒或载体，对药物和其他的促渗剂起到融合的作用，单独用作促渗剂时效果一般。醇类的促透效果与其碳链长度有关，随着碳链长度的增加，促透效果增大，在达到最佳促透效果后再增加碳链的碳原子则促透效果又减弱。低分子量的醇常用较高浓度，使其既能够增加药物的溶解度，同时可长时间保持促透效果。疏水性的长链醇则是通过脱去皮肤的脂质，破坏其结构的完整性或影响结构的有序性来达到促透的目的。如常用的丙二醇是化学促透剂中较为温和的一种，单独使用时也能起到较好的作用，若与其他促透剂复配使用可起到协同作用，从而达到更好的效果。丙二醇在经过皮肤的角质层时，可缓慢经过角质双分子层中的间隙且累积，可持续有效地形成有利于功效成分通过的通道；当与其他促透剂共同使用时，因其容易滞留的特性，不仅延长了促透剂的促透作用，也能有效减少功效成分经皮吸收的时间，且不必重复添加从而大大减少其他促透剂的使用量。

聚乙二醇类的作用机理，是通过使角蛋白溶剂化，占据蛋白质的氢键结合部位，减少功效成分与组织间的结合，从而增加其他促透剂在角质层的分配。聚乙二醇的衍生物多为酯类，刘睿等采用离体扩散实验考察了 PEG 衍生物辛酸癸酸聚乙二醇甘油酯，聚乙二醇硬脂酸酯 15 对芒果苷的离体角膜透过率的影响。结果显示，当辛酸癸酸聚乙二醇甘油酯的体积分数为 10%、15%、20%、30% 时，芒果苷的角膜表观渗透系数分别增加了 180 倍、327 倍、341 倍、476 倍；聚乙二醇硬脂酸酯 15 的体积分数为 2% 和 4% 时，芒果苷的角膜表观渗透系数分别增加了 198 倍、307 倍。

表面活性剂作为经皮给药的透皮促进剂，主要包括了多种阴离子、阳离子和非离子表面活性剂，如吐温 80、司盘 60、卵磷脂、泊洛沙姆等。表面活性剂的促透能力是其自身与皮肤间的相互作用及药物从其所形成的胶束中释放速度的快慢两种因素综合作用的效果，同时与表面活性剂的临界胶束浓度以及药物的 pH 值、荷电性等理化性质有关。表面活性剂类也通常用作经皮给药制剂的基质，配合其他促透剂使用可增加透皮性能。

3. 脂肪酸及其衍生物

脂肪酸在促透方面应用较多的为碳原子数 10 ~ 12 的饱和长链脂肪酸及碳原子数为 18 的不饱和脂肪酸及其酯类衍生物，主要有油酸、癸酸、亚麻酸、月桂酸等有机脂肪酸及其酯类。其碳链的长度、空间构象、不饱和度等都会对促渗作用产生影响。当碳原子数相同时，不饱和的脂肪酸比饱和的脂肪酸有更好的促渗效果，这可能是由于不饱和双键与皮肤角质层脂质饱和长链结构不相似而产生空间效应的结果。

4. 磷脂类

磷脂是含磷酸酯的衍生物，包括甘油磷脂及鞘磷脂两大类，磷脂类化合物是低毒、无刺激性的促渗透剂。药物 – 磷脂复合物可制备出具有优良缓释作用的经皮吸收制剂，它可改变原型药物的理化性质，延长作用时间，增强药理作用，降低毒副作用。药物的磷脂复合物的作用机制可能与其脂溶性大、能快速渗入皮肤角质层相关，因其较强的亲脂性可暂时储存于真皮中，而复合结构中的药物则逐渐释放，起到良好的缓释效果。

（二）中药促透剂

合成的化学促透剂因毒副作用较大，使得化妆品行业的开发目标逐渐转向天然植物，促透剂的开发也不例外。很多中药挥发性成分已被证实具有经皮吸收促进作用，比如薄荷醇、冰片、金合欢醇、橙花叔醇等，它们的促透效果对于许多药物而言都不亚于经典的促透剂氮酮，并且相对安全。但由于目前对挥发油本身进行透皮增效的研究甚少，在实际的应用中也很少作为增效剂来配伍使用，与其他促透剂相比，中药促透剂在增效机制或实际应用中的研究都相对薄弱，这使得中药促透剂的推广受到限制。

1. 薄荷脑

薄荷脑又称薄荷醇，是唇形科植物薄荷挥发油中的主要成分，目前认为薄荷脑的促透机制为促使表层细胞间隙的扩大，降低皮肤对功效物质的阻滞，利于其经表皮细胞间隙透皮扩散。已有研究表明，薄荷醇对亲水性、亲脂性的药物都具有良好的促透效果。

2. 冰片

冰片又称片闹、龙脑香等，是龙脑香科植物龙脑香的树脂和挥发油加工品提取而获得的结晶，是近乎纯的右旋龙脑。冰片主要作用在角质层，可能的机制是改变脂质分子的排列增加其流动性，单独或联合使用冰片的促透效果都较好。

3. 萜烯类物质

萜烯类按照化学结构可分为含氧衍生物和非极性烃类两类。近年来对萜烯类物质经皮促透的研究发现，此类物质为含氧官能团可能是氢键的受体或供体，从而促进功效成分的渗透。研究柠檬烯、薄荷醇、薄荷酮、1,8 - 桉树脑、长叶薄荷酮和 4 - 萜品醇对 HaCaT 皮肤角质形成细胞的影响，发现所选的促透剂均较氮酮显示出更低的细胞毒性，可显著增加 HaCaT 细胞膜流动性、降低细胞膜电位，增加皮肤表皮的流动性从而降低皮肤的屏障作用，有利于药物的经皮吸收。

通过化学方法改变萜类的结构，完成醇到脂的衍变，改善后的衍生物表现出更好的促透活性，同时有效地解决了萜类化合物在经皮给药制剂中的生产及储存问题。萜类化合物的改造以酯键连接的方式进行，这种酯键连接可被人或动物表皮中的酯酶酶解，在人体内被酶解为醇、酸或脂肪醇、脂肪酸，同时能快速、可逆性地恢复皮肤的屏障功能。

（三）生物促透剂

生物促透剂是通过改变皮肤新陈代谢过程从而达到促进渗透的效果。生物制剂可以抑制角质层脂质的合成，或促进皮肤脂质的新陈代谢。利用磷脂酶 C 可抑制表皮脂质成熟过程中的磷脂酰胆碱，改变脂质的结构，从而起到促透作用。但目前对于表皮酶的研究还很少，需在以后的研究中进一步证实。

（四）复合促透剂

通常情况下，使用单个促透剂很难达到理想的促渗效果。研究发现，部分促透剂按一定的比例组成二元或多元的复合促透剂，可达到协同促渗的目的，取得单一促透剂无法达到的效果，如常见的丙二醇/油酸、油酸/氮酮、醇类与其他促透剂的联合应用等。

复合促透剂是当前研究经皮渗透的热点，化学药物、中药单体以及中药复方制剂中的主要有效成分等都是这一热点的研究对象。既有不同化学促透剂之间的联用，也有化学促透剂与中药促透剂的合用，但是有关于复合促透剂的促渗机制的研究仍较少，研究人员可进一步对其进行研究以进一步提升功效成分的应用价值。

二、 脂质体

脂质体是最早发现的脂质囊泡。磷脂等两亲性分子分散在水中时，可自组装形成具有封闭双分子层结构的分子有序组合体，统称为脂质囊泡。脂质体具有无毒、低免疫原性、可生物降解性、可包载水溶性和脂溶性药物且可提高包载药物稳定性等优点，在生物医学和化妆品等领域具有独特的优势，得到了广泛的关注和研究。

脂质体主要由磷脂和附加剂组成。常用的磷脂材料分为天然磷脂和合成磷脂，常有的附加剂有胆固醇、十八胺、磷脂酸等。作为一种两亲性分子，磷脂分子中同时含有亲水和亲油基团，亲水基团为磷酸基团，亲油基团为两条长链的烃链。因此，磷脂分子在水中能够通过分子间弱相互作用力自发排列形成双分子层封闭囊泡结构，亲油基团在双分子层内部尾尾相连，亲水基团在双分子层膜内外两侧。胆固醇也为两亲性分子，但其疏水基团大于亲水基团。胆固醇能够嵌入到脂质双分子膜内，调节脂膜的流动性，增加脂膜的机械强度，减少脂膜对水溶性分子的通过性并且降低药物的渗漏，具有提高脂质体的稳定性和包封率等，因而胆固醇被称作是脂质体膜流动性的"缓冲剂"。不同的附加剂作用不同，如十八胺和磷脂酸可以改变脂质体表面的电荷特性。

脂质体的粒径在20nm到数十微米间，具有单层或多层脂质双分子层结构，其中每层磷脂双分子层厚度约为4nm，其结构如图2-7所示。脂质体溶液为胶体分散系，具有相应的胶体分散特性，外观也会因脂质体粒径及浓度的不同而变化。根据结构中含有的磷脂双分子层的层数和结构的不同，脂质体可分为单室脂质体（Unilamellar Vesicle，ULV）、多室脂质体（Multilamellar Vesicle，MLV）和多囊泡脂质体（Multivesicular Vesicle，MVV）。其中单室脂质体根据粒径的大小，又可分为小单室脂质体（Single Unilamellar Vesicle，SUV）和大单室脂质体（Large Unilamellar Vesicle，LUV）。

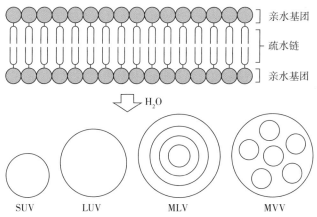

图2-7 脂质体的结构和不同类型的脂质体结构图

脂质体能够包载亲脂性或亲水性的药物，脂溶性药物可包封于磷脂双分子层中，而水溶性药物溶解于脂质体内水相中，通过不同的载药方法可提高脂质体包封率和载药量。

脂质体的经皮渗透作用机制尚未完全阐明，可能存在以下的两种：一是脂质体可增加皮肤角质层的水合作用，使角质层细胞间结构改变，脂质双分子层中的疏水性尾部排列紊乱，药物易通过扩散和毛细引力等作用突破角质层屏障，进入细胞间隙；另一种则是由于脂质体的脂膜磷脂成分可与皮肤的角质层脂质融合，使角质层的脂质组成和结构改变，形成扁平的颗粒状结构，使其屏障作用发生逆转。通过颗粒的间隙，药物可以穿透角质层，克服皮肤屏障进入皮肤深层，从而促进药物的透皮吸收。

三、 微胶囊

微胶囊技术，是利用天然或合成的高分子材料（囊材），将固体或液体的活性物（囊心）包裹成直径为 $1 \sim 1000 \mu m$、具有半透性或密封囊膜的微型胶囊的技术。这种由囊材包裹囊心所形成的微小贮库型结构称为微胶囊，若囊心物溶解或均匀分散在高分子材料的基质中，形成骨架形的微小球状实体则称为微球。

微胶囊技术一般用于包埋易挥发或易氧化的功效成分。通过微胶囊化可实现以下的目的：保护敏感成分；掩盖不良的气味或色泽；隔离互不相溶的成分；持续靶向释放功效成分；有效降低刺激性。微胶囊技术的独特优点，使其备受关注。

四、 微乳

微乳是粒径为 $10 \sim 100 nm$ 的乳滴，分散在另一种互不溶的液体中形成的各向同性、热力学性质稳定、低黏度且外观澄明的胶体分散体系。微乳作为功效成分载体具有如下的优点：热力学稳定的各向同性透明液体，可过滤灭菌，易于制备和保存；既能包载疏水性药物，提高其溶解度，也能包载水溶性药物，延长其施放时间达到缓释的效果；分散性好，可促进药物吸收，提高生物利用度；对于易水解的药物，采用 W/O 型微乳可起到保护的作用。

微乳促进药物的透皮吸收，可能的机制在于：微乳具有良好的增溶能力，可显著提高药物的跨皮肤浓度梯度，促进其透皮扩散，而微乳作为药物的储库，可长期维持较高的扩散动力；微乳制剂的成分可能会改变皮肤的渗透性，如表面活性剂、助表面活性剂及油相可改变角质层脂质的结构，作为渗透促进剂提高药物在皮肤中的分配，并促进其在皮肤中的扩散；微乳的亲水部分可增强角质层的水合作用，打开"极性通道"，促进药物的透皮吸收；微乳较低的界面张力使得更易于润湿皮肤，确保与皮肤表面的紧密接触；微乳可富集于皮肤附属器，促进药物通过毛囊、皮脂腺或汗腺等皮肤附属器的吸收。

第三章 原料的美白作用原理

第一节 美白祛斑类原料

美白祛斑原料是通过抑制黑色素的生成、转运来改善皮肤色沉的原料。本章节中所介绍原料均为文献报道过，具有美白作用的成分，但并非所有原料均为法规认可的美白剂。目前，各国美白原料的清单仍需进一步完善。

一、甘草类黄酮及光甘草定

甘草，为常见的豆科植物，属多年生草本，药用部位是根和根茎。目前的植物来源有乌拉尔甘草（*Glycyrrhiza uralensis* Fisch.）、胀果甘草（*Glycyrrhiza inflata* Bat.）及光果甘草（*Glycyrrhiza glabra* L.）。甘草自古以来就是一味很重要的药材，始载于《神农本草经》，其后一直被后世所收载。在功效方面，甘草有补脾益气、清热解毒、祛痰止咳、缓急止痛、调和诸药等作用，广泛应用于医药健康领域。甘草的主要成分为黄酮类、萜类、多糖类等，还有氨基酸类、生物碱类、有机酸等上百种有效化学成分。

（一）甘草类黄酮

1. 基本信息

（1）理化性质　甘草黄酮是一类以 2 - 苯基色原酮和 C6 - C3 - C6 为基本母核的黄酮类化合物，结构式如图 3 - 1。

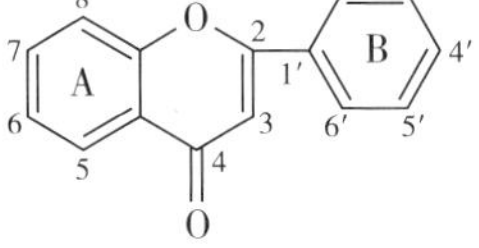

（1） 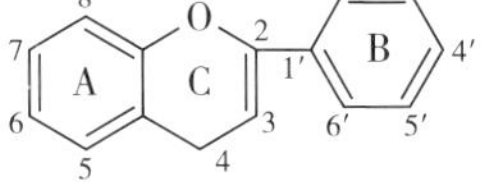　　　　　　　　　　（2）

图 3 - 1 　（1）2 - 苯基色原酮；（2）C6 - C3 - C6 为基本母核的化学结构式

目前在甘草中已分离出约 300 种黄酮类化合物，包括黄烷酮类、黄酮类、异黄酮类、黄酮醇类、查尔酮类、二氢查尔酮类、异黄烷类、二氢黄酮醇类和黄烷 - 3 - 醇类等，该类黄酮化合物在含量以及生物活性上具有代表性的物质包括甘草素、异甘草素、甘草苷、异甘草苷、刺甘草查尔酮、甘草查尔酮 A、光甘草定、甘草香豆素等。常温下为黄色粉末，几乎不溶于水，易溶于乙醇等有机溶剂。

（2）安全管理情况 甘草类黄酮已列入国家药监局发布的《已使用化妆品原料名称目录（2021 年版）》，序号为 02394，在驻留类产品中最高历史使用量为 8%。

2. 美白作用机理

甘草黄酮类化合物的美白功效是通过抑制酪氨酸酶实现的，同时还能抑制多巴色素互变酶和 DHICA 氧化酶的活性。Nerya 等研究发现甘草素、异甘草素可以抑制单酚和双酚酶酪氨酸酶的活性，与其抑制黑素细胞中黑色素形成的能力有关，且呈剂量依赖性关系。Fu 等证明了甘草苷、异甘草苷和甘草查尔酮 A 的 IC_{50} 值分别为 0.072mM，0.038mM，0.0258 mM，均为较强的酪氨酸酶活性抑制剂。庞得全等根据不同浓度异甘草素对酪氨酸酶的抑制情况，探讨异甘草素对酪氨酸酶的抑制类型，得出异甘草素对酪氨酸酶的抑制作用类型为竞争性抑制作用，且异甘草素对酪氨酸酶的抑制作用具有浓度依赖性；把不同浓度的异甘草素与人恶性黑色素瘤 A375 混合培养，于 475nm 处测定黑色素瘤细胞中黑色素的生成量，研究表明，异甘草素可抑制人黑色素瘤细胞 A375 的生长。

3. 其他作用

甘草黄酮类成分能拮抗脑组织脂质体过氧化，清除多余自由基，其中的异甘草素具有较强的抗氧化功效。研究表明，甘草黄酮类化合物对活性氧自由基、$ABTS^+$ 自由基、超氧化物歧化酶（SOD）活性均有很好的抑制作用，说明其还具有较强的抗氧化活性。

4. 制备方法及应用

甘草黄酮类物质水溶性较差，导致其生物利用度较低，在实际生产操作中有一定的限制，为了更好地应用于开发甘草黄酮类成分，除了采用溶剂萃取、超临界流体萃取、复合酶萃取、闪式萃取、微生物发酵萃取外，近年的研究多集中于对甘草黄酮类物质的增溶技术。常见的天然产物的增溶技术主要有包合磷脂复合物技术、固体分散体技术、纳米制剂技术、脂质体技术、胶束增溶技术、微粉化技术等。朱红霞等报道了甘草黄酮和羟丙基 - β - 环糊精包合物的制备工艺与研究，首先将羟丙基 - β - 环糊精溶于水中形成接近饱和状态的水溶液，甘草黄酮与羟丙基 - β - 环糊精的质量比为 1∶3，在不断搅拌的条件下，缓慢加入甘草黄酮的乙醇溶液，在 60℃下进行 6h 的包合作用，最后旋蒸除去乙醇，低温冷冻干燥得到黄色粉末。结果表明甘草黄酮包合物在水中的溶解度得到了一定程度的提高。张文华等使用磷脂复合物技术对甘草黄酮的增溶作用进行了研究，结果表明，甘草黄酮与磷脂的复合物在水中的溶解度是原药的 10.7 倍。孙强等采用溶剂 - 熔融法制备了甘草黄酮 - PVP K30（聚乙烯吡咯烷酮 K30）固体分散体，采用体外溶出实验测得甘草黄酮固体分散体相比原药，其溶出率得到了显著的提高。马妍妮等采用反溶剂重结晶法制备了甘草黄酮纳米粒子，冻干后甘草黄酮纳米的粒径为 108.9 ± 1.67nm，纳米药的溶解度是原药的 2.16 倍。Liu 等通过薄膜分散法制备了载有异甘草素的 TPGS 修饰的脂质体，在 24h 内，负载异甘草素的脂质体释放了将近 90% 的异甘草素，而未经修饰的异甘草素悬浮液仅仅释放了 50%，实验结果表明该脂质体能够显著改善异甘草素的溶解度、生物利用度和靶向能力。王子剑等采用超声微波辅助胶束提取法对甘草黄酮进行提取，并采用反溶剂重结晶法制备了水溶性甘草黄酮纳米混悬液，结果表明该混悬液的溶出率提高了 11.66 倍，抗氧化活性提升了 15%，生物利用度是原药的 10.63 倍，且呈良好的生物安全性。

（二）光甘草定

1. 基本信息

（1）物理性质　光甘草定是甘草黄酮类生物活性物质中的重要成分，仅来源于光果甘草的根及茎，是光果甘草中最主要的异黄酮成分，且在甘草黄酮类成分中所占比例约为 11%。

光甘草定被广泛认为是植物雌激素，具有降血脂、降血压及在心血管疾病防治等方面的中药临床药理作用。近年来，光甘草定在美容行业的应用研究也越来越深入。

（2）安全管理情况　光甘草定已列入国家药监局发布的《已使用化妆品原料名称目录（2021 年版）》，序号为 08786，尚无驻留类产品中最高历史使用量信息。

2. 美白作用机理

作为特殊的甘草黄酮类成分，光甘草定具有显著抑制黑色素生成的作用，主要是通过三个方向实现的：抑制活性氧生成，抑制酪氨酸酶活性和抑制炎症。这与其独特的化学结构相关。光甘草定（图 3 - 2）的整体结构可分为 A 环和 B 环两大部分，其中 A 环（指虚线括号内）为异黄酮母核，B 环为芳环，B 环上有两个酚羟基，C9 - 位上有个烯键。

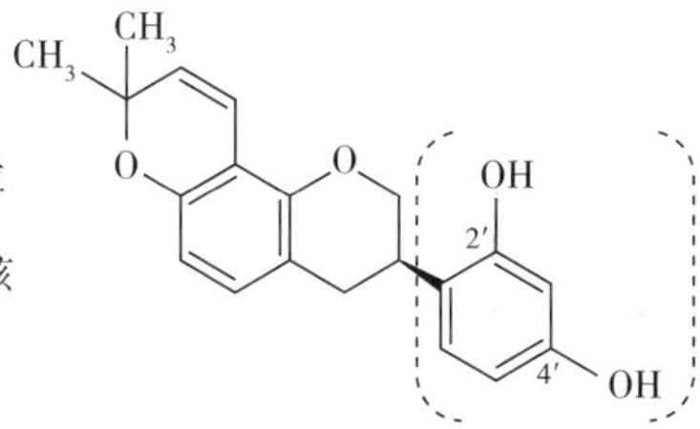

掺入细胞膜或LDL颗粒
雌激素受体拮抗
疏水相互作用进入酶核

细胞内的抗氧化效果
雌激素受体黏附作用
CYP450相互作用
CYP3A4钝化作用

图3-2　光甘草定的化学结构及其生物活性

B 环上的 C-2 和 C-4 羟基能有效地与低密度脂蛋白（LDL）结合，抑制 LDL 中脂质过氧化物和氧甾醇衍生物的形成，起到 LDL 抗氧化保护作用。在细胞色素 P450/NADPH 氧化系统中也显示出了很强的抗自由基作用，能明显抑制体内新陈代谢过程中所产生的自由基，从而起到延缓细胞衰老等作用。骆从艳等也通过实验证实了光甘草定对于 DPPH 以及羟自由基有很好的抑制效果。

由于光甘草定结构中的 B 环同时还可与雌激素受体结合，通过抑制细胞色素 P450 3A4 酶，从而抑制参与黑色素生成的酪氨酸酶，且该抑制类型是可逆非竞争性抑制。1998 年，Yokota T 等人证明了光甘草定可有效减轻 UVB 诱导的棕色豚鼠背部皮肤色素沉着和 B16 小鼠黑色素瘤细胞黑色素合成，可特异性地降低 T1 和 T3 酪氨酸酶同工酶的活性。使用曲酸对照的蘑菇酪氨酸酶的抑制实验中显示酪氨酸酶的活性随光甘草定和曲酸浓度的增加而显著降低，光甘草定和曲酸的 IC_{50} 分别为 $0.43\mu mol/L$ 和 $75.74\mu mol/L$，并且体现为可逆性抑制，而这种抑制不会改变酪氨酸酶的整体构象，说明光甘草定是诱导非竞争性抑制酪氨酸酶活性的。其他体外抑制实验证实了 $0.1 \sim 1.0\mu g/mL$ 的光甘草定即可抑制 B16 小鼠黑色素瘤细胞中的酪氨酸酶，且对 DNA 合成无明显影响。Chen 等通过光谱学分析结果确认光甘草定对酪氨酸酶的内源性荧光有较强的静态淬灭能力，可与酪氨酸酶形成稳定的复合物。光甘草定不仅对酪氨酸酶的活性有明显抑制作用，同时还对 DHICA 氧化酶（5,6-二羟基吲哚 2-羧酸氧化酶，TRP-1）、多巴色素互变酶（TRP-2）以及 α-MSH 促黑激素的活性有较好的抑制作用（图3-3）。

3. 其他作用

光甘草定具有异戊二烯类黄酮结构，因此也具有很好的抗炎特性。它可以加强类固醇的作用，显著降低过氧化物酶活性以及炎症介质前列腺素 E_2，NO 和前炎性细胞因子产生。徐玉婷探究了光甘草定对皮肤银屑病（自由基致病）的治疗效果，结果显示光甘草定对于银屑病的效果优于作者所选用的阳性银屑病药物。随着对光甘草定的抗自由基氧化活性的作用机理、临床研究、药代动力学等信息的明确，光甘草定在治疗与自由基氧化相关疾病时的应用会越来越广泛。

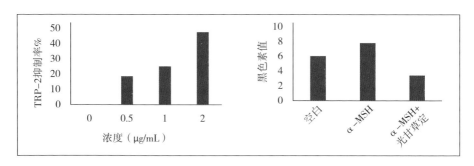

图 3 - 3　光甘草定对 TRP - 2 以及 α - MSH 活性的影响

4. 制备方法及应用

光甘草定为中等极性的化合物，其油水分配系数为 71142.16。光甘草定可溶于中等极性的溶剂（在溶解度最大的丙酮中溶解度为 67862.13mg/L），而在极性过大或过小的溶剂中几乎不溶（不溶于水），因此对于光甘草定天然物的提取分离也是当前的一个研究热点。采用回流提取 - 半制备色谱分离法以及有机溶剂提取 - 柱层析分离法制得的光甘草定成本较高，收率较低，不适合大规模的工业生产，而采用大孔树脂吸附分离法及离子液体萃取法制备的光甘草定收率高，污染小，有很好的预后性。除此之外，刘雨萌采用闪式提取法也有很好的提取效果。

光甘草定的提取难度较高，加上日益稀缺的甘草资源，因此价格高昂，甚至被称为"美白黄金"。但其水溶性较差，皮肤渗透率较低，也削弱了自身应具有的生物学作用和临床疗效。有研究表明，采用正电荷纳米乳可增加光甘草定的溶解性及皮肤渗透性。李霞采用高压均质技术制备光甘草定纳米脂质体，解决了光甘草定溶解度差且不稳定的问题，同时该技术具有较好的载药量和包封率，可直接作为各种美容美白产品的有效成分进行添加。刘泽勋通过晶种生长的方法制备负载光甘草定的 ZIF - 8 包合物并进行生物活性实验，结果显示负载光甘草定的 ZIF - 8 包合物具有比对照物更好的抑制黑色素生成的能力。以上研究都表明，不同的制剂方式可以加强光甘草定的应用效果，扩大其适用范围。

二、　白藜芦醇

1. 基本信息

（1）理化性质　白藜芦醇（3 - 4′ - 5 - 三羟基 - 反式 - 二苯乙烯）是一个多酚类化合物，为白色至灰褐色粉末，不溶于水，可溶于有机溶剂。于 1940 年被高岗市稻夫从藜芦根中提取出来而得名，后在虎杖、葡萄、桑树、花生等多种植物中也分离得到过。其化学结构（图 3 – 4）由两个芳香环亚甲基桥连接而成，存在顺式和反式两种异构体，在植物中主要为反式结构。

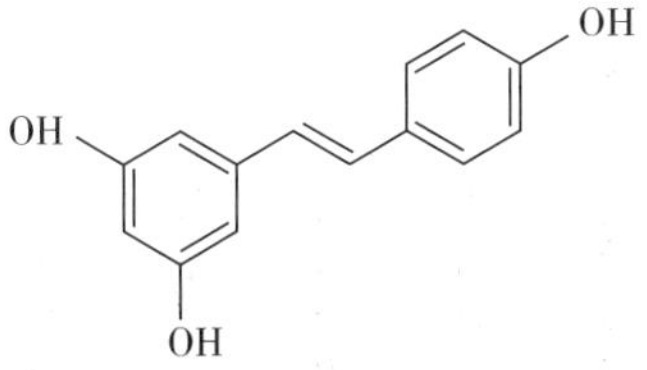

图 3 – 4　白藜芦醇的化学结构式

（2）安全管理情况　白藜芦醇已列入国家药监局发布的《已使用化妆品原料名称目录（2021 年版）》，序号为 01152，在驻留类产品中最高历史使用量为 5%。

2. 美白作用机理

白藜芦醇对酪氨酸酶、单酚酶和二酚酶均有抑制作用。杨阳等采用酶促动力学测定白藜芦醇对蘑菇酪氨酸酶单酚酶活性抑制的 IC_{50} 值约为 5.1mg/mL，对二酚酶活性抑制的 IC_{50} 值约为 5.6mg/mL。此外，白藜芦醇可延长单酚酶的迟滞效应，但对二酚酶无此迟滞效应。针对白藜芦醇对蘑菇酪氨酸酶的抑制类型分析，表明其抑制作用为混合型抑制，白藜芦醇既能与游离酶（E）结合，又能与酶 – 底物络合物（ES）结合，对游离酶的抑制常数（Ki）和对酶 – 底物络合物的抑制常数（Kis）分别为 3.4mg/mL 和 35.98mg/mL。史先敏等通过研究发现，白藜芦醇对 B16 黑色素瘤细胞的增殖和细胞内的酪氨酸酶具有一定的抑制作用，可通过减少黑色素的合成来实现美白的效果。该研究还发现，白藜芦醇在较低的浓度条件下就能达到熊果苷和乙基维生素 C 在较高浓度条件下所能达到的美白效果，但高浓度白藜芦醇对 B16 黑色素瘤细胞具有较大的细胞毒性，而低浓度时白藜芦醇的毒性大大降低，所以由此提示在实际的生产应用中，可以通过控制白藜芦醇的添加量，达到低毒、美白的效果。Richard 等人研究了白藜芦醇的脱色作用和机理，如图 3 – 5 所示，采用 20μg/mL 的白藜芦醇处理正常人黑素细胞 24h，可显著降低酪氨酸酶活性而不影响细胞数量，此外，有关研究成果发现，白藜芦醇抑制酪氨酸酶活性的时间需要 18 ~ 24h 才能达到最大的抑制作用。将白藜芦醇直接加入黑素细胞的裂解液中发现二酚酶活性降低 15%，单酚酶活性降低 75%（图 3 – 5）。

Lee 等通过 UVB 诱导的褐色豚鼠皮肤黑化模型来评估白藜芦醇调节色素沉着的作用，结果表明，白藜芦醇处理的皮肤颜色指数降低 53.5 ± 1.0。小眼转录因子（MITF）是控制 TRP – 1、TRP – 2 和酪氨酸酶等参与黑素细胞功能的重要蛋白

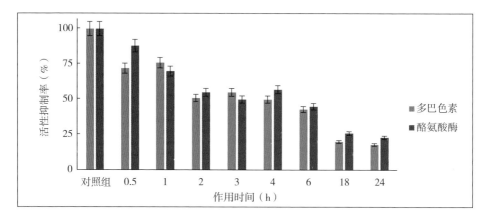

图 3 – 5　白藜芦醇对 NHM 中的酪氨酸酶活性的抑制作用

质表达的主要转录因子，是黑素细胞增殖和黑色素合成过程中起关键作用的调控因子。Lee 等通过皮肤组织中的蛋白印迹分析也证实了白藜芦醇对豚鼠皮肤中的黑色素生成相关蛋白具有显著的调节作用。

贾丽丽等通过人体功效测试验证了白藜芦醇的美白功效，40 名志愿者连续使用含白藜芦醇的产品涂抹面部，外涂白藜芦醇 4 周时，治疗组 MI 值较治疗前下降，但与对照组相比无显著性差异（P > 0.05），当外涂至 8 ~ 12 周时，MI 值较前明显下降，与对照组相比具有显著性差异（P < 0.05）。而红斑指数及角质层含水量在试验前后无明显变化。医师评价约 65% 的受试者皮肤亮白程度获得了中度至明显的改善，约 60% 的受试者对疗效满意或非常满意且无不良反应发生。由此得出结论：白藜芦醇具有一定程度的美白功效，且安全性较好。

黑素细胞或黑色素在各种细胞因子的调节下降解、抑制或失活，已成为美白研究的另一重要方向。比如角质形成细胞所分泌的物质，包括内皮素（ET – 1），成纤维细胞生长因子（bFGF），α - 促黑素细胞素（α – MSH）等，在不同程度上抑制黑素细胞的移行、树突发育、分裂等。抑制这些角质形成细胞所分泌的各类细胞因子，理论上可以抑制黑色素形成，也可以达到美白的效果。其中内皮素（ET）的家族成员包括 ET – 1，ET – 2，ET – 3，主要由体内的角质形成细胞分泌。ET 可以通过 MAPK 途径、酪氨酸酶、酪氨酸酶相关蛋白 – 1（TRP – 1）、PKA、PKC 等信号通路促进人黑素细胞的增殖和黑素合成。而白藜芦醇被认为是一种天然的内皮素拮抗剂。因此，在理论上，白藜芦醇可以通过拮抗 ET 的作用而达到抑制黑素细胞增殖和黑色素合成的作用。

3. 其他作用

作为天然多酚类化合物，白藜芦醇具有广泛的有益健康的作用，包括抗氧化、抗衰老、抗炎症等。有研究发现，白藜芦醇可以对线粒体呼吸链有保护作用，同时激活 SIRT1 蛋白来实现其抗氧化作用。Stefani 等人利用人衰老细胞模型，发现白藜芦醇可抑制衰老标记基因在人皮肤成纤维细胞的表达。紫外线照射人皮肤诱导活性氧的产生，导致氧化应激和损伤，白藜芦醇可以通过减少 AP－1 和 NF－κB 因子的表达来保护细胞免受自由基和 UV 辐射对皮肤的影响，并减缓皮肤的光老化过程。

4. 制备方法及应用

由于白藜芦醇具有多种生物和药理活性，白藜芦醇成为各界研究热点，而其提取方法也一直成为其研究难点。传统白藜芦醇的主要获取方法有两大类：植物提取法和化学合成法。采用植物提取法获得的白藜芦醇安全且生产过程绿色环保，但含量普遍较低，获得率低，生产成本高；传统的化学合成法得到的白藜芦醇产量高，生产成本低，但合成步骤繁多，生产过程中对环境产生一定的污染。随着生产水平的提高以及绿色环保的大趋势需求，生物转化法则成为当前研究热点。该法是利用微生物、器官、动物细胞及酶或植物离体培养细胞等，对外源化合物进行结构修饰而获得有价值产物的代谢反应，可减少合成步骤、缩短生产周期，而且所需条件温和、不良反应少，代表了产业发展的方向。然而，白藜芦醇不溶于水，且可溶解的溶剂多为有机溶剂或油剂，对皮肤本身并不友好，因此，白藜芦醇的使用问题也是当前较为关注的。Sinico 等研制的白藜芦醇纳米混悬剂配方，通过猪耳皮肤模型实验，结果表明，纳米混悬剂应用后，生物利用度更高，水溶性更好。Kalita 等研制出白藜芦醇磷脂复合物（Phytosome®）（RSVP），发现 RSVP 比游离白藜芦醇（RSV）具有更好的水溶性和渗透性。沈胡驰等采用鲸蜡硬脂醇和辛酸癸酸甘油三酯分别为固体脂质和液体脂质，采用吐温－80 和卵磷脂复配为乳化剂，采用热高压均质法制备负载白藜芦醇的纳米结构脂质载体，结果显示，负载白藜芦醇具有显著提高的储存稳定性和光稳定性，纳米结构脂质载体可明显延缓白藜芦醇的释放。

三、 覆盆子酮及覆盆子酮葡糖苷

1. 基本信息

（1）理化性质 覆盆子酮（Raspberry Ketone），又名树莓酮或悬钩子酮，是覆盆子果实中的主要香气成分，存在于覆盆子果汁中，在覆盆子果实提取物中含量为3%左右，后来发现其广泛存在于各种水果蔬菜及多种植物中，例如桃子，葡萄，草莓，以及紫杉和松树的树皮等。覆盆子酮（图3－6），化学名 4－（4－羟基苯基) -2 - 丁酮[4 - (4 - Hydroxyphenyl) - 2 - butanone], 其分子式为 $C_{10}H_{12}O_2$，分子量164.22，是一种天然有机化合物。99% 纯度的覆盆子酮常温下为白色针状结晶或粒状固体，不溶于水，易溶于乙醇和挥发性油等。

覆盆子酮葡糖苷（Raspberry Ketone Glucoside）是树莓果提取物、树莓酮（覆盆子酮）的糖苷化合物，其结构类似于熊果苷，但不含有熊果苷中的酚羟基，因此具有良好的稳定性，且水溶性较好，不易变色。其分子式（图 3 - 7）为 $C_{16}H_{22}O_7$，分子量为 326.34，为白色结晶。

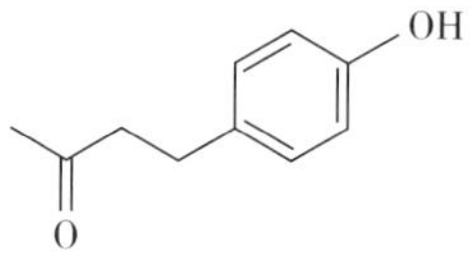

图 3 - 6 覆盆子酮结构式

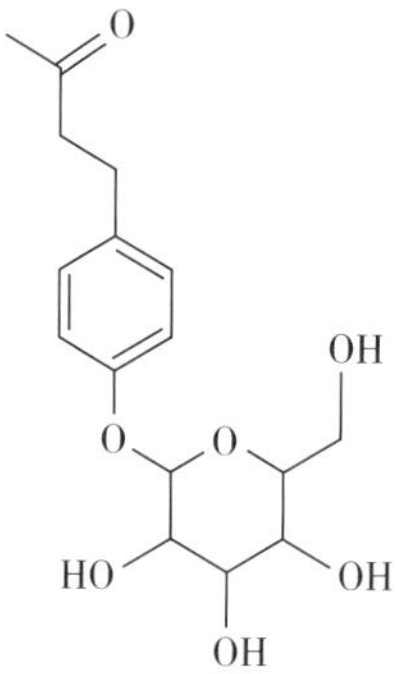

图 3 - 7 覆盆子酮葡糖苷结构式

（2）安全管理情况 覆盆子酮及覆盆子酮葡糖苷均已列入国家药监局发布的《已使用化妆品原料名称目录（2021 年版)》，序号分别为02382 及02383，其中覆盆子酮在驻留类产品中最高历史使用量为 0.4%，而覆盆子酮葡糖苷暂无驻留类产品中最高历史使用量信息。

2. 美白作用机理

关于覆盆子酮葡糖苷和覆盆子酮的生物活性，尤其是美白活性是近年来的研究热点。近年的研究表明，皮肤中一氧化氮合成酶合成的 NO 会令皮肤粗糙、老化、产生色素沉积，而覆盆子酮葡糖苷则是优良的 NO 捕捉剂，可有效清除皮肤中过多的 NO，起到美白、抗衰的作用。Yokota 等报道，覆盆子酮不仅具有对黑色素合成的抑制作用，还表现出显著的清除一氧化氮（NO）的功能，以及抑制炎症关联反应的功能。有针对食用大黄提取来源的覆盆子酮进行体外的美白活性研究，包括体外培养的小鼠 B16 黑色素瘤细胞和斑马鱼模型。结果表明，覆盆子酮是通过抑制细胞酪氨酸酶活性减少黑色素生成的。通过 MTT 法测定细胞存活率也显示无细胞毒性，说明覆盆子酮是一种较为安全的酪氨酸酶抑制剂（图 3 – 8）。

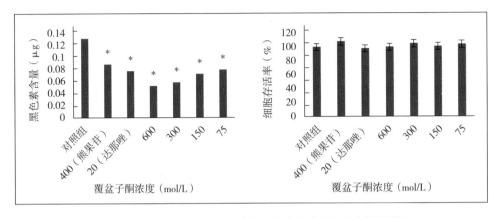

图 3 – 8　覆盆子酮对 B16 细胞中黑色素生成和细胞存活的影响

3. 其他作用

Maeda 等研制的外用配方含有覆盆子酮葡糖苷，使用该配方制得的化妆品，具有极佳的美白、保湿和去皱效果。蔡剑波将质量分数为 0.5% ~2% 的覆盆子酮葡糖苷作为有效成分用于女性胸部贴膜，能明显改善女性胸部下垂、胸部缺少弹性和胸部皮肤衰老的现象，且无副作用和刺激性。据 Okajima 等的专利文献记载，覆盆子酮可提升胶原蛋白合成功能和组织修复能力。使用含覆盆子酮质量分数为 0.1% ~3% 的化妆水，皮肤会变得明亮和滋润，皱纹和松弛程度明显得到改善。

4. 制备方法及应用

覆盆子酮的合成，主要以化学合成法为主，近年来随着生物合成的兴起，也逐渐成为一种新的合成途径。覆盆子酮在植物中的合成途径是从 L – 苯丙氨酸开始，经苯丙氨酸解氨酶（PAL）脱氨基生成苯丙酸，随后羟基化生成对香豆酸。该化合物在 4 – 香豆酰 CoA 连接酶（4CL）作用下形成激活的硫酯化合物，并在苯亚甲基丙酮合成酶（Benzalacetone Synthase，BAS）作用下与一分子丙二酰 CoA 缩合生成覆盆子酮前体对羟基亚苄基丙酮（4 – hydroxybenzalacetone），最终由 NADPH 依赖型还原酶 BAR（Benzalacetone Reductase）还原 C – C 双键生成覆盆子酮。

随着生物技术的飞速发展，利用微生物底盘细胞合成覆盆子酮得到了初步探索，在 1991 年，Dumot 等公布了一种具有醇脱氢活性的微生物，可将杜鹃醇氧化脱氢成覆盆子酮。这也是利用微生物转化生产覆盆子酮的首次报道。1998 年，Fuganti 等以对羟基亚苄基丙酮为底物，利用 14 种不同微生物将其还原为覆盆子酮。2007 年，Beekwilder 等通过大肠埃希菌和酵母发酵，获得了覆盆子酮，但这种方法获得的成分非单一组分，产物中还检测到了柚皮素等副产物，此研究为利用植物中覆盆子酮的合成途径在微生物中表达以获得"天然"覆盆子酮奠定了基础。2021 年，Chang 等同样以大肠埃希菌为底盘细胞，利用脂肪酸为原料进行生物转化，以大豆油和葡萄糖为碳源提供丙二酰 CoA，和共底物对香豆酸发酵生产覆盆子酮，最高产量达 180.94mg/L，为目前报道中的由大肠埃希菌发酵生产覆盆子酮的最高水平。

四、 丹皮酚

1. 基本信息

（1）理化性质 丹皮酚（图 3 - 9），又称 2 - 羟基 - 4 - 甲氧基苯乙酮，是从毛茛科植物牡丹根皮、罗摩科植物徐长卿根及芍药科植物芍药中提取分离出来的一种小分子酚类化合物，又称牡丹酚、芍药酚，是牡丹皮的主要活性成分，分子式为 $C_9H_{10}O_3$。其性状为白色针状结晶粉末，具有特征性气味，可溶于乙醇、甲醇、热水。作为传统药材中的主要成分，丹皮酚具有广泛的药理作用，主要有抗癌、抗炎、抗过敏等。

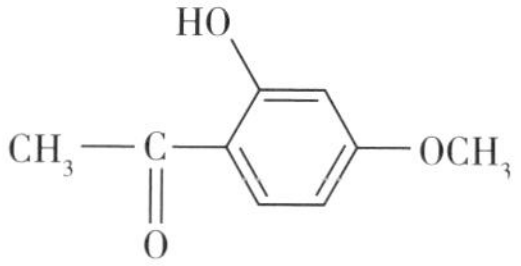

$$CH_3 - \overset{\overset{\text{HO}}{\big|}}{\underset{\underset{\text{O}}{\big\|}}{C}} \quad \text{OCH}_3$$

图 3 - 9 丹皮酚的结构式

（2）安全管理情况 丹皮酚已列入国家药监局发布的《已使用化妆品原料名称目录（2021 年版）》，序号为 01811，在驻留类产品中最高历史使用量为 0.2%。

2. 美白作用机理

对于中药活性成分的研究，现在已经进入了一个快速发展的阶段，并且取得了显著的成果。近年来有大量文献表明丹皮酚有抑制酪氨酸酶的作用，可以抑制黑色素的生成和运输，从而减少色素沉着。Tian - Hua Zhu 等对丹皮酚及其类似物对酪氨酸酶的抑制作用进行研究，发现丹皮酚中的羟基会对酪氨酸酶生物活性中心的铜离子进行攻击，与底物左旋多巴以复杂的方式竞争。通过铜离子螯合分析，发现羟基化合物在催化过程中与铜离子形成螯合物，表现为竞争性抑制酪氨酸酶。解士海等培养了人表皮黑素细胞与角质形成细胞共培体系、酪氨酸酶活性及黑色素生成的影响，发现丹皮酚对于黑素细胞中黑色素生成以及酪氨酸酶的抑制作用强于其对于共培细胞中黑色素生成及酪氨酸酶活性的抑制作用（表 3 - 1）。

表 3 - 1　丹皮酚对黑素细胞及共培养细胞中酪氨酸酶活性和黑素合成的影响（$n=4$，$\bar{x} \pm s$，%）

浓度 (μmol/L)	酪氨酸酶		黑素合成	
	黑素细胞	共培养细胞	黑素细胞	共培养细胞
丹皮酚				
50	71. 48 ± 2. 88 **	86. 13 ± 5. 32 *	62. 25 ± 2. 63 * *	74. 41 ± 7. 68 *
100	51. 34 ± 3. 53 **	70. 24 ± 4. 15 **	47. 36 ± 2. 21 **	62. 50 ± 17. 18 *
200	40. 83 ± 1. 57 ** a	57. 31 ± 5. 25 **	33. 92 ± 3. 40 **	56. 55 ± 14. 17 ** a
氢醌 2	76. 43 ± 3. 63 **	65. 14 ± 6. 74 **	62. 28 ± 2. 80 **	55. 06 ± 5. 74 ** a

注：对照组响应值设为 100%，与对照组相比，* $P < 0.05$，** $P < 0.01$。
引自：解士海，陈志强，卜今，等. 丹皮酚在体外对人黑素细胞酪氨酸酶活性及黑素生产的影响［J］. 中华皮肤科杂志，2006（11）：639 - 641.

　　龚盛昭等研究了丹皮酚对酪氨酸酶活性的影响，并通过酶动力学计算得出丹皮酚是酪氨酸酶的混合型抑制剂。卜今等通过体外实验证实了丹皮酚对蘑菇酪氨酸酶有明确的抑制作用，并发现丹皮酚可以通过抑制 MITF 和 MITF 配体 cAMP 反应元件结合蛋白（CREB）的磷酸化，使其不活化，从而抑制 MITF 的转录，进而下调酪氨酸酶的表达，最终影响黑色素生成（图 3 - 10）。

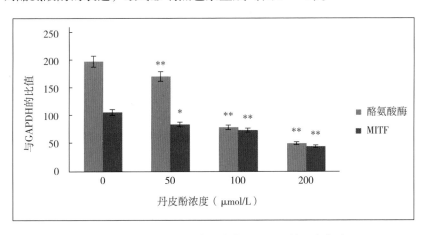

图 3 - 10　丹皮酚抑制酪氨酸酶及 MITF 的蛋白表达

($n=4$，* $P < 0.05$，** $P < 0.01$)

3. 其他作用

丹皮酚还具有抑菌效果，刘春云等对凤丹丹皮酚的抗菌作用进行了研究，结果显示凤丹丹皮酚对黄色八叠球菌、福氏痢疾杆菌、枯草芽孢杆菌、金黄色葡萄球菌、大肠埃希菌等五种供试细菌均有较强的抑制作用。郑晓晖等用试管药基法测定丹皮酚对马拉色菌的 MIC，也发现其具有明显抑制马拉色菌的作用。此外，丹皮酚是从牡丹皮中提取出的小分子酚类化合物，它作为植物药的一种单体成分，还具有较好的抗氧化作用。

4. 制备方法及应用

丹皮酚的提取方法主要有三种：水蒸气蒸馏法、超临界 CO_2 法以及溶剂提取法。但是，由于丹皮酚溶解度低、易挥发、稳定性差，制备丹皮酚包合物也是当前的研究热点。陈巧谋等将丹皮酚制成 β-环糊精包合物可提高其稳定性和生物利用度，能降低其挥发性，增加其溶解度。赵倩倩将丹皮酚与苦橙花油制备成纳米乳水凝胶，考察了其安全性及祛斑效果，并通过体外酪氨酸酶实验验证了含丹皮酚纳米乳水凝胶的祛斑效果。随着技术发展，具有优异生物活性的丹皮酚将迎来更广阔的应用前景。

五、 鞣花酸

1. 基本信息

（1）理化性质　鞣花酸（Ellagic Acid，EA）（图 3-11）又名没食子酸、胡颓子酸，是广泛存在于多种植物及坚果中的一种多酚类成分，如：乌桕、葡萄、栗子、红木莓、黑莓、蓝莓、草莓、覆盆子、五倍子、塔纳以及软果、坚果等植物中，也是没食子酸的二聚衍生物，在自然界中主要以缩合形式（如鞣花单宁、苷等）存在，为浅黄色粉末，微溶于水、乙醇，溶于碱液。其分子式为 $C_{14}H_6O_8$。

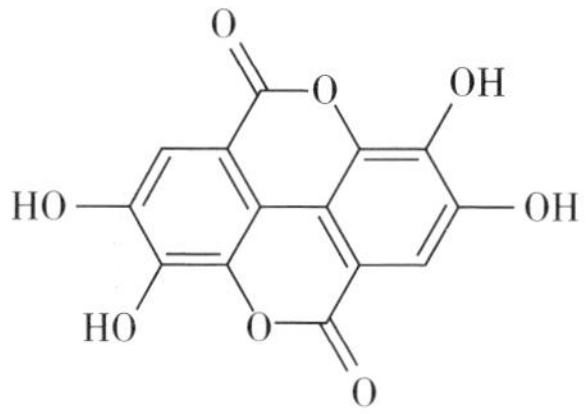

图 3-11　鞣花酸结构式

（2）安全管理情况　鞣花酸已列入国家药监局发布的《已使用化妆品原料名称目录（2021 年版）》，序号为 05567，暂无驻留类产品中最高历史使用量信息。

2. 美白作用机理

现有的药理研究显示鞣花酸具有抗肿瘤、抗氧化、抗突变和抗致癌等活性，还具有凝血、降压、镇静等作用。鞣花酸具有独特的化学和生理活性，在化妆品中可起到多重效果，如抗氧化、抗衰、美白及保湿等。其二酚的结构使得鞣花酸可充当酪氨酸酶的底物而抑制黑色素的合成。Ortiz – Ruiz 等通过动力学研究，确定了鞣花酸是酪氨酸酶的替代底物，被酪氨酸酶氧化成不稳定的邻醌，通过其自身的还原作用抑制黑色素的生成。Shimogaki 等研究发现鞣花酸体外可抑制黑素细胞中酪氨酸酶的活性以及阻断黑色素生成。刘栋等研究发现鞣花酸具有一定的黑色素合成抑制作用，且随着浓度的增加其作用有增加的趋势（表 3 – 2），即可呈浓度依赖性地减少黑素细胞中黑素含量及酪氨酸酶活性，从而判断鞣花酸具有美白作用与抑制黑素细胞合成黑色素的能力，以及抑制黑素小体从黑素细胞向角质形成细胞的传递能力。

表 3 – 2　鞣花酸对表皮黑素细胞酪氨酸酶活性、黑色素含量的影响（$n = 4$, $\bar{x} \pm s$）

鞣花酸浓度 (mg/L)	酪氨酸酶活性		黑色素含量	
	24h	72h	24h	72h
0	325. 26 ± 34. 12	378. 39 ± 41. 24	331. 57 ± 47. 64	410. 72 ± 48. 16
1	254. 58 ± 27. 30[a]	275. 98 ± 32. 47[a]	356. 16 ± 32. 15	397. 63 ± 40. 56
10	229. 23 ± 21. 25[a]	257. 35 ± 14. 89[a]	312. 48 ± 25. 79[a]	322. 66 ± 35. 29[a]
100	153. 45 ± 17. 96[a]	178. 57 ± 12. 67[a]	225. 56 ± 19. 45[a]	256. 43 ± 23. 22[a]
F	102. 73 **	126. 49 **	102. 65 **	98. 07 **

注：** $P < 0.01$；[a] 与空白对照组（0mg/L）比较，$P < 0.05$。

3. 其他作用

鞣花酸具有极强的抗氧化作用，是因为其具有邻苯二酚型的羟基，在脱氢反应后与另一个酚羟基形成分子内氢键，产生的邻苯醌共振结构可以使得苯氧自由基更稳定，清除自由基的活性更强。同时，当鞣花酸与二价阳离子结合时，鞣花酸可与金属离子络合来阻止自由基的产生。鞣花酸还具有猝灭脂质自由基的能力，可中断脂质氧化的链式反应，表现出较强的抗氧化活性。研究表明，鞣花酸属于鞣质类化合物，而鞣质能与菌体细胞的蛋白质络合，导致细胞的瓦解，来达到抑制细胞生长的目的。同时，鞣质还能与参与微生物生命活动的酶结合并改变它们的分子结构，抑制微生物的生长。此外，鞣质与菌体细胞作用后，能够破坏细胞壁的完整性，增加细胞膜的通透性，导致金属离子、蛋白质的渗漏，使细胞代谢系统紊乱，从而起到抑菌作用。

4. 制备方法及应用

鞣花酸的制备方法有 3 种：化学合成法、提取法和生物法。其中化学法利用没食子酸或没食子酸酯氧化聚合制备得到鞣花酸，产率可达到 20% ~ 30%，但是该法制备工艺较为复杂，且杂醌较多，使得鞣花酸的分离纯化具有一定困难，故目前很少使用此法进行鞣花酸的生产。提取法是利用鞣花酸易溶于有机溶剂的性质直接从原料中提取。有时还会在使用萃取剂的基础上增加加热、超声、微波等技术，同时结合酸或碱水解，以获得较高纯度的鞣花酸，或使用离子液体代替传统的挥发性溶剂，也能达到 85% 的提取率。溶剂萃取结合酸解提取鞣花酸是传统的方法，但是也存在产率低、成本高和环境污染等缺点。目前，生物技术生产已成为一种有前景的替代方法，发酵过程要求简单，发酵后鞣花酸浓度高易提取，菌体对底物的耐受浓度也较高，不易出现分解代谢产物的现象，使得固态发酵技术广泛应用于鞣花酸的制备研究。目前鞣花酸尽管来源丰富，但是也面临着提取和水解的效率低、溶解纯化难度大等困难。针对此困境，可以采用对鞣花酸的酚羟基进行化学修饰以改善鞣花酸的溶解性，其中利用脂肪酶与长链脂肪酸进行化学修饰是一种绿色环保高效的方法。此外，可采用目前受到青睐的绿色溶剂，如低共熔溶剂作为鞣花酸溶解的新方法。

六、 根皮素

1. 基本信息

（1）理化性质　根皮素（Phloretin）（图 3 - 12）是一种含有二氢查尔酮类的天然植物化合物，广泛存在于苹果、梨等水果及蔬菜汁液中，常态下是一种淡黄色至纯白色的粉末，几乎不溶于水，易溶于乙醇和丙酮。根皮素的分布范围较广，因在苹果等水果树的根皮中发现而得名。

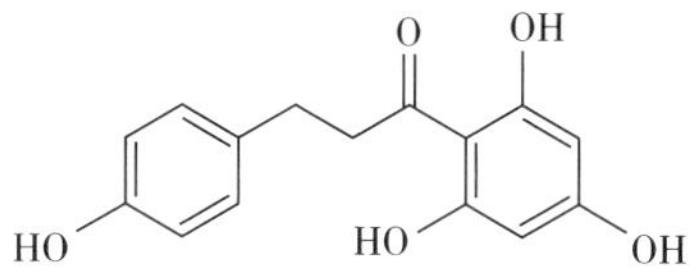

图 3 - 12　根皮素的结构式

（2）安全管理情况　根皮素已列入国家药监局发布的《已使用化妆品原料名称目录（2021 年版）》，序号为 02548，在驻留类产品中最高历史使用量为 2%。

2. 美白作用机理

根皮素在抗炎免疫、抗氧化、抗心血管疾病、抗糖尿病、抗肿瘤及肝脏保护等多个方面有着广泛的药理活性，是一种潜在的天然药物。近年来，根皮素的美白及护肤功效也成为国内外学者的研究热点。王建新等研究发现 0.3% 的根皮素对酪氨酸酶的抑制率高达 98.2%，其 IC_{50} 为 0.05%，其对酪氨酸酶的抑制作用优于常见的美白剂（曲酸和熊果苷），见图 3 – 13。

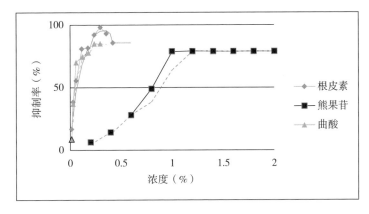

图 3 – 13　根皮素、熊果苷和曲酸对酪氨酸酶的抑制率

进一步研究发现，根皮素与常见的酪氨酸酶抑制剂复配能够大大提高其抑制率，达到 100% 的抑制效果。Zuo 等研究发现根皮素具有抑制酪氨酸酶活性的作用，其 IC_{50} 值为 37.5μmol/L。另外，Toshihiko 等研究表明，将根皮素作用于人上皮黑素细胞和 B16 细胞后，细胞酪氨酸酶活性显著降低，黑色素生成量明显下降，且酪氨酸酶相关蛋白 – 1、相关蛋白 – 2 的表达水平显著降低。

3. 其他作用

根皮素具有 4 个酚羟基，决定了其具有极强的抗氧化活性。体外实验表明，根皮素具有抑制线粒体脂质过氧化、清除 DPPH 自由基及 ABTS 自由基的能力。Limasser 等研究表明，根皮素有极强的抗氧化活性，对油脂的抗氧化质量浓度为 10.30mg/L，可清除皮肤内的自由基。Huang 等研究发现，根皮素能够抑制单核细胞黏附角质形成细胞的能力，阻碍信号蛋白激酶 Akt 和 MAPK 的磷酸化，从而达到抗炎效果。体内研究也证明根皮素具有抗氧化和抗炎效果。根皮素的抗炎作用表明其具有舒缓作用，可用于舒缓修护或祛痘型护肤品中。此外，郑洪艳等还研究发现，根皮素具有一定的紫外线吸收能力，将根皮素添加到化妆品基础配方中可提高化妆品的 SPF 及 PA 值。Duranton 的研究表明，根皮素可以抑制大豆脂肪氧合酶活性，从而减少毛发因过早进入衰老而脱落，具有一定的防脱功效。

4. 制备方法及应用

根皮素制备方法主要包括超声提取法、浸渍法、热回流法、酶法及生物酶转化法。超声提取法操作简便，提取速度快，但提取效率低；浸渍法操作简便，但提取效率受溶剂影响较大；热回流法提取根皮素具有提取效率高、减少溶剂挥发等优点；利用酶法等生物技术手段制备根皮素不仅成本低、操作简便，而且绿色环保。但因为根皮素水中溶解度差，生物利用度低，所以根皮素在食品、保健品、药品、化妆品等各个领域的应用均受到了极大的限制。如何增加根皮素溶解度、提高其生物利用度是根皮素应用的关键。

七、 羟基积雪草苷

1. 基本信息

（1）理化性质　积雪草为伞形科积雪草属积雪草（*Centella asiatica*（L.）Urban）的干燥全草，原产于印度，现在广泛分布在世界热带以及亚热带区域，在我国分布范围主要集中于长江以南各个区域。积雪草性寒、味苦，具有清热利湿、解毒消肿之功效，是一种传统的中药材。其性状为白色粉末，易溶于乙醇和甲醇，溶解于热水但不溶于冷水。国内外的研究者们对积雪草的主要化学成分、药性及其作用机制进行了深入而广泛的研究。结果表明，积雪草主要含有三萜（Triterpenoids）苷类、挥发油（Volatile oil）、黄酮类（Flavonoids）、生物碱（Alkaloids）等多种化合物。其中三萜类化合物主要分为三萜皂苷和三萜酸两大类，三萜皂苷主要有羟基积雪草苷（Madecassoside）和积雪草苷（Asiaticoside）（图3-14），而三萜酸主要有羟基积雪草酸、积雪草酸、马达积雪草酸和玻热米酸等。其中积雪草苷和羟基积雪草苷为积雪草中的主要有效成分，具有促进胶原蛋白合成、促进创伤愈合、修复皮肤瘢痕、抗敏、美白、抗氧化等功效。

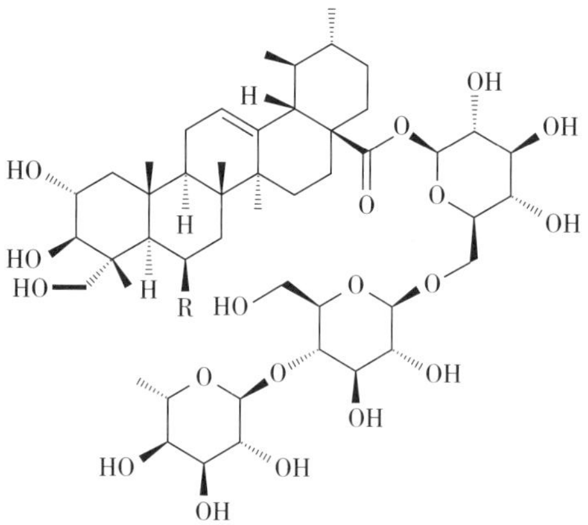

图3-14　羟基积雪草苷和积雪草苷结构式

（R = OH 羟基积雪草苷，R = H 积雪草苷）

（2）安全管理情况 积雪草苷和羟基积雪草甙已列入国家药监局发布的《已使用化妆品原料名称目录（2021年版）》，序号分别为03173和05262，在驻留类产品中最高历史使用量分别为4%和1.001%。

2. 美白作用机理

Eunsun Jung 等研究了羟基积雪草苷在抑制紫外线诱导皮肤色素沉着，以及角质形成细胞和黑素细胞共培养模型中黑色素的生成作用，结果表明羟基积雪草苷可以抑制前列腺素的产生，抑制 UVB 诱导的 COX－2 及 PAR－2 的表达，在共培养模型中表现为抑制紫外线诱导的黑素合成和黑素小体转移。人体临床试验也证实了使用含0.05%的羟基积雪草苷制剂8周后，紫外线诱导的黑素指数明显降低。

聂艳峰采用酪氨酸酶活性抑制实验考察了积雪草的美白效果，结果表明1mg/mL的积雪草苷及积雪草酸标准品对于酪氨酸酶活性的抑制显著，均高于90%。

3. 其他作用

关于羟基积雪草苷还有抗氧化、抗炎、抑菌等作用的研究报道。凌雨婷等通过对人黑素细胞实验研究发现，细胞被过氧化氢处理后，给予一定浓度的羟基积雪草苷后可有效改善黑色素的生成。

此外，积雪草提取物能减少前炎症介质（IL－1，MMP－1）的产生，提高和修复肌肤自身屏障功能，从而防止和纠正肌肤免疫功能的紊乱。积雪草同时还具有抗菌和抗病毒作用，对金黄色葡萄球菌和变形杆菌有抑菌作用。陈慧等发现积雪草提取物对三种不同强度的放射线给小鼠造成的皮肤损伤有不同程度的治疗作用，表明积雪草提取物有抗炎活性。

4. 制备方法及应用

关于羟基积雪草苷的制备，传统提取分离方法提取效率低下，能耗偏高，工序繁琐和生产周期长。为了克服传统提取方法中的缺点，研究者们提出多种新的提取方法用于植物提取产业，包括超声提取法、微波辅助提取法、近临界水提取法、酶提取法和超临界 CO_2 提取法等，期望探索得到一种成本低、产率高的现代分离技术对积雪草中不同极性的化合物进行提取与分离，能够为积雪草提取物中活性成分的研究提供扎实的技术基础。

八、姜黄素

1. 基本信息

（1）理化性质 姜黄素（*Curcumin*）（图3－15）主要存在于姜黄的根茎中，为二苯基庚烃类化合物，由两个邻甲氧基苯酚或苯酚及一个 β－二酮组成，通常指的是姜黄素、脱甲氧基姜黄素和双脱甲氧基姜黄素。姜黄素不仅具有优良的药

用功能，而且是安全性很高的天然食用色素，被广泛应用于食品、医药、化妆品
领域。

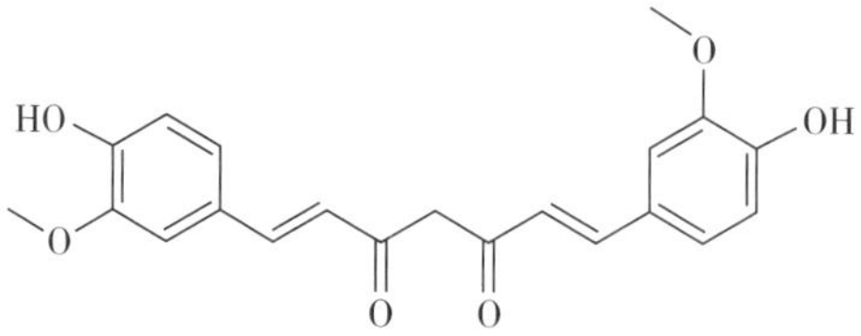

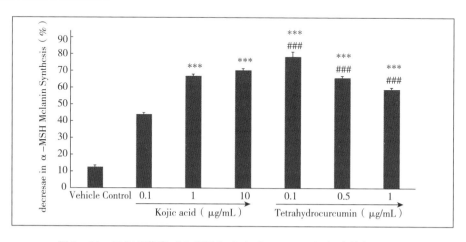

图 3 - 15　姜黄素结构式

（2）安全管理情况　姜黄素已列入国家药监局发布的《已使用化妆品原料名
称目录（2021 年版)》，序号为 03402，暂无驻留类产品中最高历史使用量信息。

2. 美白作用机理

研究发现，姜黄素及其衍生物与类似物对酪氨酸酶活性有抑制效果。杨柳依
等研究了 14 种中药成分对酪氨酸酶抑制作用，结果表明姜黄素对酪氨酸酶具有
显著的抑制作用。杜志云等对姜黄素及几种衍生物对酪氨酸酶的抑制作用开展了
系统的研究，结果显示姜黄素衍生物之一的四氢姜黄素对酪氨酸酶的抑制活性较
强，其 IC_{50} 为 0.138mmol/L，是熊果苷的 40 倍之多。Mahendra 等使用 B16F10 小
鼠黑色素瘤细胞和人正常黑素细胞来评估四氢姜黄素的美白特性，结果显示
0.1μg/mL 的四氢姜黄素可抑制黑色素合成 78% 以上，如图 3 - 16，说明其可有
效抑制黑色素生成。

图 3 - 16　四氢姜黄素对小鼠黑色素瘤（B16 - F10）细胞的抑制作用

3. 其他作用

姜黄素还是一种非常有效的抗氧化剂，主要体现在其具有很好的抗自由基作

用、抑制脂质过氧化、保护氧化受损的 DNA 等。Panchatcharam 等的实验证明了姜黄素可降低大鼠心肌的黄嘌呤氧化酶、过氧化阴离子、脂质过氧化以及过氧化酶的水平，显著增加超氧化物歧化酶（SOD）、过氧化氢酶（CAT）、谷胱甘肽过氧化酶（GPX）以及谷胱甘肽 S 转移酶（GST）的活性。

4. 制备方法及应用

经过近年的研究开发，姜黄素的提取工艺取得了长足进展，主要的提取方法有溶剂提取法、渗漉法、酸碱提取法、酶法、水杨酸钠法、超声波法和超临界 CO_2 萃取法等，此外提取姜黄素还可以使用微波和表面活性剂等方法强化有效成分的提取。近几年，由于提取效果比较好，很多中药有效成分的提取都采取了超高压技术，主要是用来促使蛋白质改性、生物灭活、淀粉糊化、酶失活等方面。

九、 花青素

1. 基本信息

（1）理化性质　花青素（Anthocyanin），又称花色素，是花色苷（Anthocyanins）水解而得的有颜色的苷元。花青素属于生物类黄酮物质，是一类水溶性天然色素，可以随着光照、温度和土壤 pH 值的变化，使花瓣和果实显示出紫色、红色或蓝色等多种色彩。天然花青素广泛存在于被子植物中，已知 27 个科、73 个属 7000 余种植物中均含有花青素，其中以黑枸杞、蓝莓、桑椹等浆果中含量较多。花青素以 C6（A 环）– C3（C 环）– C6（B 环）结构为基本骨架，基本结构是 2 – 苯基苯并吡喃阳离子。由于花青素结构中不同碳位上发生的甲基化和羟基化修饰，即 B 环上 R1 和 R2 位置取代基不同，形成各种各样的花青素。见图 3 – 17。花青素分子结构中存在高度的分子共轭体系，有多种互变异构体，能在不同酸碱溶液中呈现不同颜色。在 pH < 7 时呈红色，pH 在 7 ~ 8 时呈紫色，pH > 11 时呈蓝色。

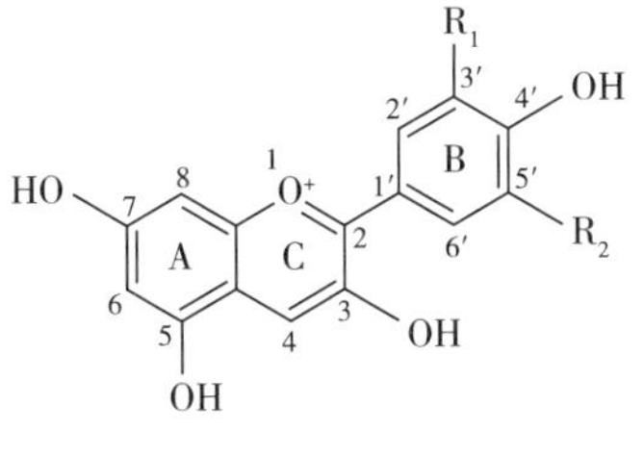

	R1	R2
飞燕草素	OH	OH
矮牵牛素	OCH₃	OH
矢车菊素	H	OH
天竺葵素	H	H
芍药素	OCH₃	H
锦葵花素	OCH₃	OCH₃

图 3 – 17　花青素结构式

（2）安全管理情况　花色素苷已列入国家药监局发布的《已使用化妆品原料名称目录（2021 年版）》，序号为 02987，暂无驻留类产品中最高历史使用量信息。

2. 美白作用机理

研究发现，花青素对于酪氨酸酶的活性有一定的抑制效果，沈晓佳等的研究结果表明，含有花青素和茶多酚混合物的提取物抑制酪氨酸酶的作用最强，这些提取物通过抑制酪氨酸酶的活性可以预防和治疗老年斑、黄褐斑等色素沉着性疾病，可作为天然美白活性物质，应用于化妆品中。郭朝万等从樱桃李中提取纯化得到花青素，并通过体外实验研究了其美白及抗氧化功效，发现纯化后的花青素 IC_{50} 值为 0.248mg/mL，对酪氨酸酶的抑制能力是阳性对照 α-熊果苷的110.3%。褚盼盼研究发现黑豆皮中的花青素对酪氨酸酶单、二酚酶的抑制率均高于同等浓度的 VC，见表3-3及表3-4，说明其可以有效抑制酪氨酸酶活性，是较为理想的天然植物来源的酪氨酸酶抑制剂。

表3-3　不同反应条件下黑豆皮花青素对酪氨酸酶单酚酶的抑制率（%）

水平	因素							
	A		B		C		D	
	花青素	VC	花青素	VC	花青素	VC	花青素	VC
1	15.91 ± 4.97[c]	11.58 ± 3.00[c]	19.74 ± 6.69[c]	14.67 ± 3.27[c]	26.09 ± 2.05[c]	23.88 ± 2.13[c]	27.42 ± 5.95[b]	26.88 ± 3.92[c]
2	25.24 ± 3.71[b]	17.89 ± 2.92[b]	25.61 ± 6.37[bc]	24.69 ± 4.38[b]	27.12 ± 3.44[bc]	24.80 ± 2.93[bc]	44.87 ± 5.77[a]	36.99 ± 1.96[b]
3	33.98 ± 3.44[a]	28.96 ± 3.89[a]	34.62 ± 6.16[ab]	27.88 ± 3.59[ab]	28.08 ± 5.97[bc]	24.87 ± 1.72[bc]	49.76 ± 3.14[a]	44.26 ± 2.86[a]
4	24.24 ± 1.11[b]	21.17 ± 1.40[b]	41.51 ± 4.90[a]	32.69 ± 2.53[a]	48.50 ± 5.47[a]	40.13 ± 1.81[a]	33.02 ± 6.15[b]	31.78 ± 4.19[bc]
5	10.97 ± 2.55[c]	9.15 ± 3.67[c]	29.52 ± 6.19[abc]	26.67 ± 3.48[ab]	35.62 ± 5.63[b]	30.00 ± 4.96[b]	32.33 ± 3.74[b]	29.77 ± 2.64[c]

注：同列不同小写字母表示在5%水平差异显著。

表3-4　不同反应条件下黑豆皮花青素对酪氨酸酶二酚酶的抑制率（%）

水平	因素							
	A		B		C		D	
	花青素	VC	花青素	VC	花青素	VC	花青素	VC
1	27.64 ± 4.21[bc]	23.58 ± 2.38[bc]	32.99 ± 6.55[ab]	30.93 ± 3.59[ab]	24.42 ± 4.57[b]	19.28 ± 3.08[b]	28.46 ± 4.99[d]	24.60 ± 2.15[d]
2	28.57 ± 5.03[bc]	25.41 ± 3.53[bc]	36.14 ± 3.11[ab]	33.76 ± 0.68[a]	25.00 ± 4.85[b]	22.29 ± 5.45[b]	29.25 ± 2.98[cd]	26.00 ± 0.31[cd]

续表

水平	因素							
	A		B		C		D	
	花青素	VC	花青素	VC	花青素	VC	花青素	VC
3	33.33 ± 2.61ab	28.44 ± 4.10b	37.93 ± 2.99a	33.77 ± 1.68a	40.80 ± 6.04a	34.96 ± 5.73a	51.15 ± 5.90a	42.74 ± 2.89a
4	37.14 ± 2.88a	36.00 ± 1.38a	40.67 ± 2.18a	33.88 ± 2.47a	32.18 ± 6.37ab	26.44 ± 2.82b	39.90 ± 4.10b	35.68 ± 2.94b
5	25.81 ± 5.42c	21.95 ± 4.24c	28.19 ± 5.17c	28.18 ± 4.72b	28.11 ± 5.23b	23.46 ± 5.34b	37.84 ± 5.69bc	30.77 ± 5.21bc

注：同列不同小写字母表示在5%水平差异显著。

3. 其他作用

由于花青素属于多酚类物质，其结构中含有多个酚羟基，故而具有很好的抗氧化效果。研究表明，无刺黑莓、蓝莓、蔓越莓、树莓和草莓果汁中的花青素对超氧阴离子自由基、过氧化氢、羟自由基和单线态氧均具有较强的抗氧化活性，每克黑米和黑色谷壳的花青素冻干粉对 DPPH 清除能力分别相当于 3.694 和 4.208mmol 维生素 E。有研究发现，花青素的抗氧化活性与纯度和分子结构有关，分子结构越简单、纯度越高，其抗氧化活性越强。花青素分子结构上的酚羟基官能团可以破坏蛋白质分子结构而使其变性或失活，导致细胞质的固缩和解体，具有一定的抑菌作用。戴妙妙等的研究结果表明，紫娟茶中的花青素提取物浓度达到10%～20%时对金黄色葡萄球菌抑菌能力较强，其次是大肠埃希菌，但对酵母菌无效果。同时，花青素还具有抗炎效果，蓝莓花青素可显著抑制典型细胞因子的释放，以及相对炎症基因和蛋白表达水平。

4. 制备方法及应用

由于花青素的生物活性较高，在提取过程中不稳定，其提取条件要求较为严格。随着科技的进步，人们在传统溶剂萃取的基础上，利用不同的溶剂，不断优化提取条件和提取工艺，以提高花青素的提取率。但有机溶剂对环境具有毒性和危害性，且废液处理成本高。使用更环保的提取溶剂已成为趋势，如低共熔溶剂法和双水相萃取法。另外，酶辅助法以及超临界萃取法等也成为潜力巨大的提取方法。但由于花青素稳定性差，其在生产中的应用非常限制。针对这一问题，许多学者深入研究花青素稳定性的提高措施，研发了多种提高花青素稳定性的技术。例如，采用胶囊包埋法，可显著提高花青素的稳定性；或者通过化学修饰法，将有机酸与花青素骨架及糖基上的羟基通过酯键形成酰基化的花色苷，进而显著提高其稳定性。

十、 儿茶素

1. 基本信息

（1）理化性质 儿茶素通常是指类黄酮化合物中的黄烷醇类，与其没食子酸酯衍生物一起被归类于多酚类化合物。儿茶素的主要来源是绿茶和水果，在新鲜茶叶、葡萄、苹果、梨和樱桃中都可以发现高浓度儿茶素的存在，而含量最多的植物为绿茶茶叶。儿茶素含有两个或两个以上的芳香环和多个羟基，根据其结构可划分为两类：游离儿茶素和酯化儿茶素。其中前者主要包括儿茶素（Catechin，C）、没食子儿茶素（Gallocatechin，GC）、表儿茶素（Epicatechin，EC）和表没食子儿茶素（Epigallocatechin，EGC），而酯化儿茶素主要有表没食子儿茶素没食子酸酯（Epigallocatechin Gallate，EGCG）、表儿茶素没食子酸酯（Epicatechin Gallate，ECG）、没食子儿茶素没食子酸酯（Gallocatechin Gallate，GCG）和儿茶素没食子酸酯（Catechin Gallate，CG）。见图 3 – 18。在儿茶素中，EGCG 是茶多酚的主要成分，占 48% ~ 55%，也被认为是最具生物活性的组分，而 EGC 与 ECG 分别占 9% ~ 12%，EC 占 5% ~ 7%。

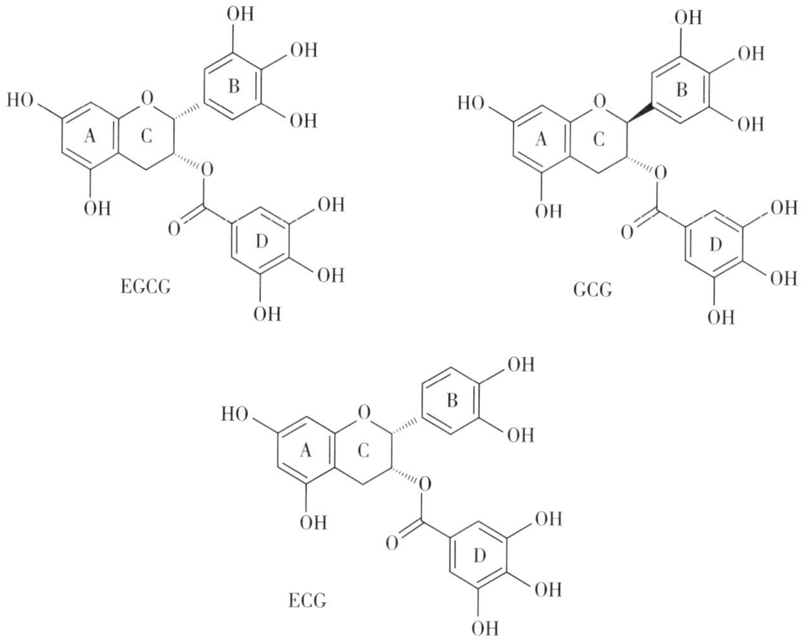

图 3 – 18 EGCG、GCG 和 ECG 的化学结构式

（2）安全管理情况 目前仅有茶（*Camellia sinensis*）儿茶素类及八烟酰基表

儿茶素棓酸酯被列入国家药监局发布的《已使用化妆品原料名称目录（2021 年版）》，序号分别为 01597 和 01078，前者在驻留类产品中最高历史使用量为 8%，而后者暂无驻留类产品中最高历史使用量信息。

2. 美白作用机理

近年来，有研究表明，儿茶素的化合物 EGCG、ECG、GCG 均可抑制 B16 黑色素瘤细胞中的黑色素合成，与熊果苷（AR）相比，上述三种化合物对酪氨酸酶的活性均显示出强烈的抑制效果，且呈剂量依赖关系。当浓度为 $60\mu g/mL$ 时，细胞增殖率均低于 50%，酪氨酸酶活性与对照组相比分别降低了 26.67%、27.27% 和 32.71%（图 3 - 19），黑色素生成抑制率均在 30% 以上（图 3 - 20）。

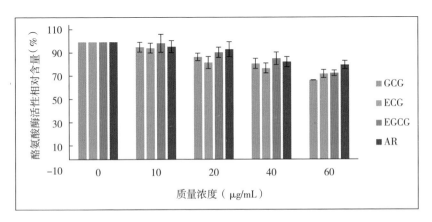

图 3 - 19　不同浓度的茶儿茶素及熊果苷对 B16F10 细胞内酪氨酸酶活性的影响

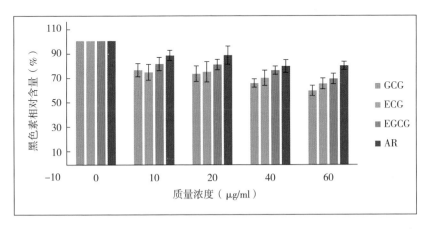

图 3 - 20　不同浓度的茶儿茶素及熊果苷对 B16F10 细胞内黑色素生成量的影响

岳学状等研究人员利用人表皮黑素细胞研究 EGCG 抑制体外酪氨酸酶和黑色素瘤细胞黑色素合成的作用结果，结果显示，EGCG 可显著抑制黑色素合成和酪氨酸酶的活性，且呈浓度依赖性；采用逆转录 RT－PCR 半定量检测 EGCG 对黑素细胞中酪氨酸酶、TRP－1 和 TRP－2mRNA 表达的影响，显示其可明显抑制酪氨酸酶及 TRP－1 的表达，但对 TRP－2 的表达无明显影响。Kim 等研究表明茶叶提取物以浓度依赖性方式抑制酪氨酸酶活性和黑色素累积以及黑色素合成，从而达到提亮肤色的效果。宋欣通过联合多光谱学以及计算机模拟方法等现代分析手段系统地探究了 EGCG、GCG 和 ECG 这 3 种儿茶素对酪氨酸酶的体外抑制作用，发现 3 种儿茶素均具有优异的抑制酪氨酸酶活性能力，而且均为混合型抑制类型，抑制能力强弱为 ECG ＞ GCG ＞ EGCG。推测这种现象是由于 3 种儿茶素在疏水作用力和氢键的主导下与酪氨酸酶形成基态复合物，诱导了局部区域氨基酸残基的波动，干扰了酪氨酸酶分子结构的稳定性，诱导了酶结构的变化，使得酶的催化能力降低，从而达到抑制效果。另有研究表明，EGCG 还能通过降低 MITF 的转录水平而达到美白效果。

3. 其他作用

儿茶素是绿茶中的主要活性成分，还具有较好的清除自由基、抗氧化、防紫外线损伤等作用。对儿茶素中的主要活性物质 EGCG 的抗氧化作用系统研究结果证实，EGCG 可显著降低 DPPH 自由基和 ABST 自由基，其 IC_{50} 分别为 $13.04 \pm 3.95\mu mol/L$ 及 $1.57 \pm 0.06\mu mol/L$。研究证明，儿茶素中的 ECG 和 EGCG 对绝大多数致病菌菌株的生长和繁殖有很强的抑制作用，且儿茶素对细菌和真菌的抑菌效果不一样，对细菌的抑菌效果显著高于对真菌和霉菌的抑制效果。

4. 制备方法及应用

儿茶素的分离提取技术主要有以下几种：有机溶剂提取法、树脂吸附法、金属离子盐沉淀法、超临界流体萃取法、超声波浸提法、微波浸提法及高速逆流色谱法等。儿茶素性质不稳定，容易受到温度、金属离子、酶和 pH 值等因素的影响，极易发生化学变化，从而改变其原有的生物活性，故而目前还有对儿茶素进行改性、包裹等方面的研究，以提高儿茶素在化妆品中的应用范围。

十一、 中药提取物

1. 基本信息

我国是中医中药的发源地，中药材资源丰富，美白方剂历史悠久。古有《备急千金要方》中题作"治面黑䵟䵟皮皱皱散方"，《普济方》中记载的"七白散"，更有慈禧太后亲身验证的"玉容散"。这些中医组方，不仅说明了皮肤白皙是自古已有的追求，更是说明了自古便有利用中草药进行美白护肤的先例。中药的活性成分主要是多酚类、多糖类、黄酮类，可以通过改善皮肤微循环、抑制黑色素生成以及抗氧化作用协同改善肤色，达到美白的功效。如中药中黄酮类化合物可作为酪氨酸酶的底物类似物与酶结合，产生竞争性抑制作用，从而减缓黑色素形成，这种竞争性抑制仅仅是改变了酶的活力，并不是降低有效的酶量，因此对皮肤温和安全。中药多糖在延缓皮肤衰老、美白、晒后修复、祛痘抗炎、促进创伤愈合等方面都具有良好的效果。中药美白成分具有资源丰富、作用温和、毒副作用小等优点，但同时也存在成分不稳定、疗效慢等尚待解决的问题。下文所述的中药成分均被列入国家药监局发布的《已使用化妆品原料名称目录（2021年版)》。

2. 美白作用机理

多数中药美白成分主要是通过抑制、阻断影响黑色素生成或转移环节而达到相应的效果。如通过抑制酪氨酸酶、多巴色素异构酶等黑色素生成过程关键酶的活性来抑制黑色素的生成（表3－5）；通过阻断黑色素合成过程中的信号传导通路，抑制与破坏相关蛋白的合成，从而抑制黑色素的生成。Lee 等发现人参皂苷 F_1 抑制了 $\alpha-MSH$ 诱导的树突形成，从而抑制了黑素小体向角质形成细胞的转移，还原黑色素生成过程中的中间体，从而阻止黑色素的生成，在转移过程中抑制黑色素的转运等。

此外，还有一些成分具有光防护效果，可抵御紫外线伤害，减轻皮肤色素沉着，降低由紫外线照射所诱发的皮肤病概率。

表3－5　部分抑制酪氨酸酶及相关蛋白活性的中药

成分类型	来源中药	成分名称	作用机制
黄酮类	三七	黄酮苷	酪氨酸酶剂量依赖性抑制剂
	葛根	葛根黄酮	酪氨酸酶剂量依赖性抑制剂
	黄芪	毛蕊异黄酮	酪氨酸酶竞争性抑制剂；抑制黑素细胞基因表达
	桑白皮	桑叶黄酮	抑制酪氨酸酶活性；抑制黑色素生成相关的蛋白质表达
	龙胆	异荭草素	抑制酪氨酸酶、TRP-1 和 DOPA－铬互变异构酶（DCT）的活性；抑制 MITF 的表达
	黄芩	黄芩素、黄芩苷	酪氨酸酶混合型活性抑制剂；清除自由基
有机酸类	八角茴香	莽草酸	酪氨酸酶活性抑制剂；清除自由基
	肉桂	肉桂酸	酪氨酸酶抑制剂；抑制黑素细胞内的表达
多糖类	枸杞子	枸杞多糖	酪氨酸酶活性抑制剂；抗氧化剂
	当归	当归苷	酪氨酸酶剂量依赖性抑制剂
醌类	决明子	蒽醌二聚体苷	抑制酪氨酸酶、TRP-1、TRP-2 和 MITF 的表达
	红花	红花黄色素	酪氨酸酶竞争性抑制剂；抗氧化剂

成分类型	来源中药	成分名称	作用机制
多酚类	生姜	姜辣素	抑制黑素细胞增殖；降低酪氨酸酶活性和黑色素含量
	石榴皮	安石榴苷	通过抑制 P38 和 PKA 信号通路抑制了黑色素生成
	丹参	丹参素	抑制黑素细胞增殖；降低酪氨酸酶活性和黑色素含量
	姜黄	姜黄素	抑制酪氨酸酶活性；抑制黑色素生成相关蛋白的表达
萜类	灵芝	灵芝酮二醇	抑制酪氨酸酶、TRP-1、TRP-2 和 MITF 的表达；影响 MAPK 和 cAMP 依赖性信号传导
	人参	人参皂苷	抑制酪氨酸酶活性；激活 ERK 以下调 MITF 的表达

黑色素的分泌也伴随着多种氧化反应，氧化反应抑制剂可通过还原黑色素生成过程的各中间体，或与中间体结合，从而阻断黑色素的生成。蒋俊等综述了中药白及的美白功效，白及中主要含有联苄类（图 3-21）、二氢菲及菲类、2-异丁基苹果酸葡萄糖氧基苄酯类以及白及胶等成分。其中，白及胶即白及多糖，不仅具有抗氧化、抗衰老、美白作用，可抑制黑色素生成，并可与其他中药产生协同作用，同时还可以作为赋形剂。

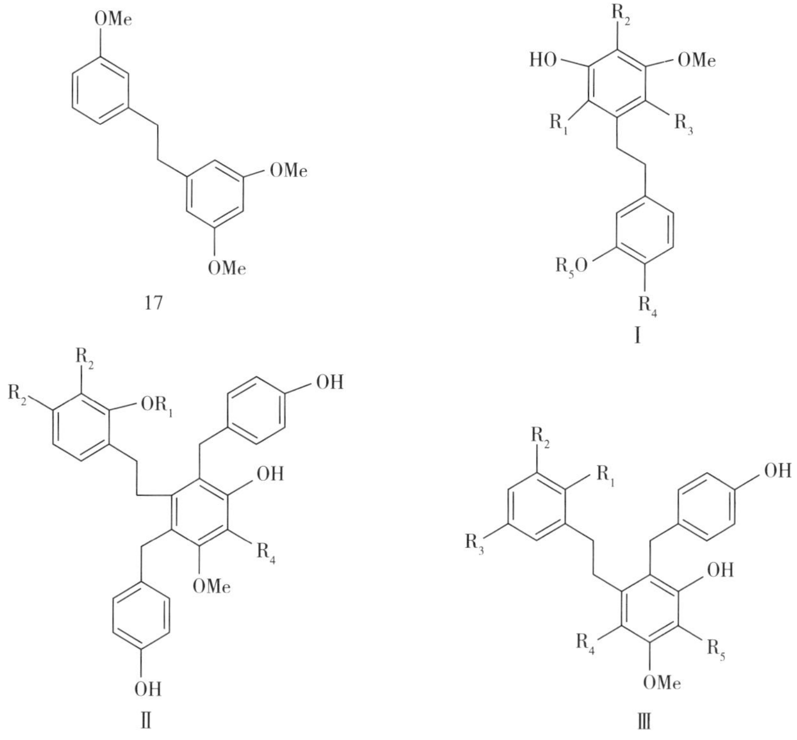

图 3-21　白及中联苄类化合物的基本结构类型

刘有停等研究发现：红景天提取液具有良好的清除1,1－二苯基－2－三硝基苯肼（DPPH）自由基活性和抑制酪氨酸酶活性，如图3－22所示，可有效降低小鼠黑色素细胞分泌黑色素的能力，美白效果显著。

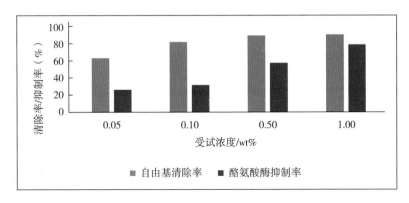

图3－22　不同浓度的红景天提取物对自由基及酪氨酸酶的影响

中药提取物已被广泛应用于美白化妆品中。然而，单一的美白成分或简单的粗提物往往出现效果不佳、产品不稳定等问题。而采用多种美白成分组合配伍，可产生多靶点协同增效作用，大大提高中药提取物的作用效果，因此美白组方得以广泛使用。邓金生对28种中药提取液的美白效果进行评价，结果表明：由甘草、人参、黄芪、芙蓉花、白芍等中药组成的美白组合物，以及由芙蓉花、桑白皮、葡萄籽、牡丹花、川芎、甘草组成的美白组合物具有最佳的美白效果。孟宏等根据中医的组方思想，设计了具有美白功效的外用植物组合物，通过多靶点、多层次的特点达到良好的美白效果，为目前市场上较为广泛应用的植物复配美白剂之一。赵冰怡等则通过中医组方思想——君臣佐使与化妆品的有机结合，搭配了当归、川芎、黄芪、白及四味中草药，通过不同配比、不同溶剂进行活性成分的提取，同步进行了美白评价，并将其制备为美白霜进行人体试验，从黑色素含量和肌肤提亮效果两个维度进行数据测量，均表现出良好的美白效果（$P < 0.05$）。通过研究寻找更优的美白活性成分组合，开发多途径、多靶点复方中药美白产品，将会大大提高产品的美白效果。

3. 制备方法及应用

在植物活性成分提取的过程中，由于活性成分与溶剂的溶解性差异问题，不同的提取方式提取所得的成分不同，往往起到的功效也会大相径庭。陈美君等在对中药白及的提取中，发现95%的乙醇水的抗氧化和美白作用最好。钱春喜用正交实验的方式提取活性成分，也得出95%乙醇的活性成分提取效率更高。由此可见，物质的溶解性质不同，采用不同溶剂提取所得的物质也不同，总体来说在植物美白剂的提取中，含乙醇的提取效率会更高。可能是因为起到美白、抗氧化作用的物质主要是黄酮类、多酚类，极性相对较大，更容易溶于乙醇体系中。常用的乙醇－水体系能提取到更多的美白有效成分，但是由于乙醇对皮肤也存在一定的刺激性，国内在使用化妆品原料时会尽量避开含有乙醇的物质。在微生物发酵的过程中，体系中含有的酶类物质，能够将植物中含有的大分子分解为小分子物质，有助于皮肤的吸收，起到滋养肌肤的作用，提高护肤效用。由此，近年来更安全有效的发酵提取方式发展迅速。安全等将云南白药进行发酵处理，发现云南白药发酵液具有较强的清除 DPPH 自由基和羟自由基的功效，对酪氨酸酶活性和黑色素的合成也具有较好的抑制作用，说明其可以发挥一定的美白功效；同时采用 1.1% ~10% 的白药发酵液对安全性做了测试，结果表明对成纤维细胞安全无毒性，白药发酵原液在人体斑贴试验中也显示了其安全性。李颖通过对比红景天发酵物和红景天提取物中的红景天苷浓度发现，相对于红景天提取物中的红景天苷含量 1.61%，微生物发酵的红景天药材中的红景天苷含量为 2.39%，增加了 48.45%，大大提高了该中药材的利用率与有效性。李瑜等通过对比中药水提液和发酵液，验证了发酵液在抗氧化和酪氨酸酶抑制方面均有更好的表现。并发现发酵液中多酚、多糖等含量更丰富，且天冬氨酸、精氨酸等氨基酸含量也明显更高。这可能是由于经过微生物的发酵作用，可更充分地释放植物中的成分，并可将一些大分子分解为小分子，于化妆品而言，更有利于皮肤的吸收，达到更好的护肤效果。Lee 等研究发现，红参发酵物对酪氨酸酶活性抑制作用高于常规的红参提取物。在皮肤致敏试验中，红参发酵物的刺激致敏率明显低于常规的红参提取物。通过改进发酵提取的工艺，保留更多的多酚、黄酮类物质，有望制备出更加安全有效的植物美白剂。

十二、 藻类

1. 基本信息

近年来，消费者对自然和环境可持续产品的需求量逐渐升高，海藻作为海洋植物中数量和种类最多的一类，也成为国内外学者的研究重点。海藻大致分为褐藻、红藻、绿藻和蓝藻，成分也较为复杂，具有多种与美白相关的生物活性物质，主要有多糖、多酚、类胡萝卜素和萜类化合物。

2. 美白作用机理

褐藻糖胶是一种富含岩藻糖的硫酸化多糖，主要存在于海洋褐藻中，已被证明可抑制酪氨酸酶活性。Song 等发现褐藻糖胶能够激活 ERK 信号通路，下调 MITF 的表达，降低酪氨酸酶活性，最终抑制黑色素生成。

Wang 等人研究了岩藻依聚糖对酪氨酸酶的抑制作用，该抑制作用为可逆的混合型抑制。在 25mg/mL 浓度下，岩藻依聚糖可使酪氨酸酶几乎完全失活。Lee 等从黑藻中提取分离出的酚类化合物能够抑制由 α – MSH 刺激 B16F10 细胞的黑色素含量，下调 MITF、酪氨酸酶、TRP – 1 和 TRP – 2 的表达，其抗黑色素生成作用与 PI3K/Akt 信号通路的抑制有关。另外，Kim 等发现褐藻叶状铁钉菜中的多酚化合物 Octaphlorethol A 可通过 ERK 途径抑制，对 α – MSH 诱导 B16F10 细胞中的黑色素生成作用。郑曦等人研究了海藻酸钠对黑素细胞中酪氨酸酶的抑制作用，表明该抑制作用为混合型抑制，且多糖浓度为 64mmol/L 时即可具有良好的抑制效果，并通过毒性试验表明海藻酸钠对黑素细胞无毒。Shimoda 等从海带分离出的岩藻黄素可以抑制 MC1R 和酪氨酸酶相关蛋白的 mRNA 表达，从而降低 B16F10 黑色素瘤细胞中的黑色素含量和改善 UVB 诱导的小鼠皮肤色素沉着；另外，岩藻黄素还具有抵抗紫外线辐射引起的氧化应激的能力，可吸收紫外线从而起到护肤作用。Rao 等在雨生红球藻中发现的虾青素，具有很强的抗氧化性，其抗氧化活性是维生素 E 的 550 倍；其同样也可抑制酪氨酸酶活性，从而抑制黑色素的合成并改善皮肤层的状况。Azam 等发现羊栖菜在 B16F10 细胞中有色素减退作用，其作用机制是通过 cAMP/CREB 通路和 ERK 信号转导途径抑制 MITF 的表达，减弱 α – MSH 诱导 B16F10 细胞的色素沉着。Wu 等研究发现，螺旋藻中的 C – 藻蓝蛋白不仅具有抗氧化性，还能通过双重机制抑制黑色素的合成：通过上调 MAPK/ERK 信号通路、促进 MITF 蛋白的降解以及通过下调 p38 MAPK 通路，抑制 CREB 的活化。

十三、 肽类

1. 基本信息

（1）理化性质　肽类（Peptides）是由两个或两个以上氨基酸缩合并以肽键相连的一类生物活性物质，它是蛋白质的中间产物，其分子结构介于氨基酸和蛋白质之间的片段。按照氨基酸组成数量的多少可以分为多肽和寡肽；按照分子量的大小又可以分为小分子多肽和大分子多肽。小分子多肽和皮肤细胞间存在比较好的亲和性，相比于蛋白质等高分子天然活性物质，其易溶于水，分子量较小，更容易被皮肤吸收和利用，在美白、抗氧化和修复皮肤等方面都具有优异的性能表现，且具有相对的安全性与稳定性。常见的具有美白相关特性的肽类主要有肌肽、九肽 – 1、谷胱甘肽、四肽 – 30 等。

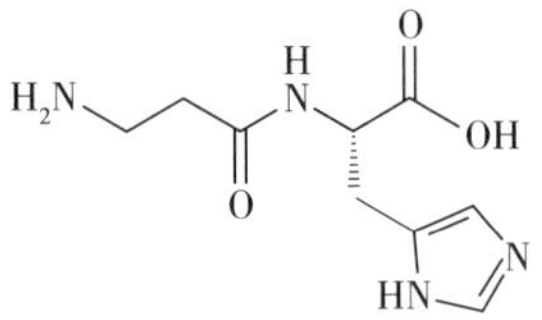

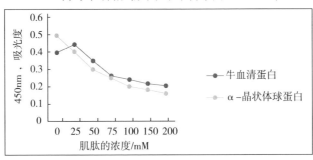

图 3 - 23　肌肽的化学结构式

（2）安全管理情况　肌肽、九肽 - 1、谷胱甘肽均已列入国家药监局发布的《已使用化妆品原料名称目录（2021 年版）》，序号分别为 03150、03642、02586，在驻留类产品中最高历史使用量分别为 5%、3% 和 55%。

2. 美白作用机理

具有美白活性的多肽分子量主要集中在 3kDa 以下，其美白活性与氨基酸残基性质有关。肽链中的疏水性氨基酸残基可以氧化自由基，从而抑制酪氨酸酶活性；不带电极性氨基酸残基能够和黑色素中间产物醌形成共轭键，从而抑制酪氨酸酶活性；芳香族氨基酸如酪氨酸（Tyr）可以和酪氨酸酶形成竞争性抑制作用；精氨酸（Arg）、组氨酸（His）可以螯合酪氨酸酶中心的铜离子进而抑制酪氨酸酶活性。如肌肽，是由 β - 丙氨酸和 L - 组氨酸构成的二肽（图 3 - 23），是广泛存在于动物组织中的生物活性成分，其含量随着物种和部位而异。其结构与蛋白质分子上糖基化位点的结构相似，具有与脯氨酸 - 赖氨酸肽段相似的结构特征，可竞争性地与醛酮类物质发生反应，能够起到代替蛋白质与糖反应的作用，从而减少机体内 AGEs 的形成，最终起到减缓皮肤变黄，胶原蛋白组织交联老化的效果。肌肽可以抑制蛋白质糖化以及通过反糖基化机制逆转糖化蛋白质，同时具有清除 AGES 的前体——活性羰基类物质（Reactive Carbonyl Species，RCS）的能力，如图 3 - 24。肌肽还可以通过螯合金属离子，抗氧化的机制来抑制 AGES 的形成。刘临研究了肌肽对酪氨酸酶的抑制作用，发现肌肽在高浓度组（0.5mmol/L 以上）对酪氨酸酶具有较好的抑制作用，且浓度越高抑制效果越好，当肌肽浓度为 1mmol/L 时，其对酪氨酸酶的抑制率为 21.25%，如图 3 - 25 所示。

图 3 - 24　肌肽对羰基蛋白的抑制作用

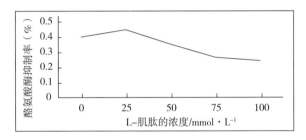

图 3 - 25　肌肽对酪氨酸酶抑制率的影响

　　研究发现，四肽 - 30 可以调节角质形成细胞的功能，减少角质形成细胞诱发色素沉着的可溶性因子的产生，通过减少紫外线诱导的 α - MSH 的形成，最终达到减少黑色素形成的结果，提升肌肤透明度，减少色斑形成。这是因为四肽 - 30 的肽序为 PKEK（序列：Pro - Lys - Glu - Lys），能降低白介素细胞 IL - 6、IL - 8 和肿瘤坏死因子 TNF - α 以及紫外线照射角质形成细胞中环氧合酶基因的表达。

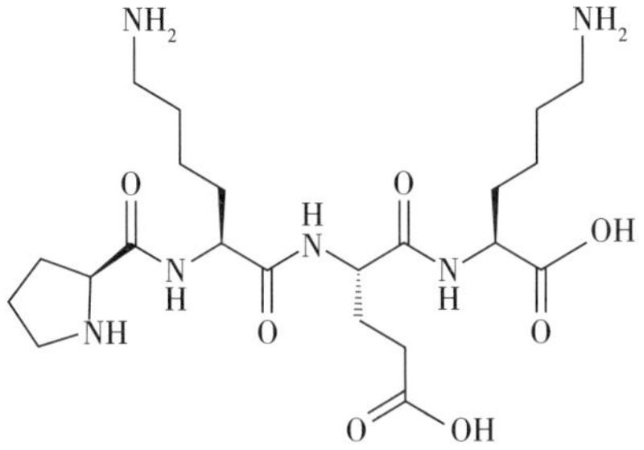

图 3 - 26　四肽 - 30 的结构式

　　九肽 - 1 是一种合成仿生肽，可以通过与 α - MSH 竞争其天然配体黑皮质素 - 1 受体（MC1 - R），降低二者的结合率，从而阻断酪氨酸酶的激活，抑制黑色素生成。

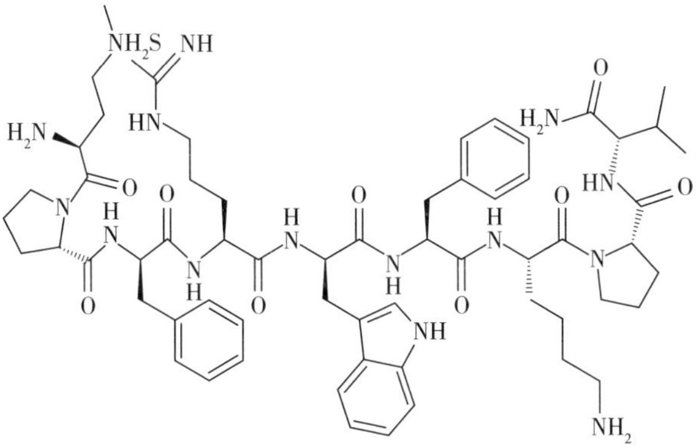

图 3 - 27　九肽 - 1 的结构式

谷胱甘肽（Glutathione），中文别名为 5 - L - 谷氨酰 - L - 半胱氨酰甘氨酸，由谷氨酸、半胱氨酸和甘氨酸经肽键缩合而成，是含有活泼巯基的多肽，它是迄今为止所发现的最好的广谱小分子抗氧化剂。谷胱甘肽广泛存在于动植物和微生物中，是生物体内最重要的非蛋白巯基化合物之一，具有还原型谷胱甘肽（GSH）和氧化型谷胱甘肽（GSSG）两种构型，生物体内大量存在并起主要作用的是 GSH。2 分子 GSH 脱氢后以二硫键相连缩合形成氧化型谷胱甘肽 GSSG。

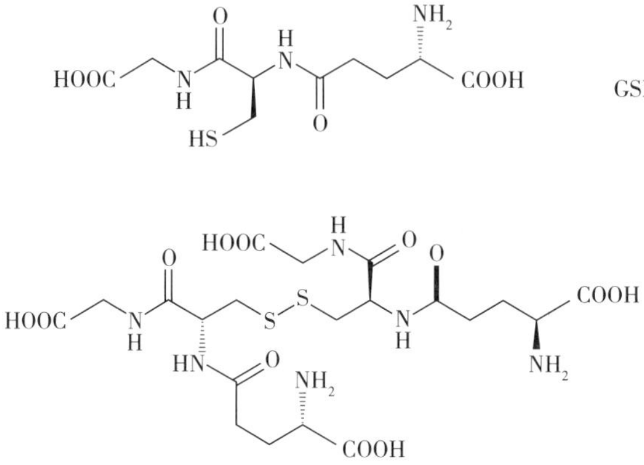

图 3 - 28　谷胱甘肽的结构式

谷胱甘肽可以有效抑制多巴色素生成，还可预防脂褐素——老年斑的形成与加重，防止皮肤老化、减少色素沉着和改善皮肤抗氧化能力。这是因为谷胱甘肽或者半胱氨酸会与多巴醌结合反应，通过非酶促反应迅速生成谷胱甘肽 - 多巴（Glutathionyldopas）或者半胱氨酸 - 多巴（Cysteinyldopas），谷胱甘肽是在谷胱甘肽 S - 转移酶的存在下结合多巴醌，影响黑色素合成路线从真黑素转变为褐黑素，促进褐黑素的合成量增加；而褐黑素是呈现黄红色的，最终令皮肤变白。Fumiko 等临床研究了谷胱甘肽（GSSG）的皮肤美白效果，试验为期 10 周，随机双盲测试，30 名女性受试者（30～50 岁）使用 2% 的 GSSG 制剂施用于面部的一侧，安慰剂施用于另一侧，每天两次，测量使用部分的黑素值数值、角质层水分含量、光滑度、皱纹形成和皮肤弹性的变化。结果显示，GSSG 处理后的皮肤部位，黑色素含量明显降低，水分含量显著增加，皱纹和皮肤光滑度均有明显改善。

3. 其他作用

除了美白，多肽在抗氧化及清除自由基方面也具有优异的功能。多肽在酶解过程中，使原来包埋于分子内部的抗氧化氨基酸残基暴露出来，有助于插入脂质内部，从而使抗氧化氨基酸残基更易于发挥抗氧化作用。Nino 等通过人体临床试验评估了肌肽对人体皮肤的光保护性，结果证实，在使用 0.5% 的肌肽溶液后，皮肤经由 UVB 照射引起的红斑可减少 3.6%，显示了肌肽良好的抗氧化能力。郭思玉等发现，不同分子量范围的多肽均有较强的抗氧化能力，表现为对自由基 $O_2^- \cdot$、$\cdot OH$、DPPH、ABTS + $\cdot$ 均具有较强的清除活性，且显著抑制了脂质氧化。而分子量 1KDa 以下活性多肽的自由基清除能力、抑制脂质氧化能力及抑制酪氨酸酶活性能力都显著强于分子量 3KDa 以下活性多肽。此外，多肽经过蛋白酶水解后，能分解为一些小分子短肽，易于穿过皮肤屏障进入皮内，不仅可以提供给皮肤组织及其细胞生命活动和新陈代谢所需要的营养成分，而且还能及时补充皮肤组织及其细胞合成代谢所需要的各种生物化学原料。

4. 制备方法及应用

多肽的制备方法多种多样，不同的标准有不同的分类方法，其各有特点，得到的产物用途也各异。根据多肽的制备原料不同，主要分为三类：一是从生物原料中加工提取，目前获得的天然肽类物质主要有抗癌肽、谷胱甘肽、抗菌肽和环己肽等；二是以氨基酸为原料合成，有化学合成法和酶促合成法，化学合成法又分为固相合成法和液相合成法；三是以蛋白质为原料水解制得，即蛋白质在酸、碱或酶催化下，逐次断裂肽链，精制加工制备出多肽或氨基酸。按照获取工艺不同，多肽的制备可分为生物法和化学法两种，生物法获得多肽方面，除了最常用的发酵法、酶解法外，随着生物科技工程技术的发展，DNA 重组技术也被应用于多肽合成，并得到了快速发展。

十四、 酵母发酵产物

1. 基本信息

酵母是最典型的单细胞微生物，其菌体内大部分组成都为水，约占菌体重量的 75%，其余主要为蛋白质，约占 50%，另外还含碳水化合物、脂肪、灰分等。酵母中含有丰富的维生素，将其应用于皮肤可以起到增加皮肤的免疫能力和有效调节皮肤新陈代谢等作用。

2. 美白作用机理

近年来，生物发酵技术已广泛应用于化妆品领域，并且在保湿、美白、抗衰等功效方面有较好的应用成果。Gaspar 等通过人体试验证实了酵母提取物具有可以媲美维生素的安全性，具有显著改善皮肤状态的功效，包括改善皮肤粗糙度等，同时受试者自我评分结果显示酵母提取物有良好的亮白皮肤的功效。西浦英树等开发了一种酵母提取物 Fissione – Y，通过在白鼠 melanoma 细胞 B16 中添加 3% 活性物证实该酵母提取物能显著降低黑色素，人体试验表明 Fissione – Y 可以明显改善遗传皮肤过敏症状，同时能减少皮肤的经皮水分散失。赵晓敏等研究开发了纯天然酵母提取物 Natriance Brightener（NB），并通过离体试验和人体试验验证了其美白效果。结果表明，质量分数为 0.5% 和 1.0% 的 NB 水溶液对黑色素的抑制率分别为 55.8%（$P < 0.05$）和 81.2%（$P < 0.01$），显著优于阳性对照（阳性对照为曲酸对照组，质量分数为 1.0% 的曲酸水溶液对黑色素的抑制率仅为 25.9%，$P < 0.05$）。在双盲人体试验中，相比使用安慰剂一侧的皮肤，使用质量分数为 3% NB 美白霜的皮肤亮度（L^* 值）和皮肤个体类型角（ITA°）在整个测试期间呈增长趋势，截至测试 42d 时，仍然保持 30% 以上的增长（$P < 0.05$），见表 3 - 6 及表 3 - 7；皮肤的黑色素指数（MI）值在整个测试期间呈下降趋势，截至 42d 时，仍然保持 38% 的下降（$P < 0.05$），见表 3 - 8。由此可见 NB 有显著高于对照组的美白功效（$P < 0.05$）。

表 3 - 6　L^* 值随时间变化对照

	时间（d）	$L_t - L_0$	±标准误差	P	增长率（%）
安慰剂	14	0.44	0.21		
	28	1.02	0.16		
	42	1.71	0.22		
活性物	14	0.87	0.17	0.0058***	97
	28	1.37	0.12	0.034**	34
	42	2.25	0.16	0.0077***	32

表 3 - 7　ITA° 值随时间变化对照

	时间（d）	$ITA°_t - ITA°_0$	±标准误差	P	增长率（%）
安慰剂	14	1.13	0.57		
	28	2.66	0.43		
	42	4.67	0.58		
活性物	14	2.51	0.46	0.0016***	123
	28	3.88	0.34	0.017**	46
	42	6.09	0.44	0.012**	30

表 3 - 8　MI 值随时间变化对照

	时间（d）	$MI_t - MI_0$	±标准误差	P	增长率（%）
安慰剂	14	3	3		
	28	-16	3		
	42	-20	4		
活性物	14	-5	3	0.0065***	292
	28	-21	3	0.024**	32
	42	-27	3	0.022**	38

彭宁等验证了酵母提取物对多酚氧化酶具有较强的抑制作用，其原因是酵母分子结构中的羟基使多酚氧化酶中处于酶活性中心的 +2 价铜还原为 +1 价铜，从而降低了多酚氧化酶的活力，抑制酪氨酸酶活性，阻断酪氨酸酶催化多巴到多巴醌的反应，进而阻断黑色素的细胞内合成。覃敬羽等以糯米为原料，经酿酒酵母菌发酵后得到大米发酵滤液，并通过人体试验，测定了含该大米发酵滤液的样品对皮肤 L* 值和 ITA° 值在使用第 2 周和第 4 周后都有明显的提高（图 3 - 29 及图 3 - 30），且皮肤黑色素 MI 值随着时间的延长呈降低趋势（图 3 - 31），表明大米发酵滤液作用于肌肤具有很好的美白功效。

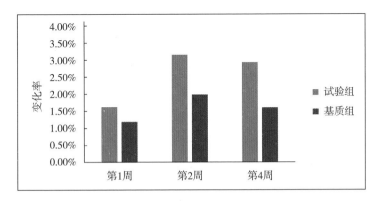

图 3 - 29　含大米发酵液的样品对皮肤 L* 值的影响

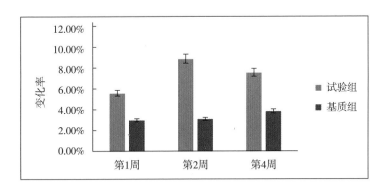

图 3 - 30　含大米发酵液的样品对皮肤明亮度 ITA° 的影响

彭颖等研究了酵母抽提物对酪氨酸酶的抑制效果与维生素 C 接近，高于熊果苷，说明其具有较好的美白效果。郭思玉等以富硒酵母蛋白为原料，通过酶解、超滤获得了富硒酵母多肽，研究其体外抗氧化活性和酪氨酸酶抑制活性，结果表明其对自由基 O_2^-·、·OH、DPPH、ABTS +·均具有较强的清除活性，且显著

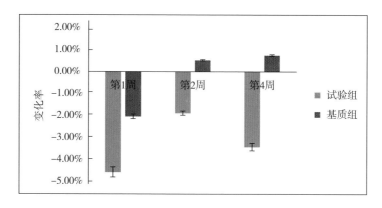

图 3 – 31　含大米发酵液的样品对皮肤黑色素值 MI 的影响

抑制了脂质氧化，同时也具有酪氨酸酶活性抑制效果，并进一步探究发现分子量 1kDa 以下活性多肽的自由基清除能力、抑制脂质氧化能力及抑制酪氨酸酶活性能力都显著强于分子量 3kDa 以下活性多肽；与低硒多肽相比，高硒多肽抑制脂质氧化能力以及酪氨酸酶抑制活性显著增强。但是水解酶的种类对多肽抗氧化和抑制酪氨酸酶活性的影响不显著。刘峻熙等通过自溶以及乙酸乙酯萃取获得除味酿酒啤酒酵母提取物，发现其对酪氨酸酶的抑制率可达 97.90%，对 DPPH·自由基的清除率也达到 31.12%，说明啤酒酵母提取物可作为良好的酪氨酸酶抑制剂使用。廖峰等通过探索米酒来源酵母提取物对 B16 黑色素瘤细胞黑色素生成的作用，研究其美白功效性。结果表明，与空白对照组相比，酵母提取物的质量分数为 0.10%、0.05% 和 0.01% 时，黑色素瘤 B16 细胞的黑色素合成抑制率分别为 68.32%，51.68% 和 19.77%，证明其在安全质量分数范围内有抑制黑色素瘤 B16 细胞黑色素生成的作用。

　　海茴香（*Crithmum maritimum*）是一种生长于地中海地区的盐生生物，常见于欧洲。该植物中含有多酚、黄酮、维生素、矿物质、有机酸等成分，经加工后可广泛应用于食品、药品、化妆品行业中。研究发现，海茴香提取物中培养的去分化细胞可刺激成纤维细胞的迁移和增殖，有效促进皮肤的愈合。另有研究发现，海茴香干细胞可有效降低经皮失水率，且受试者无任何炎症或不良反应。林梦雅等通过发酵技术获得海茴香发酵物（CMF），利用酪氨酸酶、B16 黑素瘤细胞、人皮肤角质形成细胞作为美白测试模型，考察 CMF 对黑色素生成相关靶点的作用，并考察其使用安全性。结果证实 CMF 具有较强的自由基清除能力，且随 CMF 添加量的提升，自由基清除效呈现线性增长。当添加量为 2% 时，自由基清除效率为 76.08%。其 IC_{50} 值为 0.87%（图 3 – 32），这可能是因为植物发酵物中存在的天然抗氧化剂酚类，在一定条件下可与酪氨酸酶的疏水性端基结合，阻碍酪氨酸酶的活化，从而抑制酪氨酸的氧化。图 3 - 33 说明 CMF 可有效抑制细胞内酪氨酸酶活性并能显著抑制小眼畸形转录因子（MITF）mRNA 以及酪氨酸酶相关蛋白 - 1（TRP - 1）mRNA 的表达，由此证实该发酵物通过酪氨酸酶相关蛋白酶的抑制，进而抑制了黑色素的生成。部分天然植物成分中，存在与酪氨酸相似的结构，可与酪氨酸酶的铜离子位点相结合，形成竞争性抑制，从而抑制黑色素的生成。多酚类物质同时还具有极强的抗氧化性，其酚羟基结构能够快速捕获氧自由基，较强的氧化还原性可以减少自由基对于底物的进攻，从而减缓酪氨酸的氧化过程。且发酵过程能够有效提升植物成分中多酚物质的含量，因此，综合以上实验结果推测，CMF 中酚类化合物为主要的黑色素抑制成分。与此同时，CMF 还可以显著降低细胞中人肿瘤坏死因子 - α（TNF - α）、白细胞介素 - 1β（IL - 1β）的含量（图 3 - 34），从而减轻光致炎症带来的皮肤损伤以及皮肤色沉，并起到抗炎舒缓的作用。此外，通过红细胞溶血实验以及人体斑贴测试证实，海茴香植物发酵物无生物毒性，应用于化妆品中具有安全性。

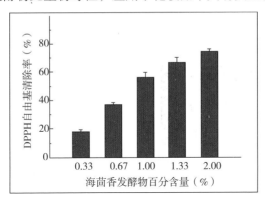

图 3 - 32 海茴香发酵物（CMF）对 DPPH 自由基清除作用

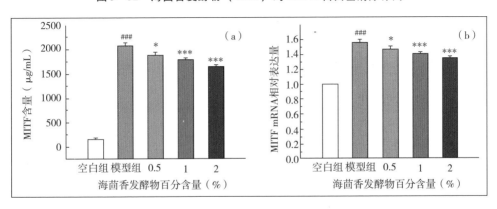

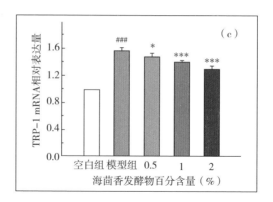

图 3 – 33　海茴香发酵物（CMF）对 B16 细胞中 MITF 含量及 MITF mRNA、

TRP – 1 mRNA 相对表达的抑制作用

（a）CMF 对 B16 细胞中 MITF 含量的影响；（b）CMF 对 MITF mRNA 相对表达量的抑制作用；（c）CMF 对 TRP – 1 mRNA 表达的影响（空白组与模型组比较：###$P < 0.001$；样品组与模型组比较：**$P < 0.01$，***$P < 0.001$）

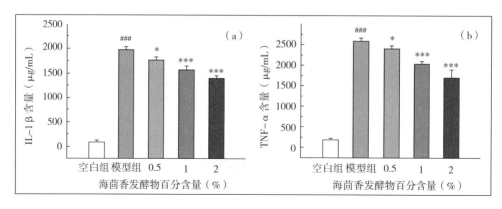

图 3 – 34　海茴香发酵物（CMF）对 IL – 1β 和 TNF – α 生成的影响

3. 其他作用

除去美白抗氧化效果，酵母细胞壁来源的多糖因具有良好的生理活性而被广泛研究，国外学者通过实验证明酵母细胞壁来源的葡聚糖应用于化妆品中能有抵抗 UVA 对皮肤的损伤、促进角质细胞代谢和降低体表皮肤水分流失等功效。酵母中还含有丰富的蛋白质、多肽、脂肪酸类、磷脂和甾醇类等具有较高经济价值的生物活性物。酵母细胞来源生物活性物的开发，是酵母开发利用研究领域的重要分支，在国内外越来越受到重视。而近些年掀起的酵母生物活性物化妆品热潮，为酵母资源的开发利用开辟了新天地。

十五、 虾青素

1. 基本信息

（1）理化性质　虾青素（3,3′-二羟基-β，β-胡萝卜素-4,4′-二酮）是一种脂溶性酮式类胡萝卜素，属于萜烯类化合物。虾青素外观呈暗红色结晶固体，沸点为774℃，熔点为216℃，相对分子量为596.84。不溶于水，可溶于大多数有机溶剂。虾青素的骨架是通过八个异戊二烯分子的连续缩合形成的，并包含 11 个共轭双键。其分子结构中特殊的长链共轭烯烃结构赋予其有效淬灭活性氧的功能，它是迄今为止自然界中最强的天然抗氧化剂。虾青素一共有三种旋光异构体（左旋 3S-3′S、内消旋 3R-3′S、右旋 3R-3′R），如图 3-35 所示。人工合成的虾青素是 3 种结构虾青素的混合物（左旋占 25%、右旋占 25%，内消旋 50% 左右），具有极少抗氧化活性。来源于酵母菌的虾青素是 100% 右旋（3R-3′R），有部分抗氧化活性，而天然提取的虾青素是大多为左旋（3S-3′S）结构，具有最强的生物学活性。虾青素具有很多优异的生物活性，且其生物活性要高于其他 β-胡萝卜素。

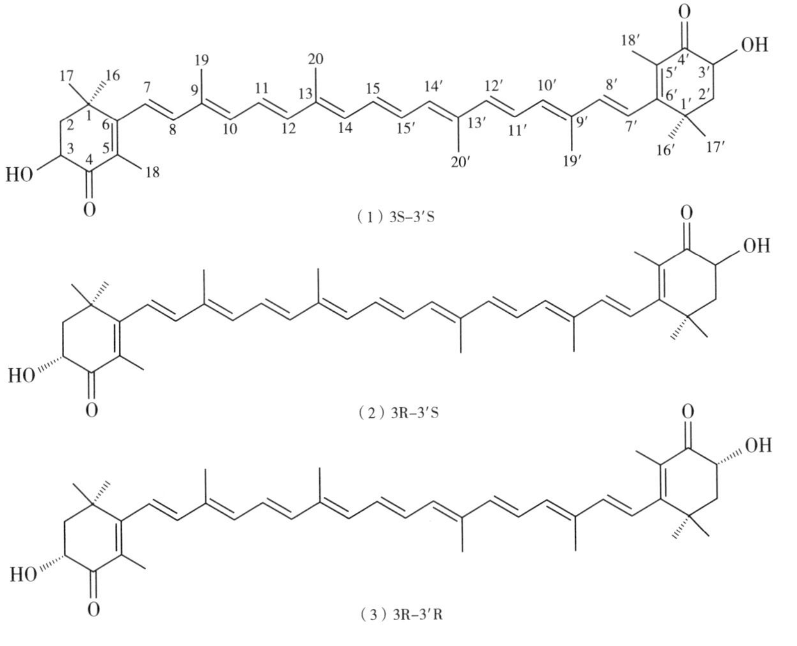

图 3-35　虾青素的三种异构体

（2）安全管理情况　虾青素已列入国家药监局发布的《已使用化妆品原料

名称目录（2021 年版）》，序号为 06926，在驻留类产品中最高历史使用量为 3%。

2. 美白作用机理

虾青素可中和游离态氧，清除自由基，避免发生链式反应，抑制脂质过氧化，保护膜结构，使细胞免受氧化。有研究发现，虾青素结构中的多烯链可以捕获细胞膜中的游离自由基，虾青素末端环则具有清除细胞膜内外自由基的功能。周玲燕开发了一种虾青素 GTCC 储备液，并将其添加到面膜和精华液中，含量分别为 20ppm 和 40ppm，测定了含虾青素的面膜和精华液对 DPPH 自由基的清除率分别为 34.38% 和 76.92%，说明其具有很好的抗氧化效果。在体外细胞膜模型中，虾青素不仅能有效地抑制脂质过氧化物形成，且能保护细胞膜的完整性。虾青素是自由基、活性氧和活性氮的强力清除剂，能够显著减弱 ROS 和 MMP 对真皮层胶原蛋白和弹力蛋白的破坏。同时，皮肤自身的修复机制能够重建损伤的胶原蛋白，保证皮肤正常代谢。也有研究发现，含虾青素的防晒化妆品能持久抵御紫外线照射、抗氧化和消除自由基，对晒黑、晒伤及衰老等有出色的防御效果，长时间抑制及淡化黑色素，给肌肤提供长效美白效果。

3. 其他作用

虾青素阻断了 NF－κB 依赖性信号通路，并阻止下游基因表达炎症介质如 IL－1β、IL－6 和 TNF－α。虾青素还可以通过抑制脂多糖刺激的 BV 2 胶质细胞中的环氧合酶－1 和一氧化氮表现出抗炎作用，达到抗炎效果。虾青素还可防止紫外线诱导细胞内谷胱甘肽含量和 SOD 活性的降低，因此也具有抵御皮肤光老化、减少皱纹的功效。

4. 制备方法及应用

目前虾青素主要由两种途径来生产：化学合成和生物合成。然而，与化学合成的虾青素相比，生物合成的可作为食品添加剂使用的天然虾青素安全性更高，吸收更好。研究人员利用红发夫酵母等真菌进行发酵培养。在有氧和厌氧条件下培养红发夫酵母，均可在无光照的情况下获得虾青素，但该法得到的虾青素含量较为有限，不适合大规模使用。而利用藻类培养得到虾青素则是目前较为常见的方法，雨生红球藻又是其中应用最多的藻类。研究发现，雨生红球藻累计虾青素的含量约为细胞干重的 3%，且其生物活性较高。杨晓宙研究了从雨生红球藻中得到虾青素的提取条件，并通过正交试验确定了在提取溶剂体积比 4∶1、温度 50℃、料液比 1∶8 时，虾青素可以达到最大提取量，此条件下提取量为 39.87mg/L。

虾青素具有很好的生物活性，但是其稳定性较差，极易被氧化分解，为了保持其稳定性，目前主要采取两种方式：一是物理方法，主要为微纳米包封技术，如微胶囊包埋技术、主客体包结络合技术、纳米沉淀技术等；二是用脂溶性溶剂把虾青素保存起来。但是，这两种方式都有应用限制，因此，未来的研究中，仍需致力于高效方便地提取和保存虾青素。

十六、 熊果苷

1. 基本信息

（1）理化性质　熊果苷（图3-36），化学名为对-羟基苯-D-吡喃葡萄糖苷，又名熊果素、熊果甙、熊果酚甙、熊葡萄叶素，分子式为$C_{12}H_{16}O7$，依结构不同可分为 Alpha 型和 Beta 型。熊果苷是一种源于绿色植物天然存在的糖苷类物质，是许多耐冻干植物中含量丰富的溶质，外观呈白色针状结晶或粉末，易溶于热水、乙醇，略溶于冷水。

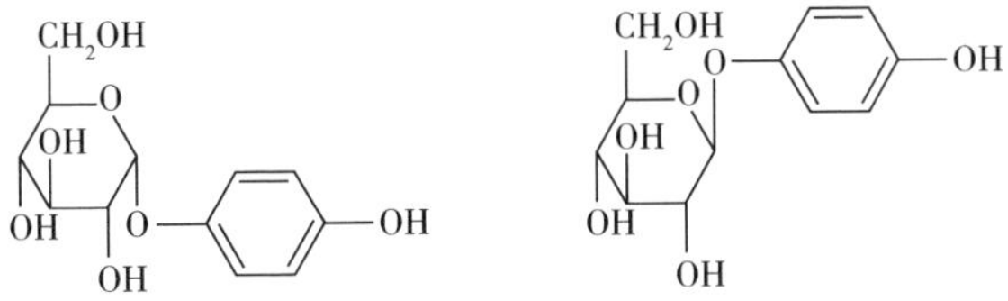

图3-36　两种熊果苷异构体的结构式

（左图为α-熊果苷，右图为β-熊果苷）

（2）安全管理情况　熊果苷与α-熊果苷已列入国家药监局发布的《已使用化妆品原料名称目录（2021年版）》，序号分别为07259和01005，均暂无驻留类产品中最高历史使用量信息。在我国台湾地区，熊果苷被允许添加的最高使用量为7%，且要求制品中所含氢醌应在20mg/kg以下。

2. 美白作用机理

熊果苷在结构上与 L-酪氨酸、氢醌具有相似性，因而可与酪氨酸酶相互作用，参与竞争结合酪氨酸酶活性位点，有效抑制酪氨酸酶的活性，通过自身与酪氨酸酶的直接结合，竞争多巴的结合位点，阻断多巴及多巴醌的合成，进而干扰黑素细胞，抑制黑色素的生成，如图3-37所示。同时，它还可以淡化已形成的黑色素，加速黑色素的分解与排泄，减少皮肤色素沉积。

陆彬等以斑马鱼胚胎为模型，发现熊果苷对黑色素的生成抑制作用随浓度增加而明显增强。Funayama 等比较了α-熊果苷和β-熊果苷对蘑菇、小鼠黑色素瘤细胞中酪氨酸酶活性的影响，结果表明：β-熊果苷能抑制来自蘑菇和小鼠黑色素瘤的酪氨酸酶，机制为非竞争性抑制，而α-熊果苷仅抑制小鼠黑色素瘤的

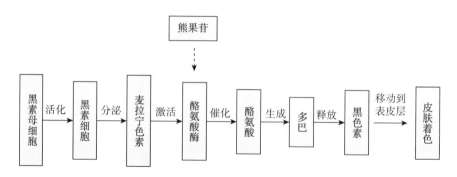

图 3-37　人体皮肤黑色素形成机制及熊果苷作用示意图

酪氨酸酶，其机制推测为混合型抑制，且 α-熊果苷的抑制强度为 β-熊果苷的10 倍。刘有停对 α-熊果苷美白动力学机制进行了研究，结果表明其美白作用机制主要是抑制单酚酶活力，阻止酪氨酸酶催化 L-酪氨酸转化为 L-多巴，而其对酪氨酸酶的二酚酶却表现出了一定的激活作用，为竞争型与非竞争型的混合型激活作用。在临床试验方面，何盾等通过熊果苷干预黄褐斑鼠模型，观察其疗效并探讨可能机制。经实验证明熊果苷具有有效的增白作用，能通过提高局部皮肤组织中超氧化物歧化酶（SOD）活性，明显降低酪氨酸及丙二醛（Malondialde-hyde，MDA）的含量，从而抑制黑素细胞和黑色素瘤细胞的酪氨酸酶活性，促使皮肤细胞的氧化还原反应，减少自由基产生，抑制黑色素的形成，进而有效治疗黄褐斑。

相比氢醌，熊果苷更为安全，细胞毒性较小，且祛斑美白效果显著，是较为理想的祛斑美白剂。但研究表明，熊果苷在使用量大于 3% 时，会产生细胞毒性，使得细胞膜脂质发生过氧化，损伤细胞膜结构，明显抑制或损伤细胞生长。而在某些特定条件下，熊果苷也会分解为氢醌。房军等研究发现，β-熊果苷在酸性条件下室温静置 72h 未分解为氢醌，但可被人表皮微生物和 β-葡萄糖苷酶水解为氢醌，且酸性环境和人工汗液可促进 β-葡萄糖苷酶对 β-熊果苷的水解，其中以人工汗液促进作用更强。佟文鑫等研究了温度、酸碱度对 β-熊果苷稳定性的影响，发现 β-熊果苷在高于 50℃ 时会分解产生氢醌，在强酸强碱条件下亦会分解产生氢醌。刘有停采用 HPLC 法分析了 α-熊果苷在化妆品中的稳定性，结果表明在 pH 1.0 以及 pH 13.0 的条件下，α-熊果苷溶液中有氢醌检出；而在紫外线照射条件下，α-熊果苷中检出氢醌明显，提示在研制含熊果苷的系列产品时应注意避开强酸强碱环境及紫外线照射。

3. 制备方法及应用

α-熊果苷一般通过合成法得到，β-熊果苷则可以通过植物提取、植物细胞培养、酶转化和化学合成 4 种方法得到。3 种熊果苷都是氢醌的衍生物，会在一定条件下分解为氢醌，而氢醌在化妆品中属禁用物质，所以如何安全地使用熊果苷尤为必要。目前，脂质体无论在制药行业还是化妆品行业都是很热门的剂型。因为脂质体具有磷脂双分子层特殊结构，与人体皮肤亲和性较高，可以作为很多水溶性或脂溶性功能性化合物的包裹载体。而有研究表明，β - 熊果苷脂质体的研制不仅可以提高其对光的稳定性，而且可以提高其生物利用度，降低对细胞的毒性；α - 熊果苷脂质体的研制主要提高了其生物利用度，可在达到同样效果的前提下，减少其用量，大大降低成本，提高经济效益。

十七、 抗坏血酸及其衍生物

（一）抗坏血酸

1. 基本信息

（1）理化性质　抗坏血酸（图 3 - 38）又称维生素 C，广泛分布于植物和动物体内，参与体内多种反应，影响整个生命活动过程中的很多生理代谢。分子式 $C_6H_8O_6$，为白色结晶粉末，易溶于水。抗坏血酸具有极强的还原性，极易被氧化成脱氢抗坏血酸，且这一反应是可逆的，因此既可以作为受氢体，又可以作为供氢体，在生命体内发挥着重要的氧化还原作用。其对于皮肤的健康也是至关重要的，可以对抗自由基，抑制黑色素的合成，抵御紫外线造成的皮肤伤害，防止皮肤细胞受损老化等。

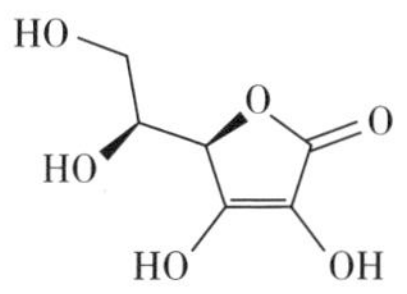

图 3 - 38　抗坏血酸的化学结构式

（2）安全管理情况　抗坏血酸已列入国家药监局发布的《已使用化妆品原料名称目录（2021 年版）》，序号为 04092，暂无驻留类产品中最高历史使用量信息。

2. 美白作用机理

抗坏血酸的美白作用机制主要体现在抑制黑色素颗粒的形成和减少紫外线对黑色素形成的负面影响。抗坏血酸通过与酪氨酸酶的活性位点相互作用减少黑色素的生成，并可作为黑色素合成过程中多巴醌的还原剂。此外，抗坏血酸还参与体内酪氨酸酶的代谢，促进酪氨酸酶在体内氧化分解，减少酪氨酸转化为黑色素。Senol 等用体外实验测定了抗坏血酸对酪氨酸酶的抑制活性（表 3 - 9），并利用分子对接模拟其对酪氨酸酶的抑制作用，表明抗坏血酸是酪氨酸酶的强结合剂，对酶的活性位点的铜离子显示出极强的亲和力，通过与铜离子相互作用使得多巴醌还原为多巴，从而阻断黑色素生产的氧化链路，达到抑制黑色素合成的作用。

表3-9　抗坏血酸对酪氨酸酶的体外抑制作用

组别	酪氨酸酶的抑制作用/（%抑制率）				
	0.1mmol/L	0.5mmol/L	1.0mmol/L	5.0mmol/L	10.0mmol/L
结果	3.46±0.64	5.27±0.85	10.84±1.17	48.59±2.06	89.95±1.58

李鑫通过测试使用含维生素 C 的美白剂后皮肤色差变化，验证了维生素 C（即抗坏血酸）的美白效果。但抗坏血酸在水溶液中极不稳定，在空气中很快被氧化成脱氢抗坏血酸而失去活性，因此相对稳定的抗坏血酸衍生物类成分，在美白产品中使用更为广泛。

3. 其他作用

抗坏血酸具有潜在的抗炎活性，NF-κB 是人体内一种重要的生物因子，可激活多种促炎细胞因子 TNF-α、IL-1、IL-6 和 IL-8，而抗坏血酸可以显著抑制核转录因子 NF-κB 的活性。因此，抗坏血酸可被用于治疗常见的痤疮和酒糟鼻等炎症性皮肤病。

（二）抗坏血酸衍生物

1. 安全管理情况

常见的抗坏血酸衍生物主要有抗坏血酸磷酸酯钠/镁（图3-39）、抗坏血酸葡糖苷、抗坏血酸四异棕榈酸酯、抗坏血酸乙基醚等。这些抗坏血酸衍生物均已列入国家药监局发布的《已使用化妆品原料名称目录（2021年版）》，序号分别是抗坏血酸磷酸酯钠 04100，抗坏血酸磷酸酯镁 04099，抗坏血酸葡糖苷 04104，抗坏血酸四异棕榈酸酯 04106，3-邻-乙基抗坏血酸（即抗坏血酸乙基醚）00050，均暂无驻留类产品中最高历史使用量信息。

2. 美白作用机理

①抗坏血酸的活性主要源自其烯醇结构上的两个羟基，其中任一羟基用磷酸酯化，对热、氧、光的稳定性都极大增强，最为常见的是钠盐（SAP）或镁盐（MAP）形式。

人体内广泛存在着磷酸水解酶，因此，SAP 和 MAP 进入体内后能迅速被水解为抗坏血酸，从而具有与抗坏血酸相同的生物效能，且 SAP 和 MAP 不易氧化，稳定性更好。SAP 能促进胶原生成，延缓皮肤衰老，建议在40℃以下加入，推荐与 pH 缓冲溶液及螯合剂配合使用，以便保持其稳定性。MAP 不仅能抑制酪氨酸酶活性，还原黑色素，还能有效抵御紫外线侵袭，捕获氧自由基，促进胶原蛋白生成，推荐与维生素 E 协同使用。Yoon-Kee Park 等通过临床试验验证了3%的

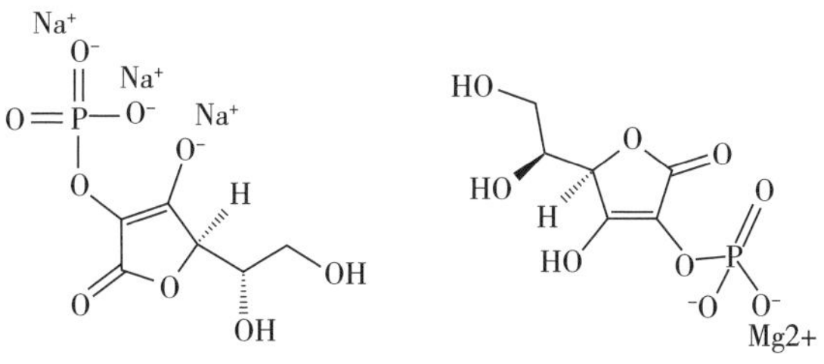

图 3 - 39 抗坏血酸磷酸酯钠和抗坏血酸磷酸酯镁的化学结构式

MAP 即具有明显的增白效果。

②抗坏血酸葡糖苷（AA2G）（图 3 - 40）于 1990 年由日本林原生物化学研究所与日本冈山大学药学系共同研究发现，是抗坏血酸和吡喃型葡萄糖苷通过糖基转移酶作用得到的缩合物。

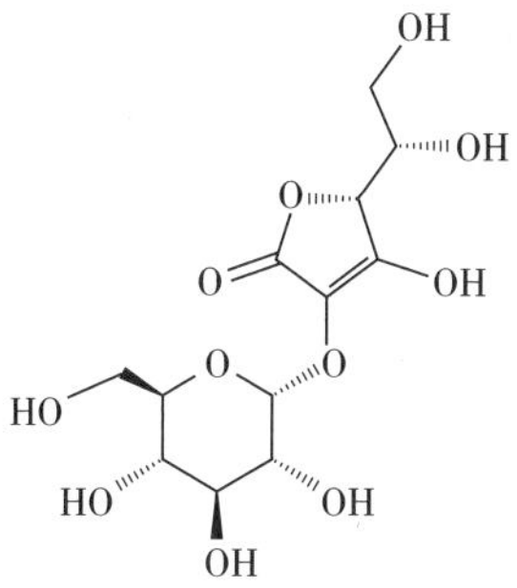

图 3 - 40 AA2G 的化学结构式

该结构由于活性羟基有葡萄糖苷遮掩，不易发生氧化反应，因此具有较好的稳定性，其作用于皮肤后，在体内可被 α - 葡萄糖苷酶水解释放出游离的抗坏血酸，能够有效抑制黑色素，起到淡化色沉，提亮肤色的作用。Kumamo 等发现，AA2G 可有效促进胶原合成并抑制黑色素形成，同时亦能抵御紫外线对细胞的损伤。AA2G 具有缓释效果，有研究表明，AA2G 对成纤维细胞的促进作用可持续时间是相同浓度抗坏血酸的四倍。与抗坏血酸相比，AA2G 稳定性较好，但是在配方中仍然会因为受到酸碱度和温度等因素的影响而发生变色进而失活。

③抗坏血酸四异棕榈酸酯（VC - IP）（图 3 - 41）是亲脂性的抗坏血酸衍生物，有着优异的透皮吸收性能，对热和氧化环境相对稳定，不易变色。

Yasunobu 等评估了 VC - IP 对紫外线诱导的皮肤色素沉着的影响，发现其可以显著抑制紫外线中的 UVB 照射后细胞内过氧化物的升高，并增强细胞对活性

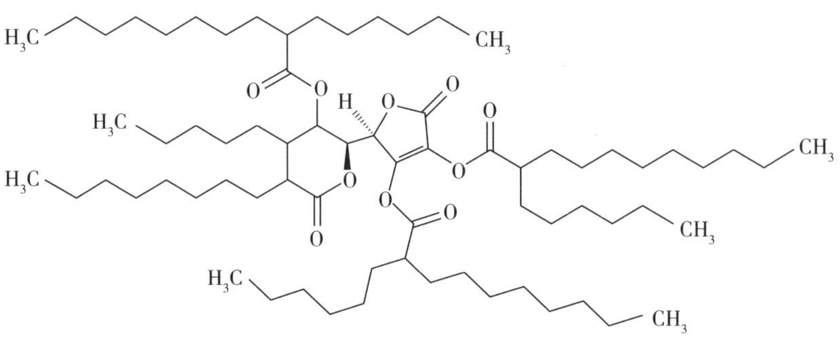

图 3 – 41　VC – IP 的化学结构式

氧的耐受性，同时还可以减少经 UVB 照射后角质形成细胞中白细胞介素 IL – 1α 和前列腺素 PGE_2 的产生，抑制黑素细胞增殖。临床研究表明，使用含有 3% VC – IP 的霜 3 周后，可抑制 UVB 照射后的色素沉着，见表 3 – 10。

表 3 – 10　VC – IP 处理的 UVB 照射后人体皮肤区域的 ΔL^* 值

分组	1 周		2 周		3 周	
	对照组	VC – IP	对照组	VC – IP	对照组	VC – IP
平均值	3. 36	2. 93	2. 76	2. 31	2. 03	1. 70
标准偏差	2. 05	1. 85	2. 21	2. 15	1. 75	1. 65

④抗坏血酸乙基醚（图 3 – 42）是亲水亲油的两性物质，在 C3 羟基位上引入乙基，不仅能提高稳定性，而且具有双亲结构更容易透过角质层到达真皮层，大幅提升了其生物利用度，是迄今抗坏血酸中最好的衍生物。

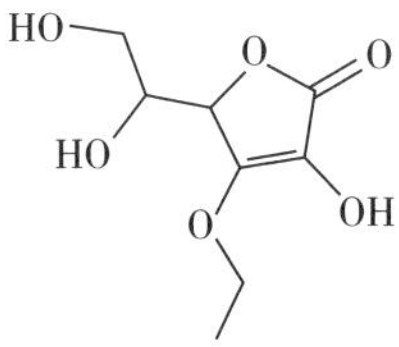

图 3 – 42　抗坏血酸乙基醚的化学结构式

金抒等采用高效液相色谱法测定了抗坏血酸乙基醚的热稳定性，并通过清除 DPPH 评价其抗氧化性能，结果表明，在水中 60℃保持 6 周后抗坏血酸乙基醚保存率为 95. 5%，且对 DPPH 自由基的实际清除量为 2. 82g/g，远高于同等浓度条件的抗坏血酸及抗坏血酸磷酸酯镁。缪晓琴等通过吸光光度法测定了抗坏血酸乙基醚对酪氨酸酶催化氧化 L – 酪氨酸活性的抑制率最高可达 80. 8%（图 3 – 43），对酪氨酸酶催化氧化 L – 多巴活性的抑制率最高可达 89. 1%（图 3 – 44），说明其具有很好的酪氨酸酶活性抑制能力。

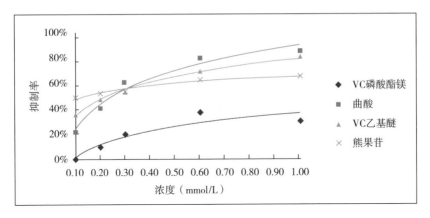

图 3 – 43　浓度与酪氨酸酶催化氧化 L – 酪氨酸活性抑制率的曲线

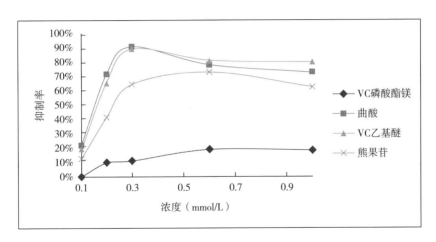

图 3 – 44　浓度与酪氨酸酶催化氧化 L – 多巴活性抑制率的曲线

　　王楠通过体外酶抑制法、细胞生物学法及人体试用实验法研究了抗坏血酸乙基醚的美白功效。结果表明，抗坏血酸乙基醚对酪氨酸酶活性及左旋多巴氧化具有明显的抑制作用，且呈量效关系，但对 B16 细胞内黑色素含量没有太大影响。人体试用结果表明，在实验周期内，使用含抗坏血酸乙基醚的产品人体皮肤的 L^* 值与 ITA° 均有显著性提高，MI 值有显著性下降，说明抗坏血酸乙基醚具有明显的美白效果。

　　董静文等采用生物化学法和细胞毒性实验法对上述抗坏血酸系列衍生物的美白功效进行了综合评价，如图 3 – 45 和图 3 – 46 所示，结果表明几种衍生物都具有最适合的抑制酪氨酸酶及多巴的浓度，对于酪氨酸酶的抑制作用是通过降低酶的活力而不是降低其有效量来实现的。

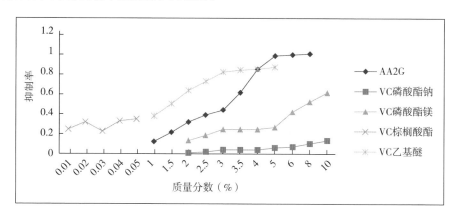

图 3 – 45　酪氨酸酶活性抑制率统计结果（酪氨酸为底物）

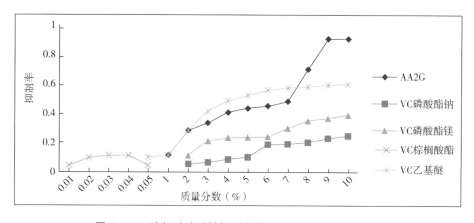

图 3 – 46　酪氨酸酶活性抑制率统计结果（多巴为底物）

　　另外，五种衍生物都是通过与酪氨酸酶分子上的独立部位结合，而不与底物 L – 酪氨酸竞争活性中心，因此都是非竞争性抑制。五种衍生物的作用效果依次为：VC 乙基醚 > AA2G > VC 磷酸酯镁 > VC 棕榈酸酯 > VC 磷酸酯钠。

十八、　苯乙基间苯二酚

1. 基本信息

　　（1）理化性质　苯乙基间苯二酚（Phenylethyl Resorchinol）（图 3 – 47），又名 SymWhite® 377，是德国科研人员将一种来源于欧洲赤松松塔中的天然美白成分——二氢银松素，进行化学改造后，筛选出的新型高效的美白活性物质。苯乙基间苯二酚的化学名为 4 – （1 – 苯乙基）– 1,3 – 苯二酚，分子量为 214.26，为白色或米黄色粉末，微溶于水，易溶于戊二醇等多元醇及极性油脂。

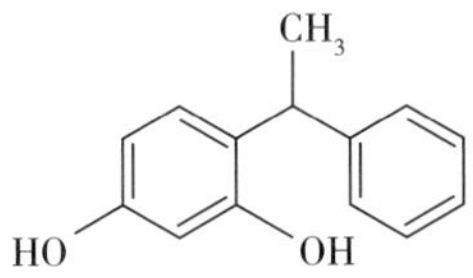

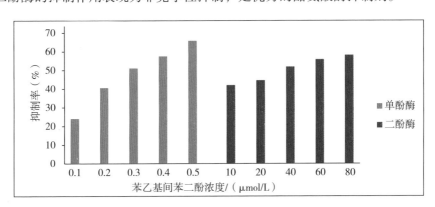

图 3 - 47　苯乙基间苯二酚的结构式

（2）安全管理情况　目前苯乙基间苯二酚已被列入国家药监局发布的《已使用化妆品原料名称目录（2021 年版）》，序号为 01299，在驻留类产品中最高历史使用量为 0.5%。

2. 美白作用机理

作为间苯二酚类衍生物，苯乙基间苯二酚具有较强的酪氨酸酶抑制作用。研究发现，苯乙基间苯二酚抑制蘑菇酪氨酸酶的效果是曲酸的 22 倍。郝谜谜等采用药物替代法，以 L - 酪氨酸和 L - 多巴为底物，分别阻断黑色素生成过程中的酶催化和非酶催化两个阶段，发现苯乙基间苯二酚对酶催化过程具有抑制作用，是酪氨酸酶抑制剂，对非酶催化过程无影响，对酪氨酸酶单酚酶和二酚酶都有抑制作用（图 3 - 48），半抑制浓度 IC_{50} 分别为 0.28 μmol/L 和 31 μmol/L；对酪氨酸酶二酚酶的抑制作用表现为非竞争性抑制，是优秀的酪氨酸酶抑制剂。

图 3 - 48　苯乙基间苯二酚对酪氨酸酶活性的抑制作用

刘园园等通过研究苯乙基间苯二酚对紫外线诱导的人皮肤黑素细胞氧化模型损伤的保护作用，观察苯乙基间苯二酚作用后酪氨酸酶与蛋白含量的变化、黑色素和优黑素的变化，发现苯乙基间苯二酚能够有效地抑制黑色素和优黑素的生成。结果表明，高浓度的苯乙基间苯二酚能够显著下调与酪氨酸酶相关的基因与蛋白 TRP - 1、MITF、TRP - 2 有一定的下调趋势；同时能够下调与氧化相关的基因与蛋白 Nrf2、NQO1，以上说明苯乙基间苯二酚是通过抑制酪氨酸酶和抗氧化两条路径来实现抑制黑色素的生成。

Kang 等使用 B16F10 小鼠黑色素瘤细胞和人表皮黑素细胞，采用体外实验的方式，研究了苯乙基间苯二酚作用后细胞黑色素含量、酪氨酸酶活性以及丝裂原活化蛋白激酶（MAPKs）的变化。在 MAPKs 中，活化的 p44 /42 MAPK 能够促进 MITF 磷酸化，抑制 MITF 蛋白的表达，进而抑制酪氨酸酶的活性。

3. 应用

苯乙基间苯二酚在配方中也有一定的局限性，其对光不稳定，在光照条件下容易变色，与某些成分配伍性不佳，配方中建议添加螯合剂及抗氧化剂使用，且需考虑避光处理。目前也有一些针对苯乙基间苯二酚稳定性的研究，比如采用脂质体、环糊精等介质对其包合处理，可有效提高苯乙基间苯二酚的稳定性及生物利用度。魏天宝采用阳离子纳米脂质体包载苯乙基间苯二酚，通过小鼠黑色素瘤细胞评价了苯乙基间苯二酚纳米脂质体的体外美白功效，实验证实脂质体对酪氨酸酶活性抑制率显著优于未经处理的苯乙基间苯二酚，且通过鸡胚测试脂质体对人体皮肤无明显刺激性。

十九、 4 – 丁基间苯二酚

1. 基本信息

（1）理化性质 4 – 丁基间苯二酚（4 – butylresorcinol，BR）（图 3 – 49），又名丁雷锁辛，分子式为 $C_{10}H_{14}O_2$，同样是一种间苯二酚的衍生物，为白色至浅黄色粉末，难溶于水，易溶于乙醇和大多数有机溶剂。结构式如图 3 – 49 所示。

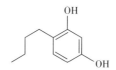

图 3 – 49 4 – 丁基间苯二酚的结构式

（2）安全管理情况 4 – 丁基间苯二酚已被列入国家药监局发布的《已使用化妆品原料名称目录（2021 年版)》，序号为 00061，在驻留类产品中最高历史使用量为 2%。

2. 美白作用机理

4 – 丁基间苯二酚早期被用作杀菌剂，1995 年首次被报道可以通过直接抑制酪氨酸酶活性来减少酪氨酸酶合成，并对培养的 B16 黑色素瘤细胞的黑色素生成有抑制作用，且没有细胞毒性。这一说法也被后续的体外、体内实验所证实。4－丁基间苯二酚对酪氨酸酶活性的抑制作用为拮抗型，即作为酶的底物竞争性争夺酪氨酸酶的活性部位，从而实现抑制酪氨酸酶的作用。Kim 等用 $0.1 \sim 100 \mu mol/L$ 的 4－丁基间苯二酚处理小鼠 Mel－Ab 细胞 4d，并且测量了不同浓度的 4－丁基间苯二酚处理过的细胞黑色素含量及相应的细胞酪氨酸酶活性，所获得的结果表明（图3－50），通过 4－丁基间苯二酚处理的细胞黑色素含量明显减少，在高于 $10 \mu mol/L$ 的浓度下，4－丁基间苯二酚显著下调了细胞的黑色素含量。

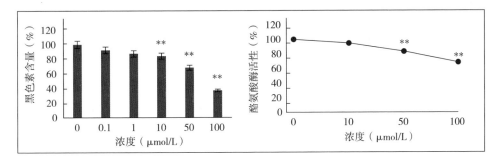

图3－50　4－丁基间苯二酚对 Mel－Ab 细胞黑色素合成的影响

Kolbe 等通过人造皮肤模型测试了氢醌、熊果苷、曲酸及 4－丁基间苯二酚等成分对人酪氨酸酶活性的抑制作用和在人造皮肤模型中抑制黑色素生成的作用，结果显示 4－丁基间苯二酚是其中抑制黑色素生成能力最强的美白成分（表3－11）。有临床研究，招募 14 名老年志愿者（55~60 岁，女性）每天使用含 0.3% 的 4－丁基间苯二酚、0.3% 己基间苯二酚和 0.5% 苯乙基间苯二酚的乳膏治疗老年斑。8 周后，4－丁基间苯二酚对老年斑的减少作用非常明显，显著优于己基间苯二酚和苯乙基间苯二酚，且无不良反应。

表3－11　抑制人酪氨酸酶结果

测试项目	4－丁基间苯二酚	氢醌	熊果苷	曲酸
人酪氨酸酶 IC_{50}（$\mu mol/L$）	21	4400	6500	500
人造皮肤模型 IC_{50}（$\mu mol/L$）	13.5	40	>5000	>400

二十、　曲酸及其衍生物

1. 基本信息

（1）理化性质　曲酸（Kojic Acid）又名麹酸、曲菌酸，化学命名为 5－羟基－2－羟甲基－1,4－吡喃酮。它最早是在 1907 年从蒸米发酵物中发现的，是曲霉属中的菌株以果糖、山梨糖、葡萄糖等原料，经过好氧发酵产生的一种弱酸性的化合物。曲酸为类白色针状粉末或晶体，熔点在 154 ~ 156℃，分子式为 $C_6H_6O_4$（图 3 - 51），易溶于水、乙醇，不溶于油脂，对光、热敏感，在空气中易被氧化。

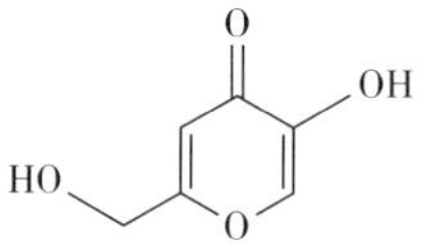

图 3 - 51　曲酸的结构式

（2）安全管理情况　曲酸已列入国家药监局发布的《已使用化妆品原料名称目录（2021 年版）》，序号为 05453，暂无驻留类产品中最高历史使用量信息。

2. 美白作用机理

曲酸的应用最早可追溯到 1300 年之前，有人发现在日本清酒厂工作的女工手部皮肤白皙细嫩，在 20 世纪 90 年代初被日本列为美白剂添加到化妆品中。曲酸被认为具有抑制黑色素生成酪氨酸酶活性的作用，这是因为曲酸通过 5 位羟基和 4 位羰基与酪氨酸酶必不可少的二价铜离子结合形成螯合物（图 3 - 52），从而使酪氨酸酶失去活性，抑制多巴色素互变至 DHICA（5,6 - 二羟基吲哚 - 2 - 羧酸），并阻断二羟基吲哚（DHI）聚合，起到阻止黑色素合成的作用。实验表明，曲酸对酪氨酸酶的单酚酶和二酚酶活力均有显著的抑制作用，且对单酚酶是竞争性抑制，对二酚酶则是混合型抑制。Cabanes 等发现，曲酸以一种非传统方式抑制酪氨酸酶的活性，抑制的初始速度在几分钟后降低到一个稳定值，这种时间依赖性，不会随着酶与抑制剂的优先结合而改变。得到的动力学参数和设想的机制相一致，包括酶抑制剂复合物的快速形成，随后酶抑制剂复合物经历相对缓慢的可逆反应。

曲酸在波长 200 ~ 300nm 处有强吸收峰，对于紫外线具有较好的吸收作用，因此也可以用作防晒剂。曲酸的吡喃酮结构也能增加其对于皮肤细胞的渗透性，具有保湿、滋润的作用。但研究发现，曲酸对豚鼠和人体有一定的致敏性，也有一些关于曲酸引发的不良反应见诸报端。日本厚生劳动省于 2003 年停止了含曲酸的医药部外品等的制造和进口，但经过了化妆品厂家追加的曲酸安全性实验之后，于 2005 年 11 月重新允许含有曲酸化妆品生产销售，但建议的使用浓度范围为 0.1% ~ 1%，同时复配熊果苷、维生素 C 等其他美白成分。

3. 应用

为了改善曲酸对光、热及金属离子稳定性且透皮吸收较差的问题，近年来有

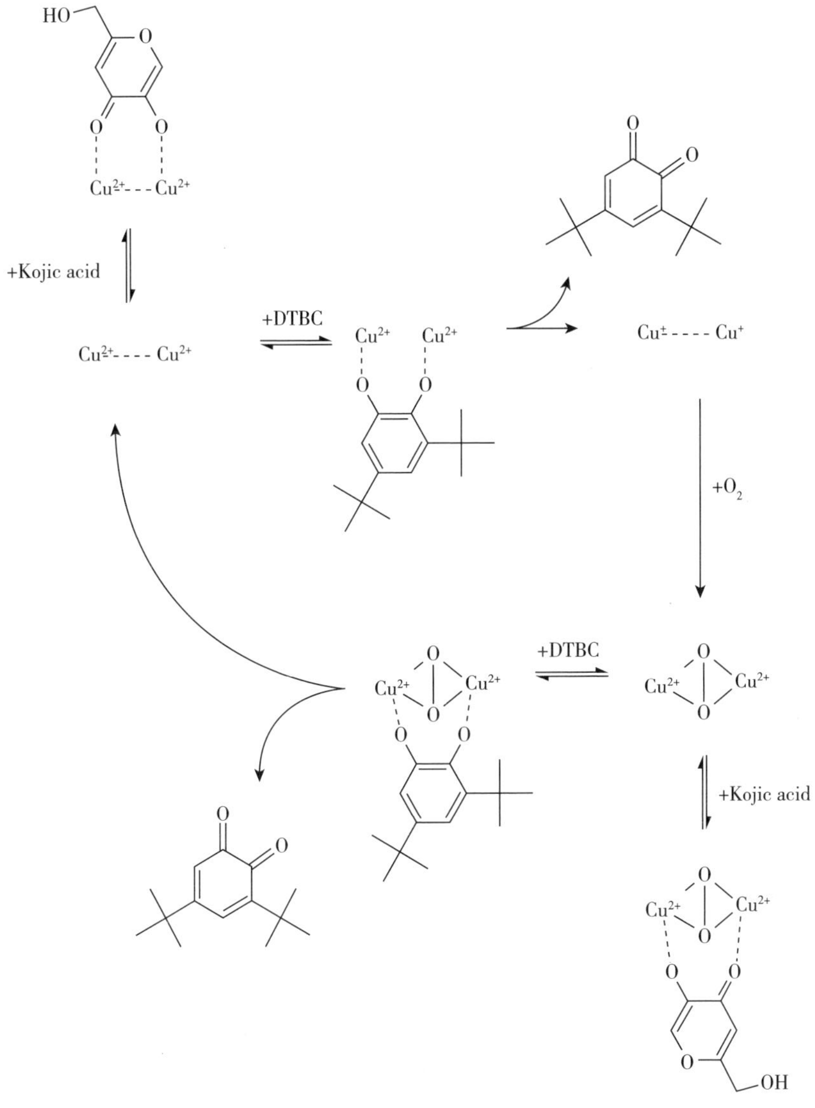

图 3 - 52　曲酸与铜离子结合的路径图

许多关于曲酸衍生物的研究，既能保留曲酸的美白活性，又大大提高了其生物利用度。曲酸的衍生物有多种，如：曲酸氨基酸衍生物、曲酸醚衍生物、曲酸 β - 半乳糖苷和曲酸单双脂肪酸酯衍生物等。多项研究结果表明，曲酸的衍生物不仅具有较好的稳定性，不易发生氧化，而且其抑制酪氨酸酶活性的能力比曲酸更为显著。在已开发的曲酸衍生物中，曲酸二棕榈酸酯与其他衍生物相比具更好的综合性能，例如对皮肤的刺激性小，油溶性强，稳定性更好，且被列入国家药监局发布的《已使用化妆品原料名称目录（2021 年版）》，序号为 05454，目前在驻留产品中的最高历史使用量为4%。芮斌等人对曲酸二棕榈酸酯的制备和对酪氨酸酶的抑制率做了深入的分析，证明其作为美白剂确实具有优异的功能性、配伍性、稳定性和安全性。关于曲酸二棕榈酸酯的美白作用机制和抑制黑色素生成相关的作用机理等方面的讨论较少，其空间位阻较大，难以进入酪氨酸酶的活性物中心区域，并且曲酸5位羟基接入棕榈酸形成酯类后，难以与4位羰基在酪氨酸酶的活性位点上的 Cu^{2+} 结合形成螯合物。因此，曲酸二棕榈酸酯抑制酪氨酸酶的活性可能有所降低，其美白作用机理可能通过其他途径实现。

二十一、 烟酰胺

1. 基本信息

（1）理化性质 烟酰胺（图3-53），又名尼克酰胺、烟碱酰胺，化学名3-吡啶甲酰胺，是烟酸的酰胺化合物，也是维生素 B_3 的一种衍生物，属于氮杂环吡啶衍生物。其性状为一种白色的结晶性粉末，微臭或几乎无臭，味苦，易溶于水、乙醇，不溶于油，对酸、碱、热都比较稳定。

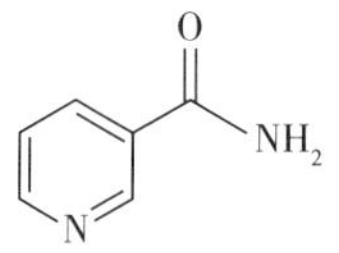

图3-53 烟酰胺的化学结构式

烟酰胺参与体内多种反应，与核糖、磷酸、腺嘌呤形成烟酰胺腺嘌呤二核苷酸（NAD，辅酶Ⅰ）和烟酰胺腺嘌呤二核苷酸磷酸（NADP，辅酶Ⅱ），在很多生物氧化还原反应过程中起中间递氢体的作用，接受氢离子形成还原型烟酰胺腺嘌呤二核苷酸（NADH，还原型辅酶Ⅰ）和还原型烟酰胺腺嘌呤二核苷酸磷酸（NADPH，还原型辅酶Ⅱ），在很多细胞酶代谢反应中起到了重要的作用，参与细胞的新陈代谢和脂肪、蛋白质、DNA的合成。

（2）安全管理情况 烟酰胺已列入国家药监局发布的《已使用化妆品原料名称目录（2021年版）》，序号为07359，暂无驻留类产品中最高历史使用量信息。

2. 美白作用机理

烟酰胺在医学领域被广泛应用于减少黑色素沉着、除皱、治疗大疱皮肤病、抗痤疮、预防紫外免疫抑制等问题，同样的机理也可以应用于化妆品层面。烟酰胺对蘑菇酪氨酸酶的催化活性作用没有影响，并且对单独培养的黑素细胞的黑色素合成能力也没有影响。然而，在角质形成细胞及黑素细胞的共培养体系及含有黑素细胞的三维表皮模型中，烟酰胺显示对黑素小体的转运系统有35% ~ 68%的抑制作用（表3 – 12），且在表皮色素重建模型（PREP）中的皮肤色素沉着明显减少，因而认为烟酰胺是通过抑制黑素小体从黑素细胞向周围角质形成细胞的转运，进而有效减少色素沉着。

表3 – 12   烟酰胺对黑素细胞和角质形成细胞共培养中黑素小体转移的抑制效果

组别	抑制率% （角化细胞 NO. 560）	抑制率% （角化细胞 NO. 660）
单独的角化细胞	–	–
角化细胞和黑素细胞的共培养体系	0	0
角化细胞和黑素细胞的共培养体 + 1.0mmol/L 烟酰胺	35.3	67.6

有研究表明，烟酰胺不仅能抑制新的黑色素形成，还能抑制已经生成的黑色素在角质细胞的表达，即使黑色素已经传递至角质细胞，烟酰胺也能够促进其脱落。施昌松等通过仪器及肉眼观察对 30 名年龄在 20 ~ 40 岁、面部有对称色素沉着的女性进行了半脸测试。结果证实，使用含质量分数为 3% 烟酰胺的乳液四周后，色斑减少约 7%，使用 8 周后色斑减少约 15%（图 3 – 54），而在停用 1 个月后，不仅没有"反弹效应"，反而能达到持续的美白效果（图 3 – 55）。

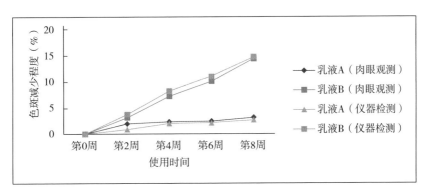

图 3 – 54   使用含烟酰胺产品后色斑减少情况

帕它木·莫合买提以原代培养的人皮黑素细胞为对象，通过多种实验方法系统研究了烟酰胺对黑素细胞的生物学作用，结果表明烟酰胺具有减少黑色素生成的作用，其有效浓度为 0.05 ~ 1.25mg/mL，作用时间最少 72h，且不同浓度的烟酰胺在干预 UVA 所致的黑素细胞致黑作用的同时，对细胞的正常生命周期并无显著影响，确认了烟酰胺是通过抑制人皮黑素细胞的增殖、改变钙泵的活性和调

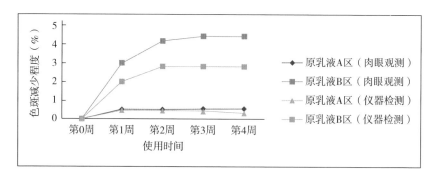

图 3 – 55　停用后一个月内色斑减少情况

节黑色素在黑素细胞内的转运等多种途径使得细胞内黑色素含量减少，从而起到美白效果。

皮子欣等通过临床试验观察了外用烟酰胺治疗黄褐斑的效果。该试验共纳入22 例黄褐斑患者，每日早晚各使用烟酰胺美白精华液 1 次，分别在治疗前和治疗 3 个月后进行改良黄褐斑面积和严重指数（mMASI）评分，利用皮肤图像分析系统（VISIA）拍摄图片并记录不良反应。结果显示，外用烟酰胺精华液治疗黄褐斑 3 个月后，mMASI 评分（2.277 ± 2.338 分）低于治疗前 mMASI（5.059 ± 4.243 分）评分，且差异具有统计学意义（$P < 0.001$），VISA 显示黄褐斑面积有明显减少，皮肤白度有所提升。推测是因为烟酰胺具有抗炎作用，对 TLR – 2 或 TLR – 4 介导的炎症后色素沉着（Post – inflammatory Hyperpigmentation，PIH）有显著的抑制作用。烟酰胺还可以通过抑制角质形成细胞分泌 IL – 8，从而抑制白细胞趋化而发挥抗炎作用。

3. 其他作用

烟酰胺具有抗炎的作用，这可能主要与其抑制聚腺苷二磷酸 – 核糖聚合酶（Poly – ADP – ribose Polymerase，PARP）有关，PARP 的激活是内毒素导致的炎症反应的重要机制；此外，烟酰胺能抑制一系列的促炎因子，如白细胞介素 – 6（Interleukin – 6，IL – 6）、肿瘤坏死因子 α（Tumor Necrosis Factor – α，TNF – α）、白细胞介素 – 1β（Interleukin – 1β，IL – 1β）和白细胞介素 – 8（Interleukin – 8，IL – 8）等。与此同时烟酰胺能降低脱屑酶的活性，降低影响炎症的类胰蛋白酶和血纤维蛋白溶解酶的活性，以及减少单核细胞和吞噬细胞的浸润。烟酰胺还能抑制前列腺素 E_2（Prostaglandin E_2，PGE_2），减少一氧化氮（Nitricoxide，NO）和活性氧物质（Reactive Oxygen Species，ROS）的生成。烟酰胺在外用时能降低经皮水分流失，减少皮脂的分泌，增强皮肤的屏障功能，并可增加角质层的黏结性和厚度，增加角质层的成熟度等。

4. 应用

烟酰胺在水中溶解度较高，对光和氧稳定，不易变色，配伍性较好，但使用含高浓度烟酰胺产品时应先建立耐受性。

二十二、 氨甲环酸

1. 基本信息

（1）理化性质　氨甲环酸（图3-56）又称凝血酸、传明酸，是人工合成的氨基酸衍生物，于1954年由冈本、横井等发现其具有抗血纤维蛋白溶酶作用。具有顺式、反式结构异构体，但只有反式异构体才具有抗血纤维蛋白溶酶作用。其性状为白色结晶或粉末，无味，性苦。熔点为262~267℃，等电点pH值为7.5。溶于热水或冰醋酸，在乙醇中极难溶解。

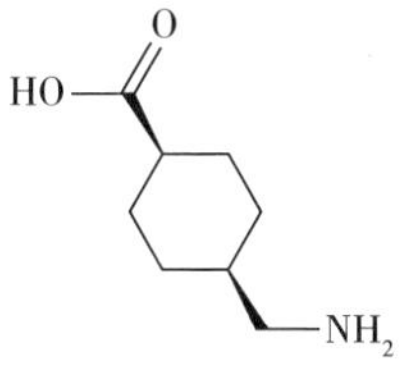

图3-56　氨甲环酸的结构式

（2）安全管理情况　氨甲环酸已列入国家药监局发布的《已使用化妆品原料名称目录（2021年版）》，序号为04866，暂无驻留类产品中最高历史使用量信息。

2. 美白作用机理

氨甲环酸原用于药剂产品，可通过抑制纤维蛋白的溶解发挥止血功效，经FDA批准可用于治疗月经过多和预防出血。1979年首次发现氨甲环酸能够淡化患者的黄褐斑，且其对于治疗黄褐斑的治疗效果及起效速度均优于维生素C。氨甲环酸作为一种纤溶酶抑制剂，并非直接对黑素细胞的酪氨酸酶产生作用，而是作用在角质形成细胞内，通过干扰纤溶酶原的结构，抑制纤溶酶-纤溶酶原途径而发挥作用。花生四烯酸（AA）和 α-黑素细胞刺激激素（α-MSH）随着角质细胞中纤溶酶的增加而增加，前列腺素 E_2（PGE_2）作为花生四烯酸的代谢产物能刺激黑色素合成及黑素细胞刺激素的生成，角质形成细胞中分泌的单链尿激酶纤溶酶原激活物（Sc-uPA）可诱导黑素细胞增加酪氨酸酶活性，刺激黑素细胞的生长，因此通过抑制血纤维蛋白溶酶通路，氨甲环酸会减少黑色素颗粒向角质形成细胞转运，从而达到淡化色斑的效果（图3-57）。

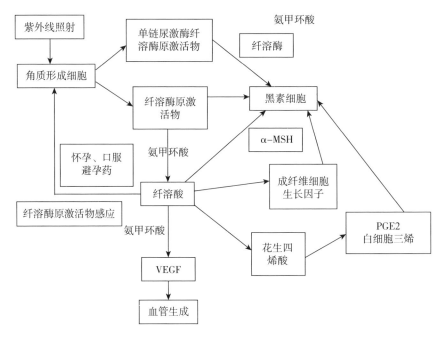

图 3 – 57 黑素的合成机制及氨甲环酸的作用机理

氨甲环酸的临床应用范围包括了口服给药、注射给药及皮肤外用。吴溯帆等对 256 例黄褐斑患者进行了长时间、低剂量应用氨甲环酸（0.25 g，每天 2 次），服药时间 6 ~ 15 个月，观察服药后的临床效果、起效时间等（表 3 – 13）。结果显示 35% 的患者服药后 1 个月色素开始淡化，65% 的患者服药后 2 个月色斑开始减轻，81% 的患者在治疗期间出现了不同程度的色斑减退，停药后复发者仅占 8.2%，由此可见长期服用氨甲环酸可以有效治疗黄褐斑。

表 3 – 13 口服氨甲环酸的不同时间对黄褐斑的治疗效果

疗效级别	6 个月（例）	9 个月（例）	12 个月（例）	15 个月（例）
基本治愈	27	13	4	2
明显消退	48	23	6	4
好转	132	52	12	5
无效	49	19	3	1

Budamakuntla 等在一项前瞻性开放研究中，将 60 例黄褐斑患者平均分为局部注射氨甲环酸（4mg/mL）或微针注射氨甲环酸（4mg/mL）两组进行，每月 1 次，共计 6 个月的治疗，每隔 1 个月进行 1 次 MASI 评分和患者整体评估。在第三次随访结束时，微量注射组的 MASI 评分提高了 35.72%，相比之下，微针组

的 MASI 评分提高了 44.41%（图 3 – 58）。微注射组有 6 例（26.09%）达到 50% 以上好转，微针组 12 例（41.38%）达到 50% 以上好转。

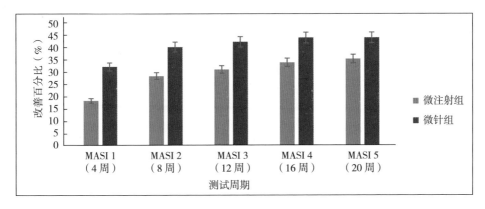

图 3 – 58　两组研究的平均改善百分比

Kanechorn 等制备了 5% 氨甲环酸脂质体凝胶，通过临床双盲随机对照试验对其治疗黄褐斑的疗效进行了研究，每天用药 2 次，3 个月为 1 个疗程。试验结果表明 5% 的氨甲环酸脂质体凝胶能够有效地淡化色素沉着。

3. 应用

氨甲环酸的安全性较高，不良反应较少，效果明显，已被广泛用于皮肤美白产品和黄褐斑治疗制剂，然而其透皮吸收率有限，目前也有开展一些氨甲环酸衍生物的研究，以便更好地应用在皮肤美白产品当中。

二十三、 十一碳烯酰基苯丙氨酸

1. 基本信息

（1）理化性质　十一碳烯酰基苯丙氨酸（图 3 – 59），分子式为 $C_{20}H_{29}NO_3$，是由十一烯酸与苯基丙氨酸缩合而成，为白色粉末，易溶于碱液或有机溶剂等。

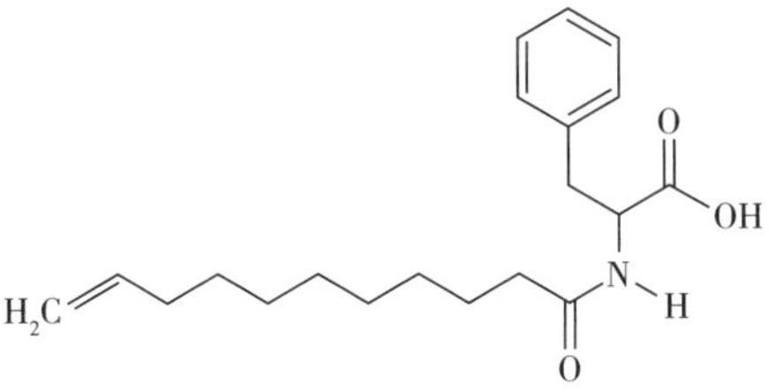

图 3 – 59　十一碳烯酰基苯丙氨酸化学结构式

（2）安全管理情况　十一碳烯酰基苯丙氨酸已列入国家药监局发布的《已使用化妆品原料名称目录（2021年版）》，序号为06102，在驻留类产品中最高历史使用量为2%。

2. 美白作用机理

十一碳烯酰基苯丙氨酸与传统的酪氨酸酶抑制剂对于美白的作用机理完全不同，其结构与黑素细胞刺激素（α－MSH）类似，通过与α－MSH竞争性结合细胞表面的蛋白质受体来阻碍黑素细胞对信号分子的响应，进而抑制下游生化途径中酶的表达和黑色素的形成。徐凯等考察了十一碳烯酰基苯丙氨酸对酪氨酸酶二酚酶活性抑制的机制（图3－60）。结果表明，十一碳烯酰基苯丙氨酸对酪氨酸酶二酚酶活性的抑制作用为竞争性可逆抑制，其半抑制浓度为3.711g/L，抑制常数（K_i）为3.651g/L。

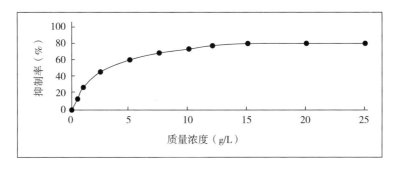

图3－60　不同质量浓度的十一碳烯酰基苯丙氨酸对酪氨酸酶二酚酶活性抑制率的影响

Katoulis使用2%的十一碳烯酰基苯丙氨酸制剂治疗局部性晒斑，并对其有效性和安全性进行了12周临床试验。该实验纳入30名年龄在47~75岁的患者，每日2次涂抹使用，每月由皮肤科医生评估患者的疗效和安全。结果显示，约63.3%的患者有中度改善，其余约36.6%的患者有明显改善（$P < 0.01$），且根据患者自我评估在治疗过程中无红斑、瘙痒或灼热等不良反应。

3. 应用

研究表明，十一碳烯酰基苯丙氨酸亲肤性较好，但其美白效果有限，如果和烟酰胺配合使用，则有事半功倍的效果。Bissett等人采用随机双盲测试，两组日本女性分别使用空白对照＋5%烟酰胺制剂或5%烟酰胺＋1%十一碳烯酰基苯丙氨酸组合制剂，将每种制剂施用于面部随机分配的一侧，结果显示在使用4周时，三种配方治疗后，平均斑点面积百分比比基线有所下降（图3－61）。5%烟酰胺＋1%十一碳烯酰基苯丙氨酸配方治疗后，平均下降幅度最大，其次是5%烟酰胺配方治疗，而与空白配方处理的区域相比，下降没有显著差异（$P \geqslant$

0.06）。在 8 周后，使用空白对照配方处理的区域的平均斑点面积百分比比基线有所增加，而使用 5% 烟酰胺或 5% 烟酰胺加 1% 十一碳烯酰基苯丙氨酸配方处理的区域的平均斑点面积百分比下降。两种活性制剂的变化与载体对照有显著差异（$P \leqslant 0.003$），使用 5% 烟酰胺 + 1% 十一碳烯酰基苯丙氨酸配方处理的区域，斑点面积百分比比基线的平均下降显著大于使用 5% 烟酰胺配方处理的区域（$P = 0.02$）。

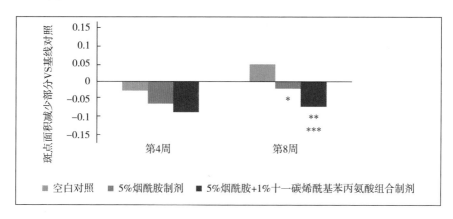

图 3 – 61　日本女性受试者的面部皮肤区域基数变化

另一项研究关于高加索女性（图 3 – 62），60 人使用三种制剂中的一种（空白对照，5% 烟酰胺制剂，5% 烟酰胺 + 1% 十一碳烯酰基苯丙氨酸组合制剂）到面部随机分配中的一侧。两项研究均发现组合制剂（5% 烟酰胺 + 1% 十一碳烯酰基苯丙氨酸）比空白对照组和 5% 烟酰胺制剂组（在 8 周后）更为有效地减少色素沉着。

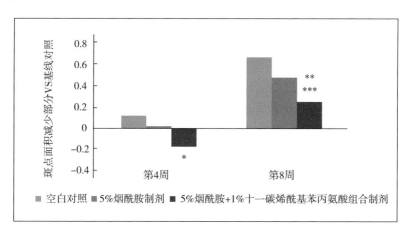

图 3 – 62　高加索人受试者的面部皮肤区域基数变化

二十四、二葡糖基棓酸

1. 基本信息

（1）理化性质　二葡糖基棓酸（图 3 - 63），又称二葡糖基没食子酸，化学名称为 3,4,5 - 三羟基苯甲酸葡糖苷，分子式为 $C_{19}H_{26}O_{15}$，通常由没食子酸甲酯和五乙酰基葡萄糖为原料合成得到，性状为浅黄色晶体。

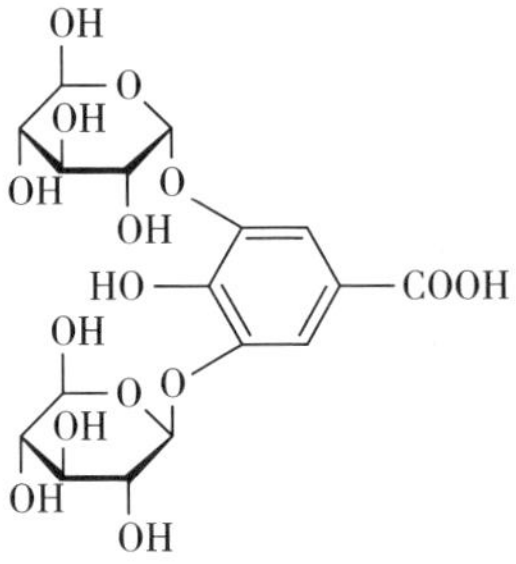

图 3 - 63　二葡糖基棓酸化学结构式

（2）安全管理情况　二葡糖基棓酸已列入国家药监局发布的《已使用化妆品原料名称目录（2021 年版）》，序号为 02169，在驻留类产品中最高历史使用量为 0.3%。

2. 美白作用机理

没食子酸具有保护心血管系统、抗病毒、抗氧化、抗肝纤维化、抗糖尿病、抗菌、抗炎、抑菌、防龋齿及抗肿瘤等多种作用。没食子酸可以快速、高效地捕捉 DPPH 自由基，抗氧化活性较强。研究表明，没食子酸可以抑制小鼠黑色素瘤 B16 细胞的增殖，抑制细胞中酪氨酸酶的表达以降低细胞中所含黑色素的量。杨建华等通过酪氨酸多巴速率氧化法对没食子酸和 1,2,3,6 - 四 - O - 没食酰基 - β - D - 葡萄糖苷的酪氨酸酶活性的调控进行了研究，结果发现没食子酸可以抵抗皮肤中色素沉着。但是没食子酸极度不稳定，所以限制了其在美白产品中的应用。二葡糖基棓酸作为没食子酸的衍生物，具有较高的稳定性，同时也具有强大的美白功能，当其作用在人体皮肤上时，皮肤表面和部分角质层中的微生物会生成 α - 葡糖苷酶来切断二葡糖基棓酸的葡萄糖键，从而有一部分会转化为没食子酸，进一步发挥二葡糖基棓酸极佳的抑制酪氨酸酶效果以及抗氧化功能。研究表明，二葡糖基棓酸的美白作用机制不是单一的，它是通过减少自由基生成、抑制酪氨酸酶生成、阻止黑色素转移以及减轻皮肤炎症等多通路来实现美白功效。Hanane 等通过 20 名志愿者的临床双盲对照研究，验证了二葡糖基棓酸（THBG）

是通过抑制黑色素合成以及调节皮肤亮度、黄度和红度来控制肤色，如表 3 - 14 所示，与空白对照面霜相比，含 THBG 的面霜除 b* 值外，对其他肤色参数（L* 值、a* 值及 ITA°）均有统计学显著影响，THBG 的存在使 L* 参数从 D28 （ + 0.9% ）增加到 D84 （ +2.2% ），表明对皮肤有美白效果，而且观察到的效果与时间有关。THBG 在使用 28 天后 a* 值降低了 12.9% ，56 天降低了 7.3% ，84 天降低了 7% ，说明其还有对抗红肿的效果；使用含 THBG 面霜 56 天和 84 天后，皮肤 ITA°显著提高了 10.4% 和 11.5% ，说明其具有提亮皮肤的效果。

表 3 - 14　使用含 THBG 面霜一段时间后的肤色变化

样品	使用时间（天）	颜色参数（均值 ± 标准偏差）				平均变化率 vs D0			
		L* 值	a* 值	b* 值	ITA°	L* 值	a* 值	b* 值	ITA°
空白对照面霜	0	57.8 ± 22.62	11.55 ± 1.86	19.14 ± 2.23	22.38 ± 8.1				
	14	57.48 ± 2.75	11.40 ± 2.36	19.22 ± 2.15	21.25 ± 7.69	- 0.7%	- 0.4%	+0.14%	- 2.74%
	28	57.96 ± 2.69	11.00 ± 1.97	19.56 ± 1.94	22.20 ± 7.69	0.12%	- 3.6%	+2.4%	- 1.95%
	56	58.13 ± 3.01	11.20 ± 1.83	19.35 ± 2.47	22.89 ± 8.56	0.30%	- 2.8%	+0.4%	- 3.3%
	84	58.13 ± 3.1	11.44 ± 2.67	19.03 ± 2.57	22.98 ± 8.35	0.5%	- 0.6%	- 0.88%	- 3.29%
THBG 面霜	0	57.16 ± 2.10	12.67 ± 2.13	19.03 ± 2.52	20.82 ± 6.42				
	14	57.27 ± 1.85	12.14 ± 2.57	19.07 ± 2.24	21.00 ± 5.43	+0.2%	- 4.2%	+0.3%	+0.9%
	28	57.71 ± 1.95	11.65 ± 2.21	19.50 ± 2.41	21.67 ± 5.68	**+0.9%**	**- 12.9%**	+2.9%	+3.2%
	56	58.16 ± 2.22	11.77 ± 1.96	19.23 ± 2.29	22.99 ± 5.80	**+1.8%**	**- 7.3%**	+0.5%	**+10.4%**
	84	58.40 ± 2.21	11.78 ± 2.71	19.42 ± 2.02	23.20 ± 5.24	**+2.2%**	**- 7%**	+2.1%	**+11.5%**

注：有统计学意义（$P < 0.05$）的数据用粗体表示。

二葡糖基棓酸可以抑制黑素体迁移，抑制 MITF 活化，减少 DNA 在 UV 下损伤，同时还抑制两个炎症通路 NF - κB 和 PEG$_2$，尤其是后者，是造成炎症性色素沉着主要的炎性介质。张凯强等考察了二葡糖基棓酸对酪氨酸酶活性的影响、酪氨酸二酚酶的抑制作用机制以及抗氧化能力，结果表明二葡糖基棓酸对酪氨酸单酚酶的半数抑制浓度 IC_{50} 为 1.46g/L，对酪氨酸二酚酶的半抑制浓度 IC_{50} 为 2.68g/L，且其对酪氨酸二酚酶的抑制作用表现为竞争性可逆抑制，抑制常数 Ki 为 2.43g/L。而当二葡糖基棓酸质量浓度为 0.4g/L 时，其对 DPPH 自由基清除率可以达到 64.1%，相比于同质量浓度下的维生素 C 仍存在一定的清除 DPPH 自由基效果，见图 3-64。

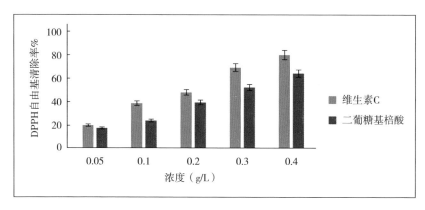

图 3-64　二葡糖基棓酸和维生素 C 对 DPPH 自由基的清除作用

二十五、 甲氧基水杨酸钾

1. 基本信息

（1）理化性质　甲氧基水杨酸钾（图 3-65），又称 4MSK，是日本化妆品公司研发的专利美白成分，是水杨酸的衍生物，分子式为 $C_8H_7KO_4$，为白色晶体或粉末，可溶于水。

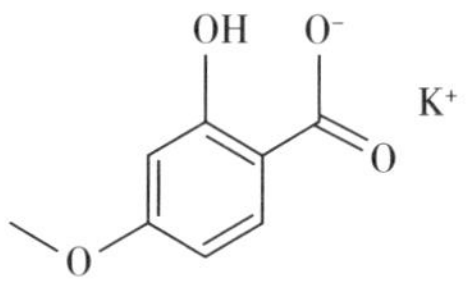

图 3-65　甲氧基水杨酸钾的化学结构式

（2）安全管理情况　甲氧基水杨酸钾已列入国家药监局发布的《已使用化妆品原料名称目录（2021 年版）》，序号为 03354，我国台湾地区规定其最高使用量为 3%。

2. 美白作用机理

研究表明，与水杨酸结构类似的甲氧基水杨酸钾不仅可以抑制黑色素生成，还具有阻碍酪氨酸酶活性的作用，如图 3 - 66 所示，0.3mmol/L 的 4MSK 即可以显著抑制黑色素的生成。

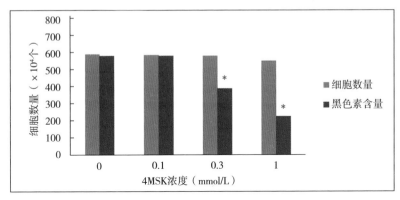

图 3 - 66　4MSK 对黑素细胞的黑色素生成抑制作用

注：＊表示有显著性差异。

同时，其在 mRNA 水平及蛋白质水平下，对失衡的兜甲蛋白表达下降具有防御效果，这意味着甲氧基水杨酸钾可以减少由于紫外线诱导角质形成细胞分化出现异常的情况。体内试验也证实了含有 1% ~5% 的 4MSK 的测试品，对紫外线导致的色素沉着具有浓度依存的防御效果，且整个试验未出现皮肤异常的现象，因此认为 4MSK 是较为安全有效的。

3. 应用

由于 4MSK 存在强离子性和变色问题，在配方中较难应用。为设计稳定性好的美白配方，在色泽保护方面，可加入抗氧化剂或防晒剂防止 4MSK 变色。4MSK 亲水性较好，但水溶液呈电离的形式会导致生物利用度较低，3% 的 4MSK 制剂透皮吸收仅为 0.04mg/g，因此在设计配方时需要考虑增强其透皮吸收浓度。

二十六、壬二酸

1. 基本信息

（1）**理化性质**　壬二酸（图 3 - 67），又名杜鹃花酸，是含有 9 个碳原子的天然直链饱和二羧酸，分子式为 $C_9H_{16}O_4$，为白色结晶性粉末，微溶于水，不溶于油脂，可溶于多元醇。

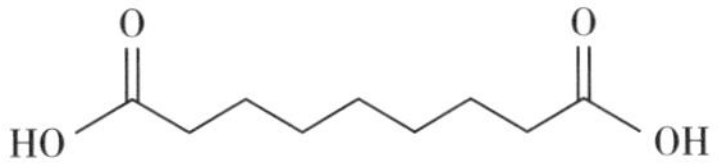

图 3 - 67　壬二酸的化学结构

（2）安全管理情况　壬二酸已列入国家药监局发布的《已使用化妆品原料名称目录（2021年版）》，序号为05497，在驻留类产品中最高历史使用量为20%。

2. 美白作用机理

壬二酸一直作为治疗油性皮肤引起的痤疮及色素沉着的外用药物使用，其对酪氨酸酶活性表现出强烈的竞争性抑制作用，表现出比氢醌更好的美白效果，且对细胞无毒害作用。壬二酸对皮肤黑素细胞的影响，一方面表现在对功能亢进的黑素细胞内的酪氨酸酶有竞争性抑制作用，减少黑色素合成，但不抑制正常黑素细胞的色素合成。另一方面，高浓度的壬二酸具有抗细胞增殖的作用及细胞毒性作用，对异常黑素细胞及黑色素瘤细胞的增殖具有阻碍作用。实验证明，壬二酸除了竞争性抑制酪氨酸酶活性外，还可以竞争性抑制线粒体呼吸链中的酶类，如NADH脱氢酶、琥珀酸脱氢酶等，这些酶类使得氧自由基大量生成，会造成细胞膜的脂质过氧化，从而使线粒体发生肿胀。其次，壬二酸的细胞毒性与抑制细胞内DNA的合成有关。此外，壬二酸对人类恶性黑素细胞具有抗增殖和细胞毒性的作用，初步发现其可能阻止皮肤恶性黑素瘤的发展。

马佳等通过建立体外培养的正常人表皮黑素细胞体系，检测了壬二酸对人表皮黑素细胞（MC）和鼠黑色素瘤B16细胞黑色素合成的影响（表3-15）。结果显示，壬二酸作用于人表皮黑素细胞后，可使细胞树突明显减少；作用于B16细胞后，细胞形态无明显改变。其作用人表皮黑素细胞和鼠黑色素瘤B16细胞后，可抑制酪氨酸酶活性，减少细胞黑色素合成，并且抑制作用呈浓度依赖性。

表3-15　壬二酸对人表皮黑色素细胞和鼠黑色素瘤B16细胞酪氨酸酶活性和黑色素合成的影响

壬二酸的作用浓度（mmol/L）	酪氨酸酶活性		黑色素含量	
	MC	B16	MC	B16
0.1	88.57 ± 4.51 **	90.48 ± 5.01 *	90.02 ± 3.01 **	92.56 ± 3.65 **
0.5	76.39 ± 4.37 ▲**	84.74 ± 8.33 ▲*	82.12 ± 2.45 ▲**	87.59 ± 2.36 ▲**
1.0	47.47 ± 5.81 **	76.26 ± 7.31 **	71.42 ± 2.51 **	68.61 ± 3.73 **
5.0	ND	65.21 ± 5.39 **	ND	59.30 ± 4.01 **
0.5 ★	85.01 ± 4.72	93.60 ± 2.79	88.11 ± 2.13	92.80 ± 4.21

注：酪氨酸酶活性和黑色素含量已占对照组A值的百分率表示；空白对照组的相应值设为100%，各组与空白对照组相比：* $P < 0.05$，** $P < 0.01$。★表示该浓度为氢醌的浓度，单位是 μmol/L。与氢醌相比，▲$P < 0.05$。ND表示未检测。

Farshi的研究共纳入29例黄褐斑患者，氢醌乳膏组15例，壬二酸乳膏组14例，外涂2次/日。在基线和每次随访中进行黄褐斑面积和严重指数（MASI）评分。治疗2个月后，氢醌组MASI平均评分达到（6.2±3.6），壬二酸组为（3.8±2.8），2组间差异有统计学意义（t检验，95% CI = 0.03 ~ 4.9）。研究提示，20%壬二酸乳膏在治疗轻度黄褐斑方面可能比4%氢醌更有效（图3-68）。

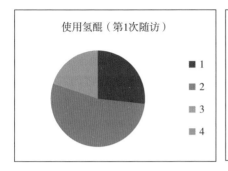
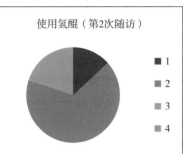
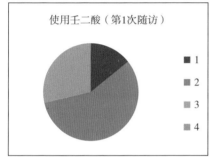
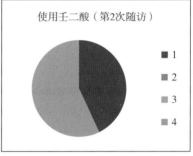

图3-68　使用氢醌和壬二酸后随访时的色素下降分级情况

注：1-无作用（色素沉着无明显变化）；2-轻度（可见色素沉着减少，但仍有一些可见边框）；3-中度（可见色素沉着明显减少，但仍有可见边界）；4-优良（完全失去可见的异常色素沉着）。

3. 其他作用

壬二酸在抗菌、抗炎、调节皮肤角化及抑制油脂分泌方面也有很好的表现。壬二酸可通过抑制厌氧菌（如痤疮丙酸杆菌）和需氧菌的蛋白合成，直接杀灭皮肤表面和毛囊内的细菌，清除病原体。壬二酸能抑制活性氧自由基的产生，发挥抗炎作用。在体外，壬二酸可抑制由活性氧基团诱发的芳香族化合物（包括酪氨酸）的羟基化作用和花生四烯酸的过氧化作用。另外，还能减少中性粒细胞的超氧阴离子和羟基的产生。壬二酸可以抑制5α-还原酶的活性，从而减少睾酮转化为二氢睾酮（即雄性激素）的概率，进而抑制油脂过度分泌。

4. 应用

壬二酸在应用方面还存在一定的技术难度，其水溶性较低，高含量的壬二酸还会影响乳化体系的稳定性。因此也对壬二酸进行改性制备得到壬二酸衍生物并进行了研究。李杨等制备的壬二酸氨基酸衍生物不仅具有较好的水溶性，而且其在质量浓度较低时对酪氨酸酶活性的抑制效果也较好。

二十七、 红没药醇

1. 基本信息

（1）理化性质　红没药醇（Bisabolol）（图 3 - 69），又称甜红没药醇、防风根醇。其主要来源于春黄菊花和没药树，是自然界中存在较多的一种单环不饱和倍半萜醇，有 α - 体和 β - 体两种结构，其中 α - 红没药醇主要存在于春黄菊精油中，β - 红没药醇主要存在于棉芽精油中。天然的红没药醇是淡黄色黏稠油状物，可溶于醇、甘油酯和石蜡，几乎不溶于水和甘油。分子式为 $C_{15}H_{26}O$，分子量为 222.37，CAS 号为 515 - 69 - 5，折光系数 1.492 ~ 1.498。

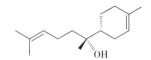

图 3 - 69　红没药醇的结构式

（2）安全管理情况　红没药醇已列入国家药监局发布的《已使用化妆品原料名称目录（2021 年版）》，序号为 02888，暂无驻留类产品中最高历史使用量。

2. 美白作用机理

红没药醇通过抑制 CREB 磷酸化反应来降低 α - MSH 诱导产生黑色素，同时也可抑制过氧化物酶的产生。三维皮肤模型试验表明，红没药醇可以抑制白三烯 LTB4 和白介素 IL - 1α 的释放，从而降低紫外线等因素对皮肤的刺激，因此对炎症具有良好的抑制作用。Lee 等人通过 8 周的临床对照实验评估发现红没药醇对皮肤色素沉着具有良好的作用，试验对 28 名 32 ~ 52 岁亚洲女性受试者的背部进行紫外线照射诱导色素沉着，每天使用含有 0.5% 的红没药醇乳霜及空白对照乳霜。结果显示使用含有 0.5% 的红没药醇乳霜的皮肤亮度显著降低（表 3 - 16），并在第 4 周及第 8 周评估时未发现不良反应。

表 3 - 16　空白对照及使用含 0.5% 红没药醇乳霜 8 周后皮肤亮度变化值

ΔL^*, $T_{XW} - T_{0W}$	空白对照	含 0.5% 红没药醇
ΔL（$T_{4W} - T_{0W}$）	0.88 ± 1.3	1.81 ± 1.3 *
ΔL（$T_{8W} - T_{0W}$）	1.29 ± 1.5	2.24 ± 1.2 *

注：*. 与空白对照组相比较，$P < 0.05$。

3. 其他作用

红没药醇具有清淡的香气，也是一种稳定性较高的芳香剂，在香精香料化妆品中也有一定的应用。红没药醇是韩国已认可的技能型原料清单中的祛斑美白成分，有效用量为0.5%。红没药醇具有抗炎、抑菌、镇痛及保护胃黏膜的功效，在医药行业用途广泛，其药理研究如表3-17所示。

表3-17　红没药醇的药理研究

试验项目	浓度	效果说明
对黑色素B16细胞活性的抑制	10mg/kg	抑制率：49%
对酪氨酸酶活性的抑制	10mg/kg	抑制率：58%
对胶原酶活性的抑制	10mg/kg	抑制率：43%
对环氧合酶活性的抑制	5mg/kg	抑制率：25%
对由SDS引起鼠耳肿胀的抑制	0.1%	抑制率：40.4%
在紫外线照射下对TNF-α生成的抑制	0.5%	抑制率：71.25%
对荧光素酶活性的抑制	10mg/kg	抑制率：42%
对皮肤刺激性反应的抑制	1%	抑制率：54%
涂敷对老鼠毛发生长的促进	0.2%	促进率：8%

二十八、　四氢木兰醇

1. 基本信息

（1）理化性质　四氢木兰醇（图3-70），别名二丙基联苯二醇，分子式为$C_{18}H_{22}O_2$，分子量270.37，CAS号为20601-85-8。四氢木兰醇是白色结晶粉末，难溶于水，可溶于常见的有机溶剂。

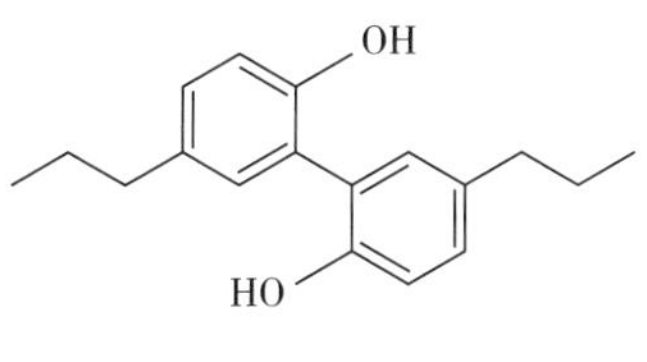

图3-70　四氢木兰醇的化学结构式

（2）安全管理情况　四氢木兰醇已列入国家药监局发布的《已使用化妆品原料名称目录（2021年版）》，序号为06445，暂无驻留类产品中最高历史使用量。四氢木兰醇是我国台湾地区及日本已获批准使用的美白成分，是日本化妆品公司的专利美白成分。在我国台湾地区四氢木兰醇的限量标准为0.5%。

2. 美白作用机理

木兰醇是木兰科植物的特征性活性成分，而四氢木兰醇则是以木兰树皮中的天然成分木兰醇为模型开发合成得到的高效美白剂。四氢木兰醇能在酪氨酸酶活化之前阻碍酪氨酸酶的成熟并加速酪氨酸酶的降解，同时抑制酪氨酸酶向黑素小体内部移动，以此来减少成熟酪氨酸酶的数量，降低黑色素生成，但是其本身对酪氨酸酶并没有抑制作用。Nakamura 等发现四氢木兰醇可以有效降低 B16 黑色素瘤细胞及人表皮黑素细胞中的黑色素生成，但对蘑菇酪氨酸酶活性无明显作用（表 3 – 18）。

表 3 – 18　几种美白剂的活性比较

美白剂	黑素合成 IC_{50}（μg/mL）		蘑菇酪氨酸酶 IC_{50}（μg/mL）
	B16 黑色素瘤细胞	人表皮黑素细胞	
四氢木兰醇	4.0	3.0	>330
熊果苷	20	27	35
曲酸	120	70	4.1
氢醌	1.2	3.0	0.9

Takashi 等证实了四氢木兰醇对于紫外线诱导的色素沉着有较好的改善效果，在 18 位受试者的上臂内侧选定两个相邻测试区域，先进行 3 天的紫外线照射诱导产生色素沉着，接着分别涂抹含 0.5% 的四氢木兰醇乳液及空白乳液，敷用 6 周，在第 1、2、3 和 6 周分别使用分光光度计测量被照射区域的亮度（L^* 值），基准线测量值和 △L^* 值之间的变化值 △△L^* 值的变化可显示色素沉着的改善情况。△L^* 值表示每天观察中测得的试验值与试验开始测得的初值之间的变化（图 3 – 71）。

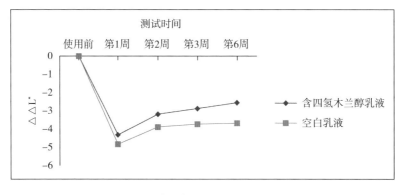

图 3 – 71　四氢木兰醇对紫外线诱导的色素沉着的抑制作用

此外，四氢木兰醇具有强大的抗氧化能力，能有效清除自由基，具有良好的抗菌、抗炎功效，因此能增加肌肤对紫外线损伤的修护功能，提高肌肤对紫外线的抵御能力。

3. 应用

四氢木兰醇的疏水性较强，皮肤渗透率较高，容易通过皮肤角质层作用于酪氨酸酶，但具有一定的细胞毒性。使用四氢木兰醇处理的 B16 黑色素瘤细胞内出现大量的空泡，因此使用四氢木兰醇作为美白成分时应该要格外注意使用量，防止化学性白斑病的出现。

二十九、 腺苷

1. 基本信息

（1）理化性质 腺苷（图 3 - 72），中文别名腺嘌呤核苷，分子式为 $C_{10}H_{13}N_5O_4$，CAS 号为 58 - 61 - 7，白色或类白色结晶性粉末，易溶于水。腺苷是一种遍布人体细胞的内源性核苷，可直接进入心肌经磷酸化生成腺苷酸，参与心肌能量代谢，同时还参与扩张冠脉血管，增加血流量。腺苷对心血管系统和肌体的许多其他系统及组织均有生理作用。腺苷是合成三磷酸腺苷（ATP）、腺嘌呤、腺苷酸、阿糖腺苷的重要中间体。

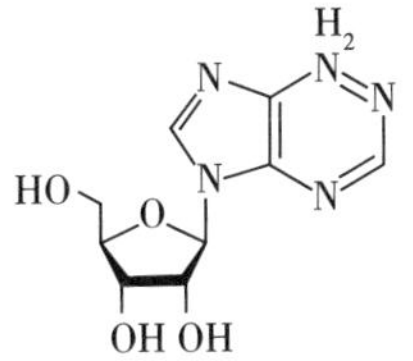

图 3 - 72 腺苷的化学结构式

（2）安全管理情况 腺苷已列入国家药监局发布的《已使用化妆品原料名称目录（2021 年版）》，序号为 06970，在驻留类产品中最高历史使用量为 7.189%。

2. 美白作用机理

腺苷是一种核苷，它是三磷酸腺苷和二磷酸腺苷的前体，也是环磷酸腺苷（cAMP）的构件，cAMP 是信号转导中重要的第二信使。在色素沉着中，已知 cAMP 作为中间第二信使，用于传递外部 α - MSH 信号，随后触发黑素细胞核中小眼相关转录因子（MITF）诱导酪氨酸酶的表达。为了研究腺苷对黑色素生成的影响，Kim 等使用了 B16 小鼠黑色素瘤细胞。在细胞生存力试验中，高达

400μmol/L 浓度的腺苷没有显示细胞毒性作用，低剂量的腺苷（4μmol/L）似乎增加了色素沉着。由此可知，低剂量的腺苷增加了酪氨酸酶活性，而高剂量的腺苷降低了酶活性。这些结果表明腺苷对 B16 细胞色素沉着具有双向作用（图 3 – 73）。

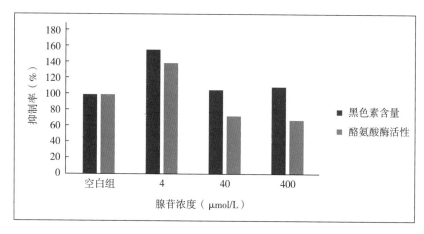

图 3 – 73   腺苷对 B16 黑色素瘤细胞色素沉着的影响

腺苷可广泛用于调理皮肤、抗衰老、增白等产品中，其水溶性较好，易与其他组分搭配，使用方便。

3. 其他作用

腺苷还有其他诸多生理作用，如各种心血管效应、炎症反应、凝血过程等神经递质释放过程中的重要调节作用都是通过腺苷受体介导的。腺苷还可以通过代谢活性细胞释放到微环境中，然后通过激活 G 蛋白偶联腺苷受体来实现调节细胞增殖的多种功能。

三十、 蔗糖月桂酸酯、 蔗糖二月桂酸酯

1. 基本信息

（1）理化性质   蔗糖月桂酸酯（图 3 – 74）视脂肪酸的种类和酯化度不同而呈现为无色至微黄色稠厚凝胶、软质固体或白色至黄褐色粉末，有表面活性，能减小表面张力，对油和水有良好的乳化作用。蔗糖二月桂酸酯（图 3 – 74）与豌豆提取物复配可得 BASF 王牌美白成分 Actiwhite，其能多通路抑制黑色素形成，美白效果优异。后 OLAY 与 BASF 经过合作研究，以一种特殊的比例，将蔗糖月桂酸酯与蔗糖二月桂酸酯复配得到 SDL，俗称色淡林，其中 SL 代表蔗糖月桂酸酯，SD 代表蔗糖二月桂酸酯。这两种原料也可作为糖酯类乳化剂，相对温和，能帮助乳化吸收。

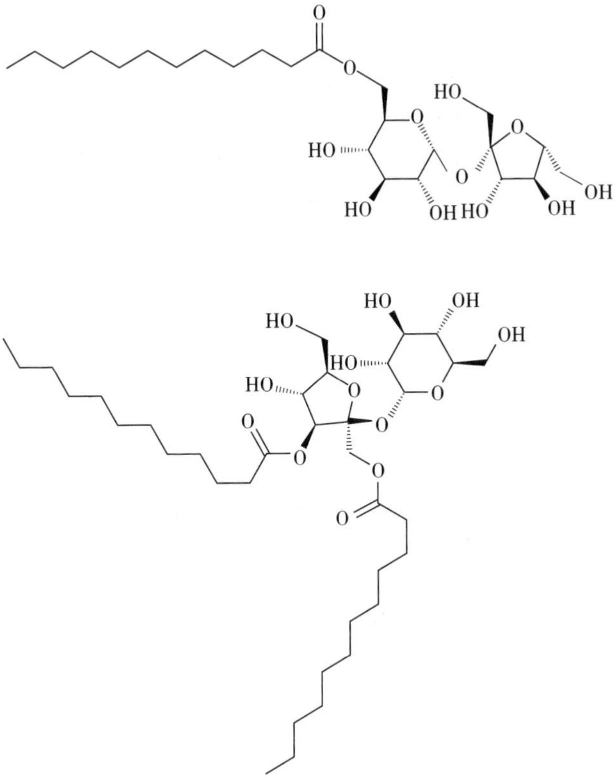

图 3-74　蔗糖月桂酸酯（上）与蔗糖二月桂酸酯（下）的化学结构式

（2）安全管理情况　蔗糖月桂酸酯、蔗糖二月桂酸酯已列入国家药监局发布的《已使用化妆品原料名称目录（2021 年版）》，序号分别为 068562 和 08548，在驻留类产品中最高历史使用量分别为 4.4244% 和 0.925%。

2. 美白作用机理

宝洁公司研究发现一种碱性细胞核蛋白 HMGB1，可促进 DNA 修复重组，通过乙酰化后迁移到细胞质。有证据表明，UVB 辐射引起的细胞损伤也刺激 HMGB1 的释放，HMGB1 作为损伤的信号会启动炎症反应以刺激组织修复。HMGB1 作为旁分泌因子参与，不直接触发黑色素合成，而是刺激黑素细胞树突的生长，从而增加了黑素细胞向角质形成细胞转移黑素细胞的途径。通过体外筛选，发现了蔗糖二月桂酸酯和蔗糖月桂酸酯的组合（SDL）可有效抑制角质形成细胞释放 HMGB1（图 3-75）并抑制树突结构，稳住黑色素母体，从根源上阻断了黑色素的转移。

目前日用经典美白成分的主要作用机制，在于黑素细胞内的合成过程，大多

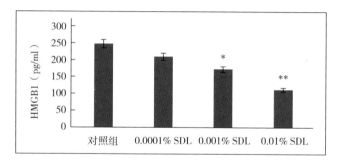

图 3 – 75　SDL 对紫外线诱导角质形成细胞释放 HMGB1 的影响

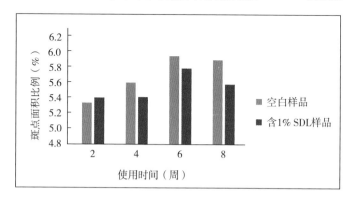

图 3 – 76　使用 1% SDL 与空白对照在夏天面部斑点对比

从抑制酪氨酸转化途径入手，已有较为成熟的研究进展。从细胞形态学角度出发，抑制黑素细胞树突的伸展、增多和传递黑色素将是一个具有广阔使用前景的全新研究方向。SDL 可以通过减少 HMGB1 蛋白的释放，从而减少黑色素从黑素细胞向角质形成细胞转移，人体试验也呈现了减少斑点的效果，是一种新的有美白作用的成分（图 3 – 76）。

三十一、富勒烯

1. 基本信息

（1）理化性质　富勒烯是单质碳被发现的第三种同素异形体，是由 60 个碳原子组成的足球状分子，具有非常多的共轭电子结构，容易和自由基发生化学反应，起到清除自由基的作用。任何由碳一种元素组成，以球状、椭圆状或管状结构存在的物质，都可以被叫作富勒烯。富勒烯与石墨结构类似，但石墨结构中只有六元环，而富勒烯中可能存在五元环。但富勒烯在水中的难溶性使其不能直接使用，从而限制了其应用。如今，研究者们采用改性、物理分散、包裹等手段，改良富勒烯的结构和功能，使之更易于产业化。2001年，日本三菱集团成功研发第一款含富勒烯的护肤品，最先开发出护肤品级别的富勒烯原料，包括各种水溶性、油溶性、脂质体包裹等技术。

（2）安全管理情况　富勒烯已列入国家药监局发布的《已使用化妆品原料名称目录（2021年版）》，序号为02372，在驻留类产品中最高历史使用量为3%。

2. 美白作用机理

2005年，日本药物学讲师 Li Xiao 等论文中介绍了水溶性富勒烯的美白机理，用 PVP 包裹富勒烯衍生物，抑制在紫外线照射下人体皮肤角质形成细胞中会产生的 ROS 自由基，从而减少黑色素的生成。与熊果苷和维生素 C 相比，富勒烯在体外抑制黑色素生成能力更强，酪氨酸酶活性抑制率可至50%。2010年，他们又对机理进行了进一步研究，认为 PVP–富勒烯可能起到抗细胞凋亡、避免紫外线损伤和抵抗 DNA 防腐的作用，有望开发为抗炎和抗光老化剂。Xu 等采用物理分散法将富勒烯 C60 分散于透明质酸钠（HA）或聚乙烯吡咯烷酮（PVP）中，制备了水溶性富勒烯材料、富勒烯透明质酸钠（MHAF60）及富勒烯聚乙烯吡咯烷酮（PPF60），并对其护肤性能进行了测试。EPR 结果显示，MHAF60 淬灭自由基的能力要显著优于 PPF60、VC 和水溶性虾青素。以人表皮角质细胞（HEK–A）作为研究对象，测试了在双氧水损伤条件下 MHAF60 对细胞的修复和保护作用。结果显示，MHAF60 的保护和修复效果是 VC 和水溶性虾青素的1.2倍和1.6倍。斑马鱼模型实验结果显示，MHAF60 具有显著的抑制黑色素、抗炎修复功效，安全性更高。

目前的研究认为，富勒烯可有效清除自由基、抗氧化损伤、帮助减少紫外线损伤及减少黑色素的形成，但是具体的机制仍在进一步研究中。

3. 应用

在化妆品领域，欧美品牌对于富勒烯的应用较少，国货和日系品牌对其使用较多，其中最先将富勒烯应用于美妆领域的是日本的三菱公司。目前挖掘富勒烯主要包括以下七大功效：抗衰祛皱、美白淡斑、紧致嫩肤、白发转黑、防脱密发、抗炎祛痘、抗敏修复。科学家利用碘化钾氧化显色试验测试富勒烯和 VC 的抗氧化能力。结果显示，富勒烯的抗氧化能力是 VC 的1000倍以上。但是目前关于富勒烯并没有明确的评价标准，缺乏专业的使用指南，在体临床试验比较欠缺，使其在实际应用中存在一些难点。

三十二、 阿魏酸

1. 基本信息

（1）理化性质 1866 年，科学家 Barth 和 Hlasiwetz 从名为阿魏的植物树脂中提取出了一种有机酸，命名为"阿魏酸"。阿魏酸（图 3 – 77）的化学名称为 4 – 羟基 – 3 – 甲氧基苯丙烯酸，其结构为一种肉桂酸衍生物，本质是一种植物酚酸。

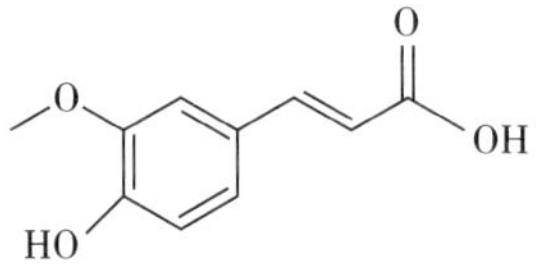

图 3 – 77 阿魏酸化学结构式

阿魏酸有顺反两种结构，顺式为黄色油状物，反式为白色至为微黄色的结晶，常用的阿魏酸一般指其反式。阿魏酸在水溶液中溶解度较差，72℃时，在 100g 热水中，溶解度为 0.43mg；10.3℃时，100 g 冷水中溶解度为 0.006mg，但阿魏酸易溶于甲醇、丙酮等有机溶剂，遇热易分解，见光易异构。

（2）安全管理情况 阿魏酸已列入国家药监局发布的《已使用化妆品原料名称目录（2021 年版）》，序号为 01020，在驻留类产品中最高历史使用量为 2.22777% 。

2. 美白作用机理

阿魏酸的结构与酪氨酸及左旋多巴的结构类似，能通过竞争性抑制酪氨酸酶的活性，减少黑色素的生成。研究表明，阿魏酸对 B16F10 黑色素瘤细胞内黑色素合成及酪氨酸酶活性均有很好的抑制作用（图 3 – 78），且随着剂量增加作用更加明显，同时利用蛋白印记分析法证实阿魏酸对 MITF 的表达也具有明显的抑制作用（图 3 – 79）。

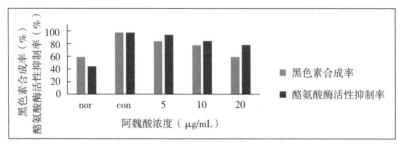

图 3 – 78 阿魏酸对 B16F10 黑色素瘤细胞黑色素生成和细胞内酪氨酸酶活性的抑制作用

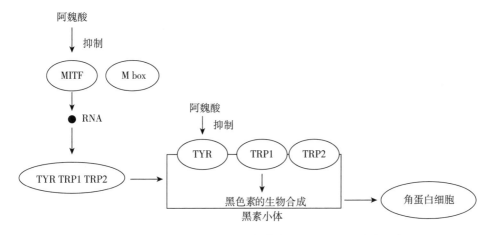

图 3-79　阿魏酸对 MITF 及黑色素合成过程中相关酶的影响

阿魏酸还有优异的抗氧化作用，其抗氧化机理是通过与自由基分子反应形成稳定的苯氧基自由基，这使得自由基产生的复杂级联反应难以引发。阿魏酸还可以作为氢供体，直接给自由基提供原子，保护细胞膜脂质酸免受氧化。黄华永等将阿魏酸羟基的两个邻位基团进行替换并对其进行自由基清除实验，探究阿魏酸及其相似物的自由基清除活性研究。实验结果表明当阿魏酸的 3 位甲氧基被氢取代后，其清除自由基的活性下降；若替换为乙氧基则自由基清除能力稍强于阿魏酸；若替换为硝基，则自由基清除能力消失。阿魏酸的 5 位甲氧基类似物是芥子酸，它的自由基清除能力稍强于阿魏酸。由此说明阿魏酸类似物的自由基清除活性与酚羟基的邻位取代基具有较大相关性，若取代基为给电子基团则增强清除自由基活性，若取代基为吸电子基团会减弱清除自由基活性。

3. 应用

由于阿魏酸本身性质的不稳定、水溶性和脂溶性差及其对配方的冲击力、生物利用度低等特点，限制了阿魏酸在化妆品中的应用。因此，将阿魏酸与合适的包载技术结合，制成水凝胶或者环糊精包合物等可以改善其溶解度和稳定性。目前与阿魏酸相关的制剂技术依然是以环糊精或纳米乳为主，虽然在一定程度上能够改善阿魏酸的应用性，但依然具有一定的局限性。例如环糊精虽然改善了阿魏酸在水中的溶解度，但未能改善其透皮吸收特性；纳米乳虽然具有透皮吸收强、承载量高的特点但其稳定性较弱且制备成本高。因而，如何开发优良的阿魏酸的制剂技术、抑制阿魏酸的降解和异构，减缓阿魏酸对化妆品配方体系的冲击力，使化妆品的膏体颜色和气味不发生改变等仍然是亟待解决的问题。

<h1 style="text-align:center">第二节　物理遮盖类原料</h1>

一、二氧化钛

1. 基本信息

（1）理化性质　二氧化钛，化学式为 TiO_2，白色粉末状，无毒无味，不溶于水和有机酸。其化学性质稳定，在室温条件下，基本不会跟其他物质发生反应，俗称钛白粉。在自然界中，二氧化钛以锐钛矿型、金红石型与板钛矿型三种晶型存在，其中，板钛矿型主要是天然存在的晶型，而金红石型与锐钛矿型则可经人工方法来制备，并且这两种晶型是最为常用的。

（2）安全管理情况　二氧化钛已列入国家药监局发布的《已使用化妆品原料名称目录（2021 年版）》，序号为 02210。《化妆品安全技术规范》（2015 年版）规定二氧化钛做物理防晒剂使用时，最高添加量为 25%，当二氧化钛作为遮盖美白剂使用时，中文通用名为 CI 77891。

2. 美白作用机理

应用于化妆品的纳米 TiO_2 可分为遮盖型 TiO_2、透明型 TiO_2、云母钛珠光颜料、光致变色型含钛颜料和包核型含钛颜料。遮盖型 TiO_2 指的是其在白色颜料中具有最大的遮盖力，即当其粒径为可见光波长的一半时，具有最大的散射作用。其优点是分散性好、紫外屏蔽性能强且遮盖力好。透明型 TiO_2 指的是对可见光无散射力的 TiO_2，通常情况下，其粒径需要在 10～50nm 之间。虽然对可见光没有散射力，但是其仍然可以依靠吸收与反射作用对紫外光起到很强的屏蔽作用。云母钛珠光颜料可以带给人们珍珠般的外观，可变换的双色效应，因此广受化妆品配方设计师的欢迎。致变色型含钛颜料指的是根据光线度强弱不同，所呈现出来的色相不同。当二氧化钛作物理防晒剂使用时，国内法规规定其最高添加量为 25%。在配方中一般使用纳米级二氧化钛，其粒径小，可见光可以直接透过，涂抹过程中泛白不明显。当二氧化钛作为遮盖美白剂使用时，配方中通常选择粒径大的粉体，遮盖力强。二氧化钛作为遮盖粉饰增白成分时，不仅体现在涂抹后视觉上立即变白，还可以作为防晒剂，避免皮肤晒黑晒伤，保持肌肤原有的光泽。

二、氧化锌

1. 基本信息

（1）理化性质　氧化锌，化学式为 ZnO，难溶于水，可溶于酸和强碱，外观呈现白色或淡黄色粉末。

（2）安全管理情况　氧化锌已列入国家药监局发布的《已使用化妆品原料名称目录（2021 年版）》，序号为 07475。《化妆品安全技术规范》（2015 年版）规定氧化锌作为防晒剂在化妆品中的最大使用浓度为 25%，也可作为着色剂用于化妆品中，但未对纳米原料及纳米化妆品做出明确规定。在 2017 年 8 月，欧盟增加了氧化锌作为着色剂使用的限制要求，规定"不适用于可吸入肺部的使用方式"。由于纳米原料理化特性不同于普通原料，监管部门在获得我国化妆品中纳米原料使用情况的基础上开展纳米原料的风险评估工作，由风险评估结论决定是否将纳米原料按照新原料进行管理，以保障我国化妆品消费者的使用安全。

2. 美白作用机理

化妆品用的氧化锌主要分为两种型号：普通和防晒，表面处理过的和未处理过的。化妆品氧化锌通常是专门为化妆品制作的纳米氧化锌，原始粒径越小，吸收紫外线能力越强且透明度越高，在防晒产品中涂抹性好，纳米氧化锌对皮肤具有抗紫外线、收敛、滋润和杀菌等特殊功效。为化妆品提供细腻、嫩滑肤感，且增加附着力，使产品具有较好的持久性。原料中铅、镉、汞等重金属及砷等含量极少，均达到中国药典（CP）、英国药典（BP）、美国药典（USP）的标准。而普通氧化锌，未经表面处理，粒径大，具有中度遮瑕力，起到物理遮盖作用，通过涂抹，覆盖于皮肤表面，遮盖皮肤上的斑点，达到粉饰增白的效果，但并不能彻底改变皮肤的本来面貌。

紫外线照射会使黑素细胞合成产生更多的黑色素，使皮肤变黑，而纳米氧化锌作为防晒剂可以保护皮肤细胞免受紫外线的伤害，是改善肤色的重要一环。同时，氧化锌也可作为着色剂使用，具有中等遮瑕力，可以达到即时的白皙提亮的功效。

第三节　角质剥脱类原料

一、α-羟基酸

1. 基本信息

（1）理化性质　化妆品中常见的 α-羟基酸主要有羟基乙酸、乳酸、苹果酸、柠檬酸、酒石酸、羟基辛酸等，其中羟基乙酸（图 3-80）是最常用、最简单，也是相对分子质量最小的 α-羟基酸，它又称甘醇酸，分子式为 $C_2H_4O_3$，为无色晶体，易潮解，易溶于水、乙醇，在 100℃时受热易分解。

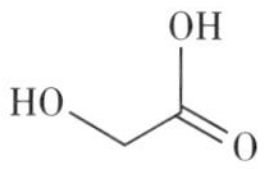

图 3-80　羟基乙酸的化学结构式

（2）安全管理情况　α-羟基酸在我国属于化妆品限用原料，《化妆品安全技术规范》（2015 年版）中规定 α-羟基酸及其盐类和酯类在产品中的最高添加量为 6%（以酸计），且要求含 α-羟基酸类的产品 pH≥3.5（淋洗类发用产品除外）。羟基乙酸、乳酸、苹果酸、柠檬酸、酒石酸、羟基辛酸均已列入国家药监局发布的《已使用化妆品原料名称目录（2021 年版）》，序号分别为羟基乙酸 05274、乳酸 05649、苹果酸 05095、柠檬酸 04849、酒石酸 03644、羟基辛酸 05273。

2. 美白作用机理

羟基乙酸分子较小，具有很好的皮肤穿透性，广泛应用于焕肤手术中。其美白作用机理是减小皮肤细胞桥粒的附着作用，加快表皮角质层的脱落，促进表皮的黑色素代谢降解，增加表皮细胞新陈代谢的速度，从而改善皮肤暗沉及色素过度沉着，令皮肤恢复亮白。Akiko 等通过体外实验，发现羟基乙酸和乳酸（浓度为 300~500μg/mL）可通过直接抑制人和小鼠黑色素瘤细胞中的酪氨酸酶活性来抑制黑色素形成，且羟基乙酸以剂量依赖方式来抑制酪氨酸酶活性，当使用 300μg/mL 及 500μg/mL 的羟基乙酸处理 5 天后，小鼠 B16 黑色素瘤细胞的黑色素生成抑制率约为 22% 及 55%，而使用相同浓度的乳酸处理 5 天后，小鼠 B16 黑色素瘤细胞的黑色素生成抑制率约为 15% 及 38%（表 3-19），但不影响黑素细胞的生长和酪氨酸酶 TRP-1 及 TRP-2 的表达。实验同样证实了将 pH 值调节至 5.6 时，羟基乙酸仍具有抑制酪氨酸酶活性的作用，说明其可直接抑制酪氨酸酶活性，与其强酸性特质无关。

表 3-19　不同浓度 α-羟基酸对黑色素生成的抑制作用

浓度（μg/mL）	小鼠 B16 黑色素瘤细胞的黑色素含量（mg/10^5 cells）		
	对照组	羟基乙酸	乳酸
300	100	78.12 ± 0.12 *	85.24 ± 0.16 *
500		44.87 ± 0.23 *	61.95 ± 0.04 *

注：* $P < 0.05$。

临床使用含羟基乙酸的制剂治疗黄褐斑也有明显疗效。杜建平对表皮型或混合型黄褐斑患者进行果酸（羟基乙酸）换肤联合美白凝胶治疗，效果明显优于单用美白凝胶治疗，患者满意度高，不良反应少，依从性好。刘晓华分别用

20%、35%、50%、70%浓度的羟基乙酸治疗黄褐斑患者58例，与治疗前对照组进行疗效观察。结果表明其中57例患者完成治疗1个疗程后，色斑有不同程度的淡化，有效率53%；2个疗程后色斑面积缩小，色斑颜色减轻，有效率69%；3个疗程的患者色斑面积明显缩小，颜色基本消退，有效率83%。说明羟基乙酸能有效治疗女性面部黄褐斑，不良反应轻微。

3. 应用

大量临床数据显示，质量浓度为20%～35%的果酸（羟基乙酸），剥脱深度为极浅层剥脱，组织学创伤深度为角质层。质量浓度为35%～50%的果酸（羟基乙酸），剥脱深度为浅表剥脱，组织学创伤深度为颗粒层至基底层。浅层剥脱显示出良好的安全性和有效性，不良反应较少。果酸可激活角质促进细胞新陈代谢、更新或重建表皮，促进黑色素颗粒的排除，减轻色素沉着。同时可启动损伤重建机制，激活真皮层纤维细胞合成和分泌功能，使胶原纤维和弹性纤维致密度增高，皮肤更加紧实，富有弹性。但使用高浓度的果酸对皮肤具有一定的刺激和破坏作用，且必须在有专业医师指导的条件下进行。因此在日常使用的化妆品中，α-羟基酸作为限用成分，有严格的添加量要求，且对产品pH值有要求，而当使用含超过3%α-羟基酸的产品时必须要求与防晒产品同时使用，在此条件下达到焕肤的效果非常有限。如作为美白产品使用，建议搭配其他美白剂，以降低产品刺激性及提高产品美白效果。

二、 β-羟基酸

1. 基本信息

（1）理化性质　水杨酸（图3-81）是化妆品中最常用的β-羟基酸，分子式为$C_7H_6O_3$，它是亲脂性的单羟基苯甲酸，来源于水杨苷的代谢，为无色晶体，难溶于水，易溶于乙醇等溶剂。

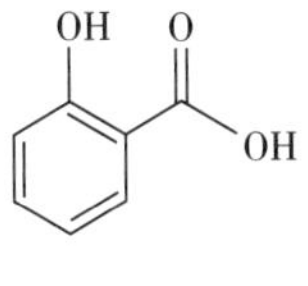

图3-81　水杨酸的结构式

（2）安全管理情况　水杨酸在我国属于化妆品限用原料，《化妆品安全技术规范》（2015年版）中规定其在驻留类产品和淋洗类肤用产品中的最高添加量为2%，而在淋洗类发用产品中的最高添加量为3%，当水杨酸及其盐类作为防腐剂使用时在产品中的最高添加量则为 0.5%（以酸计）。水杨酸在国家药监局发布的《已使用化妆品原料名称目录（2021 年版）》中序号为 06405。

2. 美白作用机理

水杨酸作为小分子酸，渗透性较强，可单独局部外用，有去角质和祛痘的功效，对黄褐斑、炎症后色素沉着、皮肤粗糙及光老化也有很好的疗效。Ahn 等通过临床试验评价水杨酸对亚洲痤疮患者的美白效果，实验选取 24 名志愿者每 2 周使用 1 次 30% 的水杨酸乙醇溶液，为期 3 个月，采用分光光度计记录面部肤色的变化。结果显示，与前处理 CIE L^*、a^*、b^* 相比，除第 1 次使用后水杨酸 L^* 值突然下降以外，其余后续使用期间平均 L^* 值均有持续增加，且在使用期间平均 a^* 值持续下降（图 3-82），说明水杨酸去皮对亚洲痤疮患者有明显的美白作用。

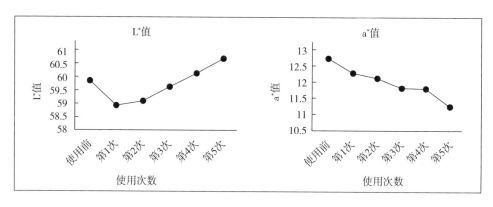

图 3-82　使用水杨酸治疗后的面部 L^* 值与 a^* 值变化情况

3. 应用

为了有效发挥水杨酸的功效，目前有公司开发出使用环糊精包裹水杨酸的复合物，有效解决了其水溶性差和刺激性等问题。常思思等也利用壳聚糖对水杨酸进行分子结构改造，得到水杨酸的衍生物，并通过人体试验和斑贴试验验证了水杨酸衍生物具有与水杨酸等同的美白功效的同时，又极大地改善了水杨酸的刺激性。

第四章 美白类产品配方技术

第一节 美白类化妆品应用规范

2022 年公布的《祛斑美白类特殊化妆品技术指导原则（征求意见稿）》中指出，祛斑美白类化妆品主要是指有助于减轻或减缓皮肤色素沉着、达到皮肤美白增白效果的化妆品，改善因色素沉着导致痘印的产品也应作为祛斑美白类产品申报。仅通过物理遮盖形式达到皮肤美白增白效果的产品，可另行申报"祛斑美白类（仅具物理遮盖作用）"产品。仅通过提高水合度、清洁、去角质等方式，提高皮肤亮度或者加快角质脱落更新的，与祛斑美白类化妆品的主要作用机理存在区别，不属于祛斑美白类化妆品。配方中仅使用防晒剂、未使用祛斑美白剂的产品，可申报"防晒类"，不可同时申报"祛斑美白类"，此类产品可宣称帮助减轻由日晒引起的皮肤黑化、色素沉着，不可直接宣称祛斑美白作用。

由于祛斑美白类化妆品的特殊性，风险程度相对较高，我国于 2020 年颁布的《化妆品监督管理条例》中，将其定义为特殊化妆品，实行注册管理。其他国家或地区也将其与普通化妆品区分开，执行更为严格的规范管理。黄湘鹭等梳理了全球范围内主要化妆品生产国家和地区关于祛斑美白化妆品的相关法规，汇总如表 4 - 1 所示。

表 4 - 1　不同国家或地区对祛斑美白化妆品的分类管理情况

国家/地区		中国	欧盟	美国	日本	韩国
分类界定	祛斑	特殊化妆品（原特殊用途化妆品）	药品	OTC 药品/NDA 药品	医药部外品	机能性化妆品
	美白		化妆品	化妆品	化妆品	
分类依据		产品功效宣称	产品宣称、产品功能和作用机理	产品功效宣称、产品成分及消费者认知	产品宣称、作用机理	产品功效宣称

续表

国家/地区	中国	欧盟	美国	日本	韩国
法律法规依据	《化妆品监督管理条例》	欧盟化妆品法规（EC）No. 1223/2009	《联邦食品、药品和化妆品法》	《医药品、医疗器械等品质、功效及安全性保证等有关法律》	《化妆品法》《化妆品法施行规则》

日本的祛斑美白产品，如果在美白宣称的基础上进一步宣称"通过抑制黑色素生成，去除或淡化色斑或雀斑"的功能，则需按照医药部外品进行管理。日本为了保护企业知识产权，没有公布官方的美白祛斑剂的清单，但化妆品企业可自行制定原料规格进行申报，部分获批的祛斑美白成分如表 4-2 所示。

表 4-2　日本部分获批祛斑美白成分

序号	中文名称	INCI 名称
1	抗坏血酸磷酸酯镁	MAGNESIUM ASCORBYL PHOSPHATE
2	抗坏血酸葡糖苷	ASCORBYL GLUCOSIDE
3	曲酸	KOJIC ACID
4	熊果苷	ARBUTIN
5	鞣花酸	ELLAGIC ACID
6	氨甲环酸	TRANEXAMIC ACID
7	甲氧基水杨酸钾	POTASSIUM METHOXYSALICYLATE
8	氨甲环酸鲸蜡醇盐酸酯	CETYL TRANEXAMATE HCL
9	母菊花提取物	CHAMOMILLA RECUTITA （MATRICARIA） FLOWER EXTRACT
10	4-丁基间苯二酚	4-BUTYLRESORCINOL
11	亚油酸	LINOLEIC ACID
12	磷酸腺苷二钠	DISODIUM ADENOSINE PHOSPHATE
13	四氢木兰醇	TETRAHYDROMAGNOLOL

韩国将有助于皮肤美白的化妆品归为机能性化妆品，有专门的美白功效原料认可清单，清单如表 4-3 所示。

表 4-3 韩国已认可机能性原料清单中的祛斑美白成分

序号	中文名称	INCI 名称	有效用量（质量分数）（%）
1	抗坏血酸葡糖苷	ASCORBYL GLUCOSIDE	2
2	抗坏血酸磷酸酯镁	MAGNESIUM ASCORBYL PHOSPHATE	3
3	熊果苷	ARBUTIN	2 ~ 5
4	3 - 邻 - 乙基抗坏血酸	3 - o - ETHYL ASCORBIC ACID	1 ~ 2
5	烟酰胺	NIACINAMIDE	2 ~ 5
6	抗坏血酸四异棕榈酸酯	ASCORBYL TETRAISOPALMITATE	2
7	红没药醇	BISABOLOL	0.5
8	甘草根提取物	GLYCYRRHIZA URALENSIS（LICORICE）ROOT EXTRACT	0.05
9	光果甘草根提取物	GLYCYRRHIZA GLABRA（LICORICE）ROOT EXTRACT	0.05
10	小构树根提取物	BROUSSONETIA KAZINOKI ROOT EXTRACT	2

我国台湾地区将祛斑美白化妆品归为特定用途化妆品，对祛斑美白成分采用肯定列表的管理模式。其祛斑美白成分清单如表 4-4 所示。

表 4-4 我国台湾地区祛斑美白成分清单

序号	中文名称	INCI 名称	限量标准（质量分数）（%）
1	抗坏血酸葡糖苷	ASCORBYL GLUCOSIDE	2
2	抗坏血酸磷酸酯钠	SODIUM ASCORBYL PHOSPHATE	3
3	四己基癸醇抗坏血酸酯	TETRAHEXYLDECYL ASCORBATE	3
4	3 - 邻 - 乙基抗坏血酸	3 - o - ETHYL ASCORBIC ACID	2
5	曲酸	KOJIC ACID	2
6	熊果苷	ARBUTIN	7（制品中所含氢醌应在 20mg/kg 以下）
7	抗坏血酸磷酸酯镁	MAGNESIUM ASCORBYL PHOSPHATE	3
8	鞣花酸	ELLAGIC ACID	0.5
9	母菊花提取物	CHAMOMILLA RECUTITA（MATRICARIA）FLOWER EXTRACT	0.5
10	氨甲环酸	TRANEXAMIC ACID	3
11	甲氧基水杨酸钾	POTASSIUM METHOXYSALICYLATE	3
12	四氢木兰醇	TETRAHYDROMAGNOLOL	0.5
13	氨甲环酸鲸蜡醇盐酸酯	CETYL TRANEXAMATE HCL	3

与欧盟、美国类似，中国法规没有公布相关祛斑美白剂列表，但对于祛斑美白剂提出了相应要求：祛斑美白剂的使用应科学合理，除已批准可作为祛斑美白剂使用的化妆品新原料外，应提供一定的使用依据，依据如表4-5所示，须满足其中至少一类，来说明其作为祛斑美白剂使用的合理性。

表4-5 中国祛斑美白剂使用依据

类别	使用依据	依据详情
第一类	法规资料	在与我国主要人群皮肤类型相近的国家或地区，已通过法规公布或者由监管部门批准作为祛斑美白功效原料使用的，可提供相关法规资料作为功效成分的使用依据
第二类	原料的作用机理科学依据	机理1：有助于降低黑色素合成过程中所需酪氨酸酶等关键酶或蛋白水平 机理2：有助于降低或抑制黑色素合成过程中所需酪氨酸酶等关键酶或蛋白的活性，或者有助于抑制多巴等关键物质的氧化，从而有助于抑制黑色素的合成过程 机理3：有助于抑制黑素小体的成熟或转运
	功效评价报告	应按照《安全技术规范》所载的祛斑美白功效测试方法开展，采用其他方法的，应提供所用方法与《安全技术规范》收录方法开展过验证且结果一致的证明资料

综合而言，除已批准可作为祛斑美白剂的新原料外，其他祛斑美白剂可引用相近国家或地区，如日本、韩国等的相关法规资料作为使用依据，或者提供祛斑美白剂的作用机理依据或美白祛斑相关功效评价报告。

第二节　美白类化妆品应用现状

一、美白成分使用概况

张凤兰等收集2012~2016年国家食品药品监管部门审批允许在我国境内销售的687件特殊用途祛斑类产品，其中进口产品为248件，国产产品为439件，对其中使用的美白功效成分统计如表4-6所示。

表4-6 祛斑/美白类产品部分美白功效成分的使用频率

序号	美白功效成分	使用频率（%）		
		国产产品	进口产品	合计
1	烟酰胺	36.0	23.4	31.4
2	抗坏血酸葡糖苷	12.1	31.0	18.9

序号	美白功效成分	使用频率（%）		
		国产产品	进口产品	合计
3	熊果苷	20.3	13.7	17.9
4	3-邻-乙基抗坏血酸	13.0	6.9	10.8
5	光果甘草根提取物	7.1	9.3	7.9
6	苯乙基间苯二酚	6.4	5.2	6.0
7	抗坏血酸磷酸酯钠	7.0	3.2	5.7
8	抗坏血酸磷酸酯镁	5.5	3.2	4.7
9	甲氧基水杨酸钾	2.3	3.2	2.6
10	珍珠粉	3.4	0	2.2
11	牡丹根提取物	1.1	4.0	2.2
12	抗坏血酸四异棕榈酸酯	1.6	2.4	1.9
13	氨甲环酸	0.9	3.2	1.8
14	茶提取物	0.9	2.8	1.6
15	黄芩根提取物	0.2	4.0	1.6
16	水解珍珠	2.5	0	1.6
17	阿魏酸	2.3	0	1.5
18	黄瓜果提取物	0.2	2.8	1.2
19	苹果提取物	0.2	2.8	1.2
20	小雨燕窝提取物	1.8	0	1.2

从上表可看出，国产祛斑/美白类产品中，使用频率超过10%的美白功效成分依次为烟酰胺、熊果苷、3-邻-乙基抗坏血酸和抗坏血酸葡糖苷。若将抗坏血酸衍生物归为一类，其总体使用频率将达到39.2%，超过烟酰胺成为使用频率最高的美白成分。在进口产品中，使用频率超过10%的美白功效成分依次为抗坏血酸葡糖苷、烟酰胺和熊果苷，其中抗坏血酸衍生物总体使用率达到46.7%，约为烟酰胺使用频率的2倍。由此可看出，无论是国产还是进口祛斑/美白类产品，抗坏血酸类成分均是最受欢迎的美白成分。

吕稳等随机收集2018～2020年审批的允许在我国境内销售的200批祛斑类化妆品的批件信息，其中国产100批，进口100批。对其配方中明确标识为祛斑剂或美白剂的成分统计见表4-7。

表 4 − 7　200 批美白祛斑类化妆品所用化学美白祛斑剂统计

序号	美白祛斑剂	使用频率（%）		
		国产产品	进口产品	合计
1	烟酰胺	63.0	42.0	52.5
2	熊果苷	30.0	19.0	24.5
3	抗坏血酸磷酸酯盐（钠/镁）	19.0	11.0	15.0
4	抗坏血酸葡糖苷	8.0	19.0	13.5
5	3 − 邻 − 乙基抗坏血酸	14.0	10.0	12.0
6	抗坏血酸四异棕榈酸酯	4.0	16.0	10.0
7	氨甲环酸	12.0	8.0	10.0
8	苯乙基间苯二酚	1.0	8.0	4.5
9	维生素 C	4.0	3.0	3.5
10	甲氧基水杨酸钾	1.0	6.0	3.5
11	十一碳烯酰基苯丙氨酸	2.0	4.0	3.0
12	二乙酰基波尔定碱	0	4.0	2.0
13	四己基癸醇抗坏血酸	0	3.0	1.5
14	曲酸二棕榈酸酯	2.0	0	1.0
15	阿魏酸乙基己酯	0	2.0	1.0
16	己基间苯二酚	0	2.0	1.0
17	曲酸	0	1.0	0.5
18	香紫苏内酯	0	1.0	0.5

表 4 − 7 显示，经过几年的发展，无论是国产还是进口美白祛斑产品，烟酰胺、熊果苷和抗坏血酸衍生物依旧是使用频率最高的美白成分，其使用频率远超其他美白成分。与表 4 − 6 对比，苯乙基间苯二酚、甲氧基水杨酸钾等基本持平，而氨甲环酸使用频率显著上升，从 1.8% 升至 10.0%，说明氨甲环酸越来越受到化妆品企业的重视。值得注意的是，表 4 − 7 新增十一碳烯酰基苯丙氨酸、二乙酰基波尔定碱等美白成分，说明随着技术的发展，将会有更多的美白成分进入大众视野，带来竞争的同时，也为化妆品企业带来更多的选择。

二、美白类化妆品应用实例

通过检索，筛选出 9 款国内热销美白类化妆品，结合产品全成分及介绍，分析其使用的美白成分，推断相应的美白通路，以便更好地了解化妆品企业以及消费者对美白成分的倾向性，为美白类化妆品配方开发提供参考，结果如表4－8所示。

表4－8　市售热门美白类化妆品概况

序号	全成分表	美白通路分析
1	******水感透白光曜精华露** 成分：水，烟酰胺，己基癸醇，1,2－戊二醇，甘油，丁二醇，木糖醇，木薯淀粉，泛醇，植物甾醇/辛基十二醇月桂酰谷氨酸酯，白睡莲花提取物，生育酚乙酸酯，肌醇，十一碳烯酰基苯丙氨酸，抗坏血酸葡糖苷，聚二甲基硅氧烷，一氮化硼，聚山梨醇酯－20，丙烯酸（酯）类/C10－30烷醇丙烯酸酯交联聚合物，PEG－11甲醚聚二甲基硅氧烷，聚二甲基硅氧烷/乙烯基聚二甲基硅氧烷交联聚合物，聚丙烯酰胺，黄原胶，月桂醇聚醚－7，聚甲基倍半硅氧烷，1,2－己二醇，C13－14异链烷烃，EDTA二钠，云母，苯甲酸钠，苯氧乙醇，苯甲醇，氨甲基丙醇，香精，CI 77891，CI 16035	本产品以烟酰胺、十一碳烯酰基苯丙氨酸、抗坏血酸葡糖苷等成分作为美白组合。十一碳烯酰基苯丙氨酸可以抑制下游生化途径中酶的表达和黑素的形成；烟酰胺抑制黑素小体从黑素细胞向周围角质形成细胞的转运，有效减少色素沉着；抗坏血酸葡糖苷可以抑制黑色素颗粒的形成和减少紫外线对黑色素形成的负面影响。三种美白剂共同作用实现产品抗糖减黄、抑黑透白的功效
2	******亮洁皙颜祛斑精华液** 成分：水，烟酰胺，聚甲基倍半硅氧烷，聚二甲基硅氧烷，甘油，丁二醇，甲基葡糖醇聚醚－20，1,2－戊二醇，十一碳烯酰基苯丙氨酸，泛醇，聚山梨醇酯－20，蔗糖二月桂酸酯，蔗糖月桂酸酯，糖海带提取物，红没药醇，尿囊素，甘草酸二钾，氨甲基丙醇，丙烯酸（酯）类/异癸酸乙烯酯交联聚合物，苯氧乙醇，苯甲醇，聚二甲基硅氧烷醇，柠檬酸，甘油丙烯酸酯/丙烯酸共聚物，EDTA二钠，PVM/MA共聚物，二甲基甲硅烷基化硅石，苯甲酸钠，硫酸锌，姜根提取物，月桂醇聚醚－4	本产品以烟酰胺、十一碳烯酰基苯丙氨酸、蔗糖二月桂酸酯和蔗糖月桂酸酯等成分作为美白祛斑组合。十一碳烯酰基苯丙氨酸可以抑制下游生化途径中酶的表达和黑素的形成；烟酰胺抑制黑素小体从黑素细胞向周围角质形成细胞的转运，有效减少色素沉着；蔗糖二月桂酸酯和蔗糖月桂酸酯的组合可有效阻断黑色素的转移。三种美白剂复配使用实现美白祛斑的功效
3	******焕白亮肤淡斑安瓶精华液** 成分：水，丙二醇，甘油，变性乙醇，PEG/PPG/聚丁二醇－8/5/3甘油，羟丙基四氢吡喃三醇，3－邻－乙基抗坏血酸，PPG－6－癸基十四醇聚醚－30，苯氧乙醇，水杨酸，黄原胶，羟乙基纤维素，氢氧化钾，柠檬酸，柠檬酸钠，生育酚乙酸酯，薰衣草油，EDTA二钠，腺苷，丁二醇，生育酚（维生素E），酸橙果皮提取物，牡丹根提取物	本产品以3－邻－乙基抗坏血酸为美白剂，搭配水杨酸。3－邻－乙基抗坏血酸抑制酪氨酸酶活性来减少黑素的生成；水杨酸对黄褐斑、炎症后色素沉着有良好的的改善效果。两种美白剂共同作用达到改善肌肤暗沉、美白淡斑的功效

续表

序号	全成分表	美白通路分析
4	**＊＊＊＊臻白晶透淡斑双萃精华液** 成分：水，二裂酵母发酵产物溶胞产物，月桂酰肌氨酸异丙酯，1,2-戊二醇，丁二醇，乙醇，羟乙基哌嗪乙烷磺酸，烟酰胺，咖啡因，甘油，丙烯酰胺/丙烯酰基二甲基牛磺酸钠共聚物，辛基十二醇，CI 77891，苯氧乙醇，异十六烷，苯乙基间苯二酚，奥克立林，云母，辛甘醇，丁基甲氧基二苯甲酰基甲烷，辛基十二醇木糖苷，生育酚乙酸酯，辛酰水杨酸，聚山梨醇酯-80，乙二胺二琥珀酸三钠，聚丙烯酰基二甲基牛磺酸铵，香精，山梨坦油酸酯，柠檬酸，氧化锡，苯甲酸钠，聚乙二醇-32，1,3-丙二醇，菠萝果提取物，木瓜蛋白酶	本产品以烟酰胺、苯乙基间苯二酚为美白剂，搭配辛酰水杨酸、羟乙基哌嗪乙烷磺酸。烟酰胺抑制黑素小体从黑素细胞向周围角质形成细胞的转运，有效减少色素沉着；苯乙基间苯二酚通过抑制酪氨酸酶和抗氧化两条路径来实现抑制黑素的生成；辛酰水杨酸对黄褐斑、炎症后色素沉着有良好的的改善效果；羟乙基哌嗪乙烷磺酸能促进角质更新，淡化色素。四种成分共同作用有效阻滞黑色素运转，淡化沉积黑色素焕白肌肤
5	**＊＊＊＊三重源白精华液** 成分：水，甘油，乙醇，双丙甘醇，双-PEG-18甲基醚二甲基硅烷，烟酰胺，PEG/PPG/聚丁二醇-8/5/3甘油，羟乙基哌嗪乙烷磺酸，月桂酰肌氨酸异丙酯，聚丙烯酰基二甲基牛磺酸铵，水杨酸，苯氧乙醇，苯乙基间苯二酚，泛醇，氢化卵磷脂，黄原胶，腺苷，香精，生育酚乙酸酯，透明质酸钠，柠檬酸钠，EDTA二钠，水解亚麻提取物，柠檬酸，丁基甲基丙醛，鞣花酸，芳樟醇，苧烯，苯甲醇，己基肉桂醛，香叶醇，香茅醇	本产品以苯乙基间苯二酚、烟酰胺为主要美白祛斑成分，搭配鞣花酸、水杨酸、羟乙基哌嗪乙烷磺酸。烟酰胺抑制黑素小体从黑素细胞向周围角质形成细胞的转运，有效减少色素沉着；苯乙基间苯二酚通过抑制酪氨酸酶和抗氧化两条路径来实现抑制黑素的生成；鞣花酸可以通过抑制酪氨酸酶活性来抑制黑素生成、抑制黑素向角质形成细胞传递；羟乙基哌嗪乙烷磺酸、水杨酸剥落老废角质淡化黑色素。各美白剂复配使用达到淡斑美白的功效
6	**＊＊＊＊专研光透焕白精华素** 成分：水，丁二醇，甘油，甘油聚醚-26，异壬酸异壬酯，聚二甲基硅氧烷，1,3-丙二醇，抗坏血酸葡糖苷，藻提取物，乙酰壳糖胺，羟乙基脲，兵豆果提取物，糖蜜提取物，苹果果提取物，燕麦仁提取物，双-PEG-18甲基醚二甲基硅烷，西瓜果提取物，小麦胚芽提取物，白藜芦醇，卤虫提取物，生育酚乙酸酯，蔗糖，海藻糖，水杨酸，聚乙二醇-75，酵母提取物，氢氧化钠，油醇聚醚-3磷酸酯，山梨（糖）醇，辛甘醇，大麦提取物，聚天冬氨酸钠，卡波姆，香桃木叶提取物，咖啡因，油醇聚醚-5，丙烯酸（酯）类/C10-30烷醇丙烯酸酯交联聚合物，甘草酸二钾，丙二醇辛酸酯，角鲨烷，透明质酸钠，胆甾醇聚醚-24，鲸蜡醇聚醚-24，黄原胶，乳酸钠，谷维素，PCA钠，甘油丙烯酸酯/丙烯酸共聚物，乙基己基甘油，葡萄糖，香精，柠檬酸钠，柠檬酸，EDTA二钠，丁羟甲苯，山梨酸钾，苯甲酸钠，苯氧乙醇	本产品以抗坏血酸葡糖苷为美白剂，搭配白藜芦醇、水杨酸。抗坏血酸葡糖苷可以抑制黑色素颗粒的形成和减少紫外线对黑色素形成的负面影响；白藜芦醇对酪氨酸酶、单酚酶和二酚酶均有抑制作用可减少黑素生成；水杨酸对黄褐斑、炎症后色素沉着有良好的的改善效果。三者共同作用实现淡褪斑点，改善肤色不均

序号	全成分表	美白通路分析
7	****光透耀白祛斑焕颜精华液 成分：水，丁二醇，甘油，甲氧基水杨酸钾，双丙甘醇，聚二甲基硅氧烷，山嵛醇，二苯基甲硅烷氧基苯基聚三甲基硅氧烷，甘油三（乙基己酸）酯，聚乙二醇-32，聚乙二醇-6，滑石粉，硅石，氧化铝，CI 77891，苯乙醇，二异硬脂醇苹果酸酯，鲨肝醇，PEG-10 聚二甲基硅氧烷，生育酚（维生素E），PEG-60 甘油异硬脂酸酯，海水仙提取物，山嵛酸，植物甾醇/辛基十二醇月桂酰谷氨酸酯，乙醇，红花鹿蹄草提取物，魁蒿叶提取物，中国地黄根提取物，滨海当归叶/茎提取物，EDTA 二钠，PEG/PPG-17/4 二甲基醚，偏磷酸钠，生育酚乙酸酯，柠檬酸钠，氢氧化钾，枣果提取物，洋委陵菜根提取物，（日用）香精，2-邻-乙基抗坏血酸，PEG/PPG-14/7 二甲基醚，甘草酸二钾，琥珀酰聚糖，黄原胶，东京樱花叶提取物，单子山楂花提取物，咖啡因，焦亚硫酸钠，柠檬酸，纤维素	本品以甲氧基水杨酸钾、2-邻-乙基抗坏血酸为主要美白剂，搭配物理遮盖类成分CI 77891（二氧化钛）。甲氧基水杨酸钾不仅可以抑制黑色素生成，还具有阻碍酪氨酸酶活性的作用；3-邻-乙基抗坏血酸抑制酪氨酸酶活性来减少黑素的生成。三种成分共同作用，可实现改善肤色、美白祛斑的功效
8	****光蕴环采钻白精华露 成分：水，半乳糖醇母样菌发酵产物滤液，丁二醇，羟苯甲酯，烟酰胺，甘油三（乙基己酸）酯，1,2-戊二醇，甘油，锦纶-12，植物甾醇/辛基十二醇月桂酰谷氨酸酯，生育酚（维生素E），梅果提取物，水解欧洲李，柑橘果皮提取物，聚甲基倍半硅氧烷，一氮化硼，云母，CI 77891，聚丙烯酰胺，C13-14 异链烷烃，月桂聚醚-7，泛醇，肌醇，聚山梨醇酯-20，辛酸/癸酸甘油三酯，PEG-11 甲醚聚二甲基硅氧烷，苯氧乙醇，丙烯酸（酯）类/C10-30 烷醇丙烯酸酯交联聚合物，氨甲基丙醇，苯甲醇，十一碳烯酰基苯丙氨酸，EDTA 二钠，苯甲酸钠，黄原胶，己基癸醇，（日用）香精，抗坏血酸葡糖苷	本产品以烟酰胺、抗坏血酸葡糖苷作为主要美白剂，搭配十一碳烯酰基苯丙氨酸、物理遮盖类成分 CI 77891（二氧化钛）。十一碳烯酰基苯丙氨酸可以抑制下游生化途径中酶的表达和黑素的形成；烟酰胺抑制黑素小体从黑素细胞向周围角质形成细胞的转运，有效减少色素沉着；抗坏血酸葡糖苷可以抑制黑色素颗粒的形成和减少紫外线对黑色素形成的负面影响。四种成分复配使用了有效改善肤色、淡化色斑
9	****珍珠净透润白淡斑面膜 成分：水，丁二醇，甘油，烟酰胺，甘油三（乙基己酸）酯，聚二甲基硅氧烷，氢化聚异丁烯，乙醇，氢化卵磷脂，珍珠提取物，牡丹根提取物，雪莲花提取物，红没药醇，姜根提取物，丙烯酸（酯）类/C10-30 烷醇丙烯酸酯交联聚合物，桑树皮提取物，三乙醇胺，香精，羟苯甲酯，珍珠粉，丙二醇，透明质酸钠，羟乙基纤维素	本产品以烟酰胺为美白剂。烟酰胺抑制黑素小体从黑素细胞向周围角质形成细胞的转运，有效减少色素沉着，实现美白淡斑效果

第三节　美白类化妆品配方设计原则

一、　祛斑美白类化妆品配方设计原则

1. 作用机理

从作用机理上分析，祛斑美白类化妆品是通过抑制酪氨酸酶活性等原理，有限度地调节皮肤中黑色素的产生、运输和代谢，从而达到一定的祛斑美白作用。单一祛斑美白剂可能只针对其中一种路径发挥作用，效果不甚明显，因此可通过复配多种祛斑美白剂的方式，实现全面高效的美白效果。

2. 配方设计

祛斑美白剂种类繁多，既有油溶性成分，也有水溶性成分，因此剂型选择不受限制，如水剂、精华、乳液、膏霜、面膜等剂型都可应用。但不同剂型侧重点或效果可能稍有不同，如水剂质地清爽，容易吸收，但美白成分选择受限，而且持久性一般；面膜因有膜材作为载体，使用过程封闭性较强，能让活性成分更好与肌肤融合，具有即时水润、提亮肤色的优势，但面膜使用过程中与皮肤接触面积较大，对配方温和性要求更高；乳液膏霜或精华则具有较好的兼容性以及附着性，能更持久地发挥美白功效。因此市面上祛斑美白类产品，多以精华，特别是乳化型精华，以及膏霜乳液为主，也可同时搭配相应的水剂、面膜，形成产品套系。

乳化体系的祛斑美白类产品，既有常规的 O/W、W/O 型，也有 W/O/W 等的多重乳化型，其中大多以 O/W 型乳化体系为主。O/W 型乳化体系中，因采用液晶乳化技术制作的膏体与皮肤相容性较好，能够更好地促进祛斑美白成分的渗透与吸收，微观结构上更为致密，能够对祛斑美白剂形成保护作用，而且配方稳定性也更好，因此被广泛应用。此外，部分祛斑美白剂具有促进角质更新的作用，因此配方需额外注重保湿功效。除了选择添加足量的保湿剂，或者复配一些滋润型油脂外，还可选择使用 W/O 或 W/O/W 等的乳化体系，能够给皮肤带来更好而且持久的滋润保湿作用，避免因角质剥脱导致干燥、起皮等不良反应。

祛斑美白剂因原料特性，容易被氧化导致变色、变味。为了减缓或避免这种现象，可搭配适量抗氧化剂，如焦亚硫酸钠等，保护祛斑美白成分；或者使用脂质体技术进行包裹，尽量避免其与外界接触，保留活性；也可选用不透光材质和真空包装形式，能够在一定程度减缓祛斑美白成分的变色问题。

二、 其他类型化妆品配方设计原则

（一）物理遮盖类化妆品配方设计原则

1. 作用机理

物理遮盖类化妆品主要采用二氧化钛、氧化锌、氧化铁类、一氮化硼等粉体原料，通过物理遮盖方式来实现增白以及修饰肤色的效果。由于物理遮盖形式与祛斑美白类化妆品的主要作用机理存在区别，所以此类产品需申报"祛斑美白类（仅具物理遮盖作用）"以示区分。物理遮盖类化妆品仅仅是起临时的遮盖性美白作用，并不会真正使原有皮肤颜色变白。

2. 配方设计

物理遮盖类化妆品多见于乳化型粉底液、遮瑕膏等底妆类化妆品。O/W 型粉底水润轻薄，触感优异但持久性差，W/O 型粉底肤感较为黏腻但持久性优异。为了改善黏腻感，一般会在配方中使用具有挥发性的油脂，如硅油或烷烃类，提升肤感。配方难点在于二氧化钛、氧化铁类等不溶性粉体在配方中的分散稳定性问题。

粉体的表面处理方式对分散稳定性具有关键性的影响作用。经过表面处理的粉体，才能在产品中得到更好的应用，并且体现出更好的稳定性和更佳的视觉效果和使用体验。目前粉体的表面处理方式可大致分为三类：亲油疏水型、亲水疏油型或疏水疏油型。亲油疏水表面处理，如利用三乙氧基辛基硅烷表面处理，使粉体易于分散在非极性油脂中，在不同 pH 值、温度范围内稳定性都较好，应用非常广泛，常见于大部分 W/O 型粉底产品中；亲水疏油表面处理，如利用氧化硅处理的粉体，在水中的分散性优异，可减少粉体向油相迁移，可适用于 O/W 型的粉底类产品；疏水疏油表面处理，如利用全氟辛基三乙氧基辛基硅烷处理的粉体，虽然疏水疏油，但可分散在硅油中，具有良好的耐酸耐碱性，肤感柔软，防油抗汗，适合长效底妆类产品应用。通过不同粒径、不同类型以及不同表面处理方式的粉体与相容性良好的分散介质的合理搭配，才能实现配方膏体的均匀细腻、稳定连续的特性，避免最终产品出现浮粉、卡粉、脱妆等问题。

（二）防晒类化妆品配方设计原则

1. 作用机理

根据紫外线对生物的不同作用，把紫外线划分为不同的的波段：波长 320～400nm 为 UVA 波段，可以直达肌肤的真皮层，将皮肤晒黑并产生皱纹；波长 280～320nm 为 UVB 波段，该波段的紫外线对人体具有红斑作用，长期或过量照射会使皮肤晒伤；波长200~290nm为UVC波段，UVC穿透能力较差，日光中的UVC几乎被臭氧层完全吸收，无法对人体造成伤害。防晒美白类化妆品主要通过防晒剂对紫外线的屏蔽和吸收的方式，降低皮肤晒红和晒黑的程度，来实现美白皮肤的作用。中国法规规定，配方中仅使用防晒剂、未使用祛斑美白剂的产品，可申报"防晒类"，不可同时申报"祛斑美白类"，此类产品可宣称帮助减轻由日晒引起的皮肤黑化、色素沉着，不可直接宣称祛斑美白作用。

2. 配方设计

配方的重点在于不同防晒剂的选用与搭配。《化妆品安全技术规范》（2015年版）公布了准用防晒剂清单，共27种防晒剂，可分为有机防晒剂和无机防晒剂。无机防晒剂包括纳米级二氧化钛和氧化锌，为不溶性粉体；有机防晒剂大部分为油溶性成分，如丁基甲氧基二苯甲酰基甲烷、甲氧基肉桂酸乙基己酯等，也有少量如苯基苯并咪唑磺酸等的水溶性成分，可根据配方剂型特点选择和搭配合适的防晒剂。很多防晒剂仅在某一波段发生作用，因此配方中一般需复配两种及以上的防晒剂，才能确保产品具有更全面的防护效果。无机防晒剂存在防护能力较弱、涂抹泛白、肤感厚重、易堵塞毛孔等问题，有机防晒剂则存在光稳定性差、有刺激性等问题。目前市场上流行的防晒产品主要是采用两者相结合，一定程度上解决了两类防护所各自存在的问题。

目前主流的剂型为防晒乳/霜、防晒喷雾等，一般采用O/W型乳化体系，也有部分W/O型，或摇珠型乳化体系。O/W型乳化体系中，一般为纯有机防晒剂，或以有机防晒剂为主，无机防晒剂为辅的配方体系。大部分有机防晒剂为油溶性成分，需合理选用如胡莫柳酯、甲氧基肉桂酸乙基己酯等液态防晒剂作为溶剂，以及采用高极性油脂，如碳酸二辛酯、C12-15醇苯甲酸酯等提高配伍性，避免出现低温结晶现象，同时还可搭配硅油类清爽易挥发的油脂，降低配方的黏腻感。W/O型乳化体系中，一般为纯无机防晒剂配方体系，无机防晒剂为不溶性粉体，考虑到配方的稳定性，需采用大量油脂对其进行悬浮分散，因此采用W/O体系较为合适。摇珠型乳化体系，适合兼顾高防晒指数且清爽肤感的产品，此类产品防晒剂和油脂含量高，为了降低配方的黏腻感，乳化剂用量较低，可在短时间内保持稳定均匀，静置一段时间分层，再次使用前须摇晃均匀。不同剂型的防晒产品有各自特点和适应的应用场景，可根据自身需求选择合适的产品。

（三）角质剥落类化妆品配方设计原则

1. 作用机理

角质剥脱类化妆品主要是利用剥脱老化角质的方式使肤色变白，与祛斑美白类化妆品的主要作用机理存在区别，不属于祛斑美白类化妆品。角质剥脱类化妆品分为物理剥脱类、化学剥脱类和酶剥脱类。物理剥脱类通过不溶固体颗粒，如胡桃壳粉等的磨削剂的物理摩擦方式使角质层有一定程度的剥脱；化学剥脱类则是通过水杨酸、α–羟基酸等酸类成分侵蚀角质层加快皮肤角质的脱落，来实现美白作用；酶剥脱类是通过特殊的蛋白酶，如木瓜蛋白酶等成分来破坏细胞间的相互作用，加速角质的剥脱。

2. 配方设计

不同角质剥落方式对配方体系有不同的要求。物理剥落类常见于磨砂膏产品中，磨砂膏即含有颗粒状磨削剂的膏霜体，通过磨削剂在皮肤上反复摩擦，使老废角质脱落，让皮肤变得柔软细腻。此类产品大都为 O/W 体系，对膏体稠度会有一定要求，确保磨削剂能够均匀悬浮分散不聚集沉底。选用植物来源磨削颗粒，如胡桃壳粉等，还需额外关注体系的防腐功效，避免磨削剂的引入对体系防腐性能造成不良影响。另外此类产品为洗去型，一般也会搭配适量表面活性剂，起到清洁皮肤的作用。

化学剥落类产品一般选用对角质层具有侵蚀作用的酸类成分，如水杨酸、α–羟基酸等。《化妆品安全技术规范》（2015 年版）中将水杨酸、α–羟基酸及其盐类和酯类列入限用组分，水杨酸在驻留类产品和淋洗类肤用产品中允许使用的最大浓度为 2%，α–羟基酸及其盐类和酯类允许使用的最大浓度为 6%（以酸计），且配方 pH≥3.5（淋洗类发用产品除外）。除了用量需严格把控外，此类成分离子性较强，会对体系的稳定性造成较大影响。常用的卡波姆、丙烯酸酯类增稠成分均存在离子不耐受的问题，因此，对于这类成分，建议选用黄原胶、纤维素等耐离子型增稠剂。

酶剥落类产品通过降解角化桥粒，有效清除角化细胞，从而增加角质层的更新率，相对温和，而且对配方体系要求不高。考虑到保留酶活性，生产过程需在低温条件下添加相应酶成分，且保持体系 pH 值在 4~9 之间较为适宜。

无论是哪种类型的角质剥落产品，都会对皮肤的屏障功能造成一定影响，因此在使用角质剥落产品后，需额外注重保湿与防晒，避免受到外界刺激。

第四节　美白类化妆品配方实例

一、祛斑美白类化妆品配方实例

按照剂型，将祛斑美白类化妆品分为水剂精华、乳液膏霜以及面膜三大类，配方实例如表 4 - 9 至表 4 - 19 所示。

(一) 水剂精华剂型化妆品

1. 美白净透水

表 4 - 9　美白净透水

组别	原料名称	质量分数 (%)
A 相	水	至 100
	甘油	3.00
	1,2 - 戊二醇	1.50
	透明质酸钠	0.05
	黄原胶	0.10
	PEG/PPG - 17/6 共聚物	2.00
B1 相	豌豆提取物、蔗糖二月桂酸酯	2.00
	甘草根提取液	2.00
B2 相	烟酰胺	2.00
	水	适量
C 相	香精	适量
	增溶剂	适量
	防腐剂	适量

制备方法：

将 A 相加热至 80℃，混合均匀；降温到 40℃，依次加入 B1、B2、C 相原料，混合均匀即可。

产品特点：

本产品为一款主打保湿、美白的爽肤水。保湿剂选择透明质酸钠以及 PEG/PPG - 17/6 共聚物增加本品的延展性及溶解能力，为产品带来滋润顺滑的肤感。美白剂选择烟酰胺、甘草根提取物并搭配具有美白协同增效作用的蔗糖二月桂酸酯和豌豆提取物。其中，烟酰胺可以促进细胞的能量代谢，可作用于已经产生的黑色素，加快新陈代谢，促进黑素角质细胞脱落；甘草根提取物可以通过抑制活性氧生成、抑制酪氨酸酶的活性和抑制炎症 3 个方向抑制黑色素的生成；蔗糖二月桂酸酯和豌豆提取物二者的协同作用可以从抑制黑色素小体的成熟、降低酪氨酸酶活性两个方面有效减少黑色素的合成。三者共同作用，可显著降低肌肤的黑色素，起到明显的美白作用。

2. 雪润亮肤水

表 4 - 10　雪润亮肤水

组别	原料名称	质量分数（%）
A 相	水	至 100
	甘油	5.00
	丙烯酰二甲基牛磺酸铵/VP 共聚物	0.30
	海藻糖	0.50
	双 - PEG - 18 甲基醚二甲基硅烷	1.00
	PEG/PPG - 14/7 二甲基醚	2.00
B 相	九肽 - 1 溶液	3.00
	谷胱甘肽溶液	2.00
C 相	苯乙基间苯二酚	0.20
	丁二醇	4.00
D 相	香精	适量
	增溶剂	适量
	乙醇	1.00
	防腐剂	适量

制备方法：

将 A 相加热至 80℃，混合均匀；降温到 60℃，加入 B、C 相原料，搅拌均匀；降温到 40℃，加入 D 相原料，混合均匀即可。

产品特点：

本产品采用海藻糖、双 - PEG - 18 甲基醚二甲基硅烷、PEG/PPG - 14/7 二甲基醚三种不同肤感的保湿剂，为产品肤感带来明显的层次感。功效成分选择苯乙基间苯二酚、九肽 - 1 搭配谷胱甘肽，三者相互作用，从竞争抑制阻止酪氨酸酶进一步激活及与中心活性区域结合两个方面来抑制酪氨酸酶活性，减少黑色素生成，从而调节皮肤的色素沉着，达到美白的功效。

3. 美白焕亮精华液

表 4 - 11　美白焕亮精华液

组别	原料名称	质量分数（%）
A 相	水	至 100
	丙二醇	3.00
	丙烯酸（酯）类共聚物钠、卵磷脂	0.60
	黄原胶	0.10

续表

组别	原料名称	质量分数（%）
A 相	甜菜碱	2.00
	透明质酸钠	0.10
	甘草酸二钾	0.05
B 相	椰油醇－辛酸酯/癸酸酯	1.00
	聚二甲基硅氧烷	1.00
C1 相	4－丁基间苯二酚	0.50
	丁二醇	5.00
C2 相	红没药醇	0.20
	白藜芦醇脂质体	1.00
	肌肽溶液	2.00
	香精	适量
	防腐剂	适量

制备方法：

分别将 A、B 相加热至80℃，混合均匀；搅拌条件下将 B 相降入 A 相，直至乳化完全；降温到40℃，加入 C1、C2 相，混合均匀即可。

产品特点：

本产品为乳化体系，采用具有独特肤感的丙烯酸（酯）类共聚物钠、卵磷脂作为乳化剂。为产品带来顺滑、柔软、凉爽不黏腻的肤感。功效成分选择4－丁基间苯二酚、红没药醇、白藜芦醇搭配肌肽，通过抑制酪氨酸酶活性减少黑色素生成、减少色素沉着、抑制炎症、缓解肌肤糖化反应，实现美白肌肤的功效，特别是对肌肤泛黄有显著的功效。

4. 亮皙焕采精华露

表4－12　亮皙焕采精华露

组别	原料名称	质量分数（%）
A 相	聚二甲基硅氧烷、聚二甲基硅氧烷/乙烯基聚二甲基硅氧烷交联聚合物	至100
	异十二烷	15.00
	氢化聚异丁烯	5.00
B 相	十一碳烯酰基苯丙氨酸	0.50
	苯乙基间苯二酚	0.30
	辛酸/癸酸甘油三酯	5.00

组别	原料名称	质量分数（%）
C 相	抗坏血酸四异棕榈酸酯	5.00
	红没药醇、姜根提取物	0.30

制备方法：

B 相预先加热至 60℃ 溶解完全后，降至室温；将 A 相在常温下混合均匀后，加入 B 相、C 相，搅拌均匀即可。

产品特点：

本产品为纯油凝胶体系，以硅弹性体作为配方骨架，具有良好的成膜性，同时搭配硅油及其他轻质油脂，质感盈润。十一碳烯酰基苯丙氨酸、苯乙基间苯二酚、抗坏血酸四异棕榈酸酯和红没药醇为功效成分，阻碍黑素细胞对信号分子的响应、抑制酪氨酸酶活性、抑制黑色素颗粒的形成，减少紫外线引起的色素沉着，有效淡化肌肤暗沉，美白焕亮。

（二）乳液膏霜剂型化妆品

1. 美白保湿精华乳

表 4 – 13　美白保湿精华乳

组别	原料名称	质量分数（%）
A 相	水	至 100
	甘油	6.00
	丁二醇	3.00
	丙烯酸（酯）类/C10 - 30 烷醇丙烯酸酯交联聚合物	0.20
	卡波姆	0.10
	透明质酸钠	0.03
	EDTA 二钠	0.05
B 相	鲸蜡硬脂醇橄榄油酸酯、山梨坦橄榄油酸酯	1.50
	鲸蜡硬脂醇	1.50
	异壬酸异壬酯	3.00
	碳酸二辛酯	2.00
	聚二甲基硅氧烷	2.00
C 相	氨甲基丙醇	适量
D1 相	熊果苷	0.30
	水	5.00

续表

组别	原料名称	质量分数（%）
D2 相	掌叶树提取液	2.00
	抗坏血酸四异棕榈酸酯	0.50
	光果甘草根提取液	1.00
	香精	适量
	防腐剂	适量

制备方法：

分别将 A、B 相加热至 80℃，混合均匀；搅拌条件下将 B 相降入 A 相，直至乳化完全；降温到 60℃，加入 C 相，搅拌均匀；降温到 40℃，加入 D1、D2 相，混合均匀即可。

产品特点：

本产品采用液晶乳化剂，搭配肤感轻盈且保湿效果优秀的液态油脂，形成亲肤的液晶结构，使产品获得优异肤感的同时，可以增强屏障的完整性并为肌肤功效性补水，同时增加肌肤对活性成分的渗透性。功效成分采用熊果苷、抗坏血酸四异棕榈酸酯搭配光果甘草根提取物，熊果苷在结构上与 L - 酪氨酸、氢醌具有相似性，可与酪氨酸酶相互作用，参与竞争结合酪氨酸酶活性位点，最终减少黑色素生成；抗坏血酸四异棕榈酸酯是亲脂性维生素 C 衍生物，具有优异的透皮吸收性能，能抑制细胞内酪氨酸酶活性和黑色素生成，减少 UV 所致色素沉着；光果甘草根提取物可以通过抑制活性氧生成、抑制酪氨酸酶的活性和抑制炎症三个方向抑制黑色素的生成。三者协同作用，发挥良好的美白功效。

2. 美白嫩肤身体乳

表 4 - 14　美白嫩肤身体乳

组别	原料名称	质量分数（%）
A 相	水	至 100
	甘油	8.00
	丙烯酰二甲基牛磺酸铵/VP 共聚物	0.30
	卡波姆	0.20
	透明质酸钠	0.05
	EDTA 二钠	0.03

组别	原料名称	质量分数（%）
B 相	甘油硬脂酸酯、PEG - 100 硬脂酸酯	2.00
	鲸蜡硬脂醇	1.50
	硬脂酸	0.50
	辛酸/癸酸甘油三酯	5.00
	十一碳烯酰基苯丙氨酸	0.50
	聚二甲基硅氧烷	2.00
C 相	三乙醇胺	适量
D1 相	烟酰胺	3.00
	氨甲环酸	2.00
	水	适量
D2 相	素方花花提取液	1.00
	黄瓜果提取液	1.00
	香精	适量
	防腐剂	适量

制备方法：

分别将 A、B 相加热至 80℃，混合均匀；搅拌条件下将 B 相降入 A 相，直至乳化完全；降温到 60℃，加入 C 相，搅拌均匀；降温到 40℃，加入 D1、D2 相，混合均匀即可。

产品特点：

本产品采用具有滋润感的乳化剂搭配清爽油脂，保湿效果良好又不黏腻。功效成分采用十一碳烯酰基苯丙氨酸、烟酰胺搭配传明酸，十一碳烯酰基苯丙氨酸与促黑素细胞激素 α - MSH 的结构相似，是 α - MSH 的拮抗剂，通过与 α - MSH 竞争性结合细胞表面的蛋白受体来阻碍黑素细胞对信号分子的响应，从而抑制下游生化途中酶的表达和黑色素的形成；烟酰胺可以促进细胞的能量代谢，可作用于已经产生的黑色素，加快新陈代谢，促进黑素角质细胞脱落；氨甲环酸通过阻止纤溶酶原转化为纤溶酶而干扰黑素细胞和角质形成细胞之间的联系，减少黑色素颗粒向角质形成细胞转运，从而达到淡化色斑的效果。三种功效成分共同作用减少肌肤色素沉着，令肌肤柔嫩皙白。

3. 美白淡斑霜

表 4 – 15　美白淡斑霜

组别	原料名称	质量分数（%）
A 相	水	至 100
	甘油	3.00
	1,3 – 丙二醇	5.00
	黄原胶	0.15
	聚丙烯酸钠	0.30
	硬脂酰谷氨酸钠	0.30
B 相	蔗糖多硬脂酸酯、鲸蜡醇棕榈酸酯	2.00
	鲸蜡硬脂醇橄榄油酸酯、山梨坦橄榄油酸酯	2.00
	牛油果树果脂	3.00
	鲸蜡硬脂醇	2.00
	辛酸丙基庚酯	5.00
	角鲨烷	3.00
	椰油醇 – 辛酸酯/癸酸酯	2.00
	聚甲基倍半硅氧烷	0.50
	聚二甲基硅氧烷	3.00
C1 相	鞣花酸	0.50
	丁二醇	5.00
C2 相	烟酰胺	2.00
	熊果苷	0.30
	水	适量
C3 相	肌肽溶液	3.00
	香精	适量
	防腐剂	适量

制备方法：

分别将 A、B 相加热至 80℃，混合均匀；搅拌条件下将 B 相降入 A 相，直至乳化完全；降温到 40℃，加入 C1、C2 和 C3 相，混合均匀即可。

产品特点：

本产品采用液晶乳化剂，搭配滋润型油脂及清爽型液态油脂，形成亲肤的液晶结构，使产品获得优异肤感的同时，可以增强屏障的完整性并为肌肤功效性补水，同时增加肌肤对活性成分的渗透性。功效成分选择鞣花酸、烟酰胺、熊果苷，与肌肽复配使用，鞣花酸可以通过抑制酪氨酸酶活性来抑制黑色素生成、抑制黑色素向角质形成细胞传递；熊果苷在结构上与 L－酪氨酸、氢醌具有相似性，可与酪氨酸酶相互作用，参与竞争结合酪氨酸酶活性位点，最终减少黑色素生成；烟酰胺可以促进细胞的能量代谢，可作用于已经产生的黑色素，加快新陈代谢，促进黑色素角质细胞脱落；肌肽可以抑制蛋白质羰基化和糖氧化作用，减少由于糖基化终末产物堆积造成的皮肤色泽变化。四者共同有效抑制黑色素生成及沉着，改善肌肤暗黄状态，令肌肤皙白具有光泽。

4. 晶透莹润亮白霜

表 4－16　晶透莹润亮白霜

组别	原料名称	质量分数（%）
A 相	水	至 100
	甘油	6.00
	丁二醇	4.00
	透明质酸钠	0.05
	氯化钠	1.00
B 相	苯基聚二甲基硅氧烷、PEG－10 聚二甲基硅氧烷、二硬脂二甲铵锂蒙脱石	4.00
	月桂基 PEG－9 聚二甲基硅氧乙基聚二甲基硅氧烷	1.00
	异十二烷	10.00
	聚二甲基硅氧烷、聚二甲基硅氧烷/乙烯基聚二甲基硅氧烷交联聚合物	4.00
B 相	辛酸丙基庚酯	3.00
	氢化聚异丁烯	3.00
	微晶蜡	1.50
	聚甲基倍半硅氧烷	0.50
	聚二甲基硅氧烷	3.00
C1 相	苯乙基间苯二酚	0.30
	丁二醇	5.00
C2 相	抗坏血酸磷酸酯钠	0.50
	烟酰胺	2.00
	水	适量
C3 相	二葡糖基棓酸溶液	0.50
	谷胱甘肽溶液	1.00
	防腐剂	适量

制备方法：

分别将 A、B 相加热至 80℃，混合均匀；搅拌条件下将 A 相降入 B 相，直至乳化完全；降温到 40℃，加入 C1、C2 和 C3 相，混合均匀即可。

产品特点：

本产品为油包水体系，采用改性硅凝胶乳化技术，保湿性与亲肤性更强，带来更持久的保湿效果，肤感清爽不黏腻。同时将水溶性美白剂包裹在油相内，避免外界环境造成的产品变色，涂抹过程中，缓慢释放美白因子，不易引起皮肤刺激过敏。苯乙基间苯二酚具有较强的酪氨酸酶抑制作用，抗坏血酸磷酸酯钠可作为黑色素合成过程中多巴醌的还原剂，烟酰胺可通过抑制黑素小体从黑素细胞向周围角质形成细胞的转运，进而有效减少色素沉着，二葡糖基棓酸则具有减少自由基生成、抑制酪氨酸酶生成、阻止黑色素转移以及减轻皮肤炎症等效果。通过上述四种成分的相互搭配，实现多通路的美白效果。

5. 晶彩亮润紧致眼霜

表 4 – 17   晶彩亮润紧致眼霜

组别	原料名称	质量分数（%）
A 相	水	至 100
	1,2 – 戊二醇	2.00
	丁二醇	5.00
	EDTA 二钠	0.02
	透明质酸钠	0.05
	黄原胶	0.10
	丙烯酰二甲基牛磺酸铵/VP 共聚物	0.30
	硬脂酰谷氨酸钠	0.20
B 相	C14 –22 醇、C12 –20 烷基葡糖苷	2.00
	鲸蜡硬脂醇、鲸蜡硬脂基葡糖苷	1.50
	鲸蜡硬脂醇	1.20
	山嵛醇	1.00
	角鲨烷	2.00
	椰油醇 – 辛酸酯/癸酸酯	4.00
	聚甲基倍半硅氧烷	1.00
	聚二甲基硅氧烷	2.00

续表

组别	原料名称	质量分数（%）
C 相	烟酰胺	2.00
	甘草酸二钾	0.50
	水	适量
D 相	桦褐孔菌提取液	1.00
	乙酰基四肽－5 溶液	3.00
	二葡糖基棓酸溶液	1.00
	香精	适量
	防腐剂	适量

制备方法：

分别将 A、B 相加热至80℃，混合均匀；搅拌条件下将 B 相加入 A 相，直至乳化完全；降温到40℃，加入 C、D 相，混合均匀即可。

产品特点：

本产品采用液晶乳化剂，有助于形成液晶结构，提高产品与皮肤的亲和度，促进活性成分渗透和吸收。功效成分选用烟酰胺、二葡糖基棓酸、甘草酸二钾以及桦褐孔菌提取物等成分，烟酰胺可通过抑制黑素小体从黑素细胞向周围角质形成细胞的转运，进而有效减少色素沉着，二葡糖基棓酸具有减少自由基生成、抑制酪氨酸酶生成、阻止黑色素转移的作用，甘草酸二钾能够舒缓和减少皮肤炎症，桦褐孔菌提取物有助于改善微循环并增强微血管网络，以防止黑眼圈，四者协同增效，搭配具有紧致抗皱的乙酰基四肽－5，让眼周肌肤充盈饱满，紧致亮白，焕发光彩。

（三）面膜剂型化妆品

1. 晶透淡斑沁白精华面贴膜

表4－18　晶透淡斑沁白精华面贴膜

组别	原料名称	质量分数（%）
A 相	水	至100
	黄原胶	0.20
	羟乙基纤维素	0.05
	丁二醇	5.00
	尿囊素	0.50
	甜菜碱	1.00
	泛醇	0.02

续表

组别	原料名称	质量分数（%）
B1 相	3 - 邻 - 乙基抗坏血酸	0.80
	乳糖酸	0.30
	羟基积雪草苷	0.05
	水	适量
B2 相	肌肽溶液	0.50
C 相	香精	适量
	增溶剂	适量
	防腐剂	适量

制备方法：

将 A 相加热到 80℃，混合均匀；降温至 40℃，依次加入 B1、B2、C 相原料，混合均匀即可。

产品特点：

本产品为天然高分子加合成高分子增稠水剂体系，整体肤感水润不黏腻，保湿效果优异。功效成分选择 3 - 邻 - 乙基抗坏血酸、乳糖酸、羟基积雪草苷搭配肌肽。乳糖酸可以促进细胞的能量代谢，可作用于已经产生的黑色素，加快新陈代谢，促进黑色素角质细胞脱落；肌肽可以抑制蛋白质羰基化和糖氧化作用，减少由于糖基化终末产物堆积造成的皮肤色泽变化；羟基积雪草苷可抑制紫外线诱导的黑色素合成和黑素小体转移；3 - 邻 - 乙基抗坏血酸可通过抑制酪氨酸酶活性，作为黑色素合成过程中多巴醌的还原剂，减少黑色素的生成。儿者共同作用，达到美白淡斑的目的。

2. 海泥净颜美白淡斑泥膜

表 4 - 19　海泥净颜美白淡斑泥膜

组别	原料名称	质量分数（%）
A 相	碳酸二辛酯	5.00
	C14 - 22 醇、C12 - 20 烷基葡糖苷	2.50
	鲸蜡硬脂醇	2.00
	十一碳烯酰基苯丙氨酸	0.15
	二氧化钛、硅石、聚二甲基硅氧烷	0.50

组别	原料名称	质量分数（%）
B 相	水	余量
	甘油	5.00
	丁二醇	5.00
	黄原胶	0.30
	高岭土	15.00
	海淤泥	2.00
	水辉石	0.50
	硅石	2.00
	玉米（ZEA MAYS）淀粉	1.00
	硅酸铝镁	2.00
C1 相	烟酰胺	2.00
	水	适量
C2 相	乳酸	0.50
	光甘草定	0.10
	柠檬酸钠	0.50
D 相	香精	适量
	防腐剂	适量

制备方法：

分别将 A、B 相加热到80℃，混合均匀；均质搅拌下将 A 相加入 B 相，直至乳化完全；降温至40℃，依次加入 C1、C2、D 相原料，搅拌混合均匀即可。

产品特点：

本产品为泥膜体系，泥膏厚敷在面部，可以形成一层隔绝空气的隔层，令肌肤温度略微上升有助于活性成分的吸收。功效成分选择十一碳烯酰基苯丙氨酸、烟酰胺、乳酸、光甘草定复配使用。十一碳烯酰基苯丙氨酸与促黑素细胞激素 α - MSH 的结构相似，是 α - MSH 的拮抗剂，通过与 α - MSH 竞争性结合细胞表面的蛋白受体来阻碍黑素细胞对信号分子的响应，从而抑制下游生化途中酶的表达和黑色素的形成；烟酰胺可以促进细胞的能量代谢，可作用于已经产生的黑色素，加快新陈代谢，促进黑素角质细胞脱落；光甘草定可以通过抑制活性氧生成、抑制酪氨酸酶的活性和抑制炎症三个方向抑制黑色素的生成；乳酸可以促进老化的角质层剥离，促进肌肤更新，改善皮肤粗糙暗沉、色素过度沉着。四种活性成分相互作用，提升肌肤亮度，减少肌肤色素沉着，达到皮肤变白的效果。

二、 其他类型化妆品配方实例

（一） 物理遮盖类化妆品配方实例

物理遮盖类化妆品的配方实例如表 4 – 20 至表 4 – 23 所示。

1. 水润妆前隔离乳

表 4 – 20 水润妆前隔离乳

组别	原料名称	质量分数（%）
A 相	水	至 100
	硫酸镁	1.20
	甘油	4.00
	丙二醇	6.00
	EDTA 二钠	0.02
	透明质酸钠	0.05
B1 相	苯基聚二甲基硅氧烷、二硬脂二甲铵锂蒙脱石、碳酸丙二醇酯	3.00
	聚甘油 – 3 二异硬脂酸酯	2.00
	异十六烷	5.00
	碳酸二辛酯	4.00
	甲基丙烯酸甲酯交联聚合物	1.00
	CI 77019	1.00
B2 相	聚二甲基硅氧烷	3.00
	二氧化钛	2.00
	CI 77891	1.00
	CI 77492	0.015
	CI 77491	0.04
C 相	木糖醇基葡糖苷、脱水木糖醇、木糖醇	3.00
	香精	适量
	防腐剂	适量

制备方法：

B2 相预先研磨均匀；分别将 A、B1 相在室温下混合均匀；将 B2 相加入 B1 相混合均匀后，低速搅拌均质下加入 A 相，直至乳化完全；依次加入 C 相，搅拌均匀即可。

产品特点如下。

浅粉色乳霜质地，超高含水量，膏体极易延展，水润不油腻。复合多种功能性粉体，修正肤色，平滑肌肤。透明质酸钠搭配木糖醇衍生物，提高皮肤含水量，让皮肤更加细腻嫩滑，可令后续妆效更加贴合，保持透亮。

2. 素颜美肌霜

表 4 – 21　素颜美肌霜

组别	原料名称	质量分数（%）
A 相	水	至 100
	甘油	6.00
	EDTA 二钠	0.10
	透明质酸钠	0.05
	聚丙烯酸钠	0.30
	丙烯酰二甲基牛磺酸铵/VP 共聚物	0.60
B1 相	聚山梨醇酯 –60	1.00
	山梨坦倍半油酸酯	0.50
	鲸蜡醇乙基己酸酯	4.00
B2 相	聚二甲基硅氧烷	4.00
B3 相	苯基聚三甲基硅氧烷	2.00
	CI 77891	1.50
C 相	丙烯酸钠/丙烯酰二甲基牛磺酸钠共聚物、异十六烷、聚山梨醇酯 –80、山梨坦油酸酯	1.50
D 相	浮游生物提取液	2.00
	金缕梅提取液	1.00
	香精	适量
	防腐剂	适量

制备方法：

B3 相预先研磨均匀；分别将 A 相和 B1 相混合均匀，并加热到 80℃；将 B2、B3 相加入 B1 相分散均匀后，在搅拌均质下加入 A 相中，直至乳化完成；降温至 60℃，加入 C 相，搅拌均匀；降至 40℃，加入 D 相，搅拌均匀即可。

产品特点：

白色乳霜质地，轻薄水润，添加少量遮瑕粉体，轻松遮盖痘印等细微瑕疵，提亮不假白，打造素颜美肌，焕发自然嫩亮好气色。浮游生物提取物搭配金缕梅提取物，降低毛孔活跃度，减少油脂分泌，水油平衡，保湿控油，让妆容更加持久。

3. 保湿水润粉底液

表 4 – 22   保湿水润粉底液

组别	原料名称	质量分数（%）
A 相	水	至 100
	硫酸镁	1.50
	甘油	3.00
	丁二醇	6.00
	透明质酸钠	0.10
B1 相	PEG – 10 聚二甲基硅氧烷	1.00
	月桂基 PEG/PPG – 18/18 聚甲基硅氧烷	1.00
	聚甘油 – 3 二异硬脂酸酯	0.50
	苯基聚二甲基硅氧烷、二硬脂二甲铵锂蒙脱石、碳酸丙二醇酯	2.00
	异壬酸异壬酯	2.00
	异十二烷	8.00
B2 相	聚二甲基硅氧烷	5.00
	CI 77891	5.00
	CI 77492	0.60
	CI 77491	0.13
	CI 77499	0.05
C 相	香精	适量
	防腐剂	适量

制备方法：

B2 相预先研磨均匀；分别将 A、B1 相在室温下混合均匀；将 B2 相加入 B1 相混合均匀后，搅拌均质下加入 A 相，直至乳化完全；加入 C 相，搅拌均匀即可。

产品特点：

浅棕色霜状质地，奶油般细腻嫩滑，延展性好，快速上妆，与肌肤完美融合，微弱粉感，贴合肌肤纹理，不易卡纹浮粉，遮盖瑕疵。产品含水量高，搭配透明质酸钠和多元醇，滋润亲肤，恢复皮肤好状态，打造轻透的自然裸妆以及微光奶油肌。

4. 轻垫粉底液

表 4 – 23　轻垫粉底液

组别	原料名称	质量分数（%）
A 相	水	至 100
	氯化钠	1.20
	甘油	3.00
	丁二醇	2.00
	透明质酸钠	0.10
B1 相	苯基聚二甲基硅氧烷、PEG – 10 聚二甲基硅氧烷、二硬脂二甲铵锂蒙脱石	4.00
	PEG – 10 聚二甲基硅氧烷	2.00
	月桂基 PEG/PPG – 18/18 聚甲基硅氧烷	1.00
	山梨坦倍半油酸酯	0.80
	异壬酸异壬酯	4.00
	苯基聚三甲基硅氧烷	5.00
	聚二甲基硅氧烷	6.00
	聚甲基硅倍半氧烷	1.00
	CI 77019	1.00
B2 相	异十二烷	8.00
	CI 77891	7.00
	CI 77492	0.72
	CI 77491	0.16
	CI 77499	0.10
C 相	乙醇	5.00
D 相	香精	适量
	防腐剂	适量

制备方法：

B2 相预先研磨均匀；分别将 A、B1 相在室温下混合均匀；将 B2 相加入 B1 相混合均匀后，搅拌均质下加入 A 相，直至乳化完全；依次加入 C、D 相，搅拌均匀即可。

产品特点：

浅棕色乳液质地，质地轻盈，便携气垫，随时补妆。采用细腻遮瑕粉体，触肤即化，如丝绸般紧贴肌肤。多种功能性粉体搭配不同折光率的油脂，填充皮肤纹路，令肌肤自带丝光滤镜。高含量透明质酸钠搭配多元醇，润泽肌底，亲肤保湿，为肌肤额外提供光泽感。

（二）防晒类化妆品配方实例

防晒类化妆品的配方实例如表4-24至表4-28所示。

1. 水润高倍防晒乳 SPF50 + PA + + +

表4-24　水润高倍防晒乳 SPF50 + PA + + +

组别	原料名称	质量分数（%）
A1 相	甲氧基肉桂酸乙基己酯	10.00
	对甲氧基肉桂酸异戊酯	5.00
	双 - 乙基己氧苯酚甲氧苯基三嗪	2.50
	二乙氨羟苯甲酰基苯甲酸己酯	4.00
	水杨酸乙基己酯	5.00
	奥克立林	4.00
	碳酸二辛酯	3.00
	异壬酸异壬酯	2.00
	甘油三（乙基己酸）酯	1.00
	聚山梨醇酯 - 60	1.00
	山梨坦异硬脂酸酯	0.50
A2 相	聚二甲基硅氧烷	3.00
	生育酚乙酸酯	0.50
B 相	水	至 100
	卡波姆	0.20
	丙烯酸羟乙酯/丙烯酰二甲基牛磺酸钠共聚物	0.60
	鲸蜡醇磷酸酯钾	1.20
	甘油	6.00
	EDTA 二钠	0.03
	透明质酸钠	0.05
C 相	氨甲基丙醇	适量
D 相	香精	适量
	防腐剂	适量

制备方法：

分别将 A1、B 相加热至80℃，混合溶解均匀；将 A2 相加入 A1 相混合均匀后，均质搅拌下将 A1、A2 相加入 B 相，直至乳化完全；降温至50℃，加入 C

相，混合均匀；降至 40℃，加入 D 相，混合均匀即可。

产品特点：

淡黄色乳霜质地，质感轻滑水润，不留痕。UVA 和 UVB 紫外吸收剂合理搭配协同增效，打造 SPF50 + PA + + + 高倍防晒指数，适合户外使用。具有极为优异的保湿效果，同时防水抗汗性良好，适用于干性皮肤及干燥地区使用，可作妆前底霜使用，令粉底效果均匀，缔造自然妆容。

2. 摇珠型防晒乳 SPF50 + PA + + +

表 4 – 25　摇珠型防晒乳 SPF50 + PA + + +

组别	原料名称	质量分数（%）
A1 相	甲氧基肉桂酸乙基己酯	10.00
	奥克立林	3.00
	乙基己基三嗪酮	1.00
	二乙氨羟苯甲酰基苯甲酸己酯	2.00
	水杨酸乙基己酯	4.00
	月桂酸己酯	2.00
	鲸蜡基 PEG/PPG – 10/1 聚二甲基硅氧烷	1.50
	苯基聚二甲基硅氧烷、二硬脂二甲铵锂蒙脱石、碳酸丙二醇酯	3.00
A2 相	聚二甲基硅氧烷、聚二甲基硅氧烷/乙烯基聚二甲基硅氧烷交联聚合物	2.00
	三甲基硅烷氧基硅酸酯	1.00
	异十二烷	8.00
	聚二甲基硅氧烷	3.00
B 相	水	至 100
	黄原胶	0.10
	氯化钠	1.00
	甘油	6.00
	透明质酸钠	0.10
C 相	氧化锌分散浆	8.00
	二氧化钛分散浆	1.00

续表

组别	原料名称	质量分数（%）
D 相	苯基苯并咪唑磺酸	2.00
	氨甲基丙醇	0.66
	水	4.00
E 相	香精	适量
	防腐剂	适量

制备方法：

将 A1 相加热至 80℃，混合溶解均匀，降至室温后，加入 A2 相混合均匀；分别将 B、D 相室温下混合溶解均匀后，均质搅拌下将 B 相加入 A1、A2 相，直至乳化完全；依次加入 C、D、E 相，混合均匀即可。

产品特点：

淡黄色极稀乳液，摇珠型 W/O 体系，质地如水似乳，采用先进的水油分离技术，精准调控乳化剂比例，形成亚稳定状态，使用前摇一摇，极大地降低黏腻感，高效防晒的同时带来清爽水润的肤感体验。如水般质感，不油腻、无黏腻感，清爽透气不沾衣，特别适合炎热夏季全身防护。

3. 纯物理防晒乳 SPF30 PA + + +

表 4 - 26　纯物理防晒乳 SPF30 PA + + +

组别	原料名称	质量分数（%）
A 相	纳米氧化锌分散浆	20.00
	纳米二氧化钛分散浆	10.00
	鲸蜡醇乙基己酸酯	5.00
	碳酸二辛酯	2.00
	苯基聚二甲基硅氧烷、PEG - 10 聚二甲基硅氧烷、二硬脂二甲铵锂蒙脱石	4.00
	月桂基 PEG - 9 聚二甲基硅氧乙基聚二甲基硅氧烷	1.00
	山梨坦倍半油酸酯	0.50
	甲基丙烯酸甲酯交联聚合物	2.00
	三甲基硅烷氧基硅酸酯	1.00
	生育酚乙酸酯	0.50

组别	原料名称	质量分数（%）
B 相	水	至 100
	丁二醇	6.00
	甘油	4.00
	透明质酸钠	0.05
	氯化钠	1.00
C 相	香精	适量
	防腐剂	适量

制备方法：

室温下分别将 A、B 相混合均匀；在均质搅拌下将 B 相加入 A 相，直至乳化完全；加入 C 相，混合均匀即可。

产品特点：

白色乳液质地，纯物理防晒，不含化学防晒剂、酒精、香料和防腐剂。产品温和无刺激，对儿童及敏感肌人群友好，适合日常使用。搭配高度分散的纳米级二氧化钛和氧化锌分散浆，无论 UVA 或 UVB 紫外线都能很好防护，同时对可见光的透过性好，产品不泛白。肤感滋润、延展性好。

4. 透明冰爽防晒喷雾 SPF50 + PA + + +

表 4 – 27　透明冰爽防晒喷雾 SPF50 + PA + + +

组别	原料名称	质量分数（%）
A 相	双 - 乙基己氧苯酚甲氧苯基三嗪	1.50
	二乙氨羟苯甲酰基苯甲酸己酯	3.00
	4 - 甲基苄亚基樟脑	2.00
	甲氧基肉桂酸乙基己酯	10.00
	p - 甲氧基肉桂酸异戊酯	5.00
	水杨酸乙基己酯	3.00
	奥克立林	5.00
	C12 - 15 醇苯甲酸酯	5.00
	碳酸二辛酯	4.00
B 相	生育酚乙酸酯	0.50
	香精	适量
C 相	乙醇	至 100

制备方法：

将 A 相混合均匀，加热到80℃，搅拌溶解透明；降至40℃，依次加入 B、C 相，混合均匀即可。

产品特点：

可视化的淡黄色透明溶液。非压力包装，安全性高，可随飞机、高铁携带。雾化效果好，不起白，非乳化体系，使用非常方便，一喷便能均匀铺展即时生效（防晒）。有非常明显的清凉感，降低皮肤表面温度。防水效果好，可在湿皮肤上使用。

5. 清爽倍护防晒棒 SPF50 + PA + + + +

表4 - 28　清爽倍护防晒棒 SPF50 + PA + + + +

组别	原料名称	质量分数（%）
A 相	甲氧基肉桂酸乙基己酯	10.00
	二乙氨羟苯甲酰基苯甲酸己酯	5.00
	双 - 乙基己氧苯酚甲氧苯基三嗪	3.50
	水杨酸乙基己酯	5.00
	p - 甲氧基肉桂酸异戊酯	2.00
	奥克立林	2.00
	聚乙烯	16.00
B 相	甲基丙烯酸甲酯交联聚合物	6.00
	聚甲基硅倍半氧烷	5.00
	C12 - 15 醇苯甲酸酯	5.00
	聚二甲基硅氧烷	至100
	异十六烷	8.00
	生育酚乙酸酯	0.50
C 相	香精	适量

制备方法：

将 A 相加热到85℃，混合均匀；搅拌下依次将 B、C 相加入，混合均匀，降至室温。

产品特点：

黄色纯油硬膏状，不含乳化剂，不含防腐剂。添加甲基丙烯酸甲酯交联聚合物等肤感调节剂，吸附多余油脂，顺滑不留痕，清爽控油，清凉不黏腻，具有 SPF50 + PA + + + +超高防晒指数，户外防晒佳选。固体棒状设计，易携带，补涂方便，肌肤暴露在烈日下也无压力，防水能力强。

（三）角质剥脱类化妆品配方实例

角质剥脱类化妆品的配方实例如表4-29至表4-33所示。

1. 木瓜蛋白酶焕肤精华乳

表4-29 木瓜蛋白酶焕肤精华乳

组别	原料名称	质量分数（%）
A 相	甘油硬脂酸酯、PEG-100 硬脂酸酯	2.00
	聚甘油-3 甲基葡糖二硬脂酸酯	1.00
	角鲨烷	3.00
	鲸蜡醇乙基己酸酯	2.00
	聚二甲基硅氧烷	2.00
	鲸蜡硬脂醇	0.50
B 相	水	至100
	黄原胶	0.20
	EDTA 二钠	0.05
	甘油	5.00
	1,3-丙二醇	3.00
	泛醇	1.00
C 相	木瓜蛋白酶	0.50
	乳糖酸	0.25
	肌肽溶液	0.50
	乳酸钠	0.10
D 相	香精	适量
	防腐剂	适量

制备方法：

分别将 A、B 相加热到80℃，混合均匀；均质搅拌下将 A 相加入 B 相，直至乳化完全；降温至40℃，依次加入 C、D 相原料，混合均匀即可。

产品特点：

本产品为乳白色乳液，柔滑滋润。选择木瓜蛋白酶、乳糖酸、乳酸钠等角质剥落剂配合使用，能有效促进老化角质的剥脱，加快表皮细胞的更新速度，通过老化角质细胞的剥脱，减少在角质层沉着的色素，改善皮肤粗糙、暗沉以及色素的过度沉着，使皮肤白皙光泽。

2. 复合酸焕颜精华霜

表4-30　复合酸焕颜精华霜

组别	原料名称	质量分数（%）
A 相	聚二甲基硅氧烷	3.00
	角鲨烷	5.00
	胆甾醇	0.50
	甘油硬脂酸酯、PEG-100 硬脂酸酯	2.00
	硬脂醇聚醚-21	1.00
	鲸蜡硬脂醇	2.00
B 相	水	至 100
	黄原胶	0.20
	聚丙烯酸酯交联聚合物-6	0.50
	EDTA 二钠	0.02
	甘油	5.00
	丁二醇	5.00
	甜菜碱	1.00
C 相	乳糖酸	0.50
	乳酸	0.05
	氢氧化钠	适量
	水杨酸	0.10
	苹果酸	0.05
D 相	香精	适量
	防腐剂	适量

制备方法：

分别将 A、B 相加热到80℃，混合均匀；均质搅拌下将 A 相加入 B 相，直至乳化完全；降温至40℃，依次加入 C、D 相原料，混合均匀即可。

产品特点：

本产品为白色膏霜，整体肤感柔润。综合使用乳糖酸、乳酸、水杨酸、苹果酸等多种酸，能有效促进老化角质的剥脱，加快表皮细胞的更新速度，通过老化角质细胞的剥脱减少在角质层沉着的色素，令肌肤柔滑细嫩，焕亮光彩。

3. 水杨酸焕颜精华液

表4-31 水杨酸焕颜精华液

组别	原料名称	质量分数（%）
A相	水	至100
	甘油	5.00
	丁二醇	4.00
	透明质酸钠	0.10
	PEG/PPG/聚丁二醇-8/5/3甘油	0.30
	尿囊素	0.20
	泛醇	0.50
	EDTA二钠	0.02
B相	变性乙醇	5.00
	水杨酸	0.10
C相	柠檬酸	0.10
	柠檬酸钠	0.20
	乳酸	0.05
	乳糖酸	0.10
D相	香精	适量
	增溶剂	适量
	防腐剂	适量

制备方法：

分别将A相加热到80℃，混合均匀，降温；B相预先溶解完全；将A相降温至40℃，依次加入B、C、D相原料，混合均匀即可。

产品特点：

本产品为无色透明水剂，整体肤感清爽易吸收。水杨酸搭配柠檬酸、乳酸及乳糖酸，三者共同使用能有效促进老化角质的剥脱，加快表皮细胞的更新速度，对黄褐斑、炎症后色素沉着、皮肤粗糙及光老化症状有很好的效果。

4. 三酸平衡理肌焕肤精华水

表4–32　三酸平衡理肌焕肤精华水

组别	原料名称	质量分数（%）
A 相	水	至100
	1,3 – 丙二醇	6.00
	透明质酸钠	0.05
	尿囊素	0.20
	泛醇	1.00
	甜菜碱	0.50
	EDTA 二钠	0.05
B 相	变性乙醇	5.00
	乙氧基二甘醇	5.00
	壬二酸	2.00
C 相	羟基乙酸	0.30
	羟乙基哌嗪乙烷磺酸	2.00
	辛酰水杨酸	0.20
	氢氧化钠	适量
	生物糖胶 – 1	1.00
	PEG/PPG/聚丁二醇 – 8/5/3 甘油	0.20
D 相	香精	适量
	增溶剂	适量
	防腐剂	适量

制备方法：

分别将 A 相加热到80℃，混合均匀，降温；B 相预先溶解完全；将 A 相降温至40℃，依次加入 B、C、D 相原料，混合均匀即可。

产品特点：

本产品为无色透明水剂，整体肤感较为滋润但不黏腻。壬二酸、羟基乙酸、辛酰水杨酸三者复配使用从两个方面共同发挥美白功效。一方面，三种酸共同作用能有效促进老化角质的剥脱，加快表皮细胞的更新速度，减少色素沉着；另一方面，壬二酸、羟基乙酸可以抑制酪氨酸酶活性，减少黑色素的生成。两方面共同作用改善皮肤粗糙暗沉、色素过度沉着，使皮肤变得白皙、亮泽。

5. 复合果酸焕肤调理面膜

表 4–33　复合果酸焕肤调理面膜

组别	原料名称	质量分数（%）
A 相	水	至 100
	黄原胶	0.15
	羟乙基纤维素	0.15
	甘油	5.00
	丁二醇	5.00
	尿囊素	0.50
	泛醇	1.00
	EDTA 二钠	0.02
B 相	苹果酸	0.01
	酒石酸	0.01
	乳酸钠	0.20
	羟基乙酸	0.20
	柠檬酸钠	0.05
	乳糖酸	0.10
C 相	香精	适量
	增溶剂	适量
	防腐剂	适量

制备方法：

将 A 相加热到 80℃，混合均匀；降温至 40℃，依次加入 B、C 相原料，混合均匀即可。

产品特点：

本产品为水剂产品，整体肤感水润清爽易吸收。采用苹果酸、酒石酸、羟基乙酸、乳糖酸作为角质剥脱剂，去除老旧的表皮细胞，加速表皮细胞的更新，提高表皮的保湿性及柔软度，令肌肤水润透亮，光彩照人。

第五章　美白产品评价与检验方法

第一节　化学美白产品评价与检验方法

皮肤是人体最大的器官，充当着防止水分或营养物质流失、阻挡外界有害侵袭、维护机体状态稳定的重要角色。整个皮肤由表皮、真皮、皮下组织及相关附属器组成。在以透明层、颗粒层、棘层、基底层构成的活性层中，细胞不断更新，从而使皮肤能够保持旺盛的代谢活动、提升抵抗外界刺激的能力。正常成年人的角质形成细胞从基底细胞层移至角质层肤表约需要 28 天，该日期的长短可侧面体现皮肤的健康状态。在 1 个代谢周期后，新的细胞构成的角质层会在皮表形成，因而不少人会在晒黑后的 1 个月内逐渐变白，在这一过程中使用美白产品一方面可以抑制黑色素的沉积，另一方面可以加快皮肤更新速度，从而提升美白的效率。因此，如何使美白产品能够透过表皮角质层到达靶点部位，是产品开发时需重点关注的问题。

美白功效成分达到皮肤中靶点位置前，需经过角质层、颗粒层、棘层等功能层，这一过程中需要经历多次水油分配，每一次水油分配都会使功效成分的含量大幅减少。对于酪氨酸酶抑制剂等需在基底层发挥作用的美白成分，其透皮过程中功效成分的损失，往往会对美白效率造成影响。酪氨酸酶处于皮肤基底层的黑素细胞内，因此该靶点的抑制剂需逐一通过角质层、颗粒层并在基底层通过细胞膜，最终进入到黑素细胞内并抑制酪氨酸酶活性，以减少黑色素的生成。皮肤的多层结构在给皮肤带来保护的同时，也给功效成分的生物利用度带来了更大的挑战。很多研发人员为提升美白效果，大幅提升美白剂的添加量。但若不断加大功效成分的用量，则可能会造成刺激性，使皮肤屏障受到损伤，从而给使用者带来新的困扰。因此，提高美白效率的同时也应重点关注功效成分所带来的刺激性，避免顾此失彼的情况出现。因此研究人员在开发美白产品时，应多维考量配方的合理性，真正使美白产品能起效、易亲和、高渗透、强抑制、快速美白、安全温和。

美白类产品是否能真正起作用，需要经过多重手段系统性评估。通常，研究人员会先利用离体实验对活性成分进行理化或细胞层面的功效测试,这类测试有助于科研人员从大量活性成分中筛查出具有潜在美白作用的成分。对于通过体外理化测试的原料,将利用皮肤细胞模型进一步测试,这一过程会对原料或配方体系与皮肤间的兼容性、渗透性进行评估,以确认原料能真正突破皮肤屏障,进入到表皮活性层中起效。特别是主打酪氨酸酶抑制的美白类产品,如果相关功效成分不能进入黑素细胞所在的基底层或黑素小体,则即使产品具有体外活性,但受制于皮肤屏障的影响,功效成分也难以接触到靶点真正发挥效用,因此原料或配方的渗透性在美白功效产品的开发环节变得尤为重要。

当原料或配方通过渗透率测试后,可利用皮肤模型对美白剂抑制黑色素生成的效果进行测试。这一步中的皮肤模型与人体皮肤相似,所得到的黑色素生成抑制率更具有参考价值。如功效成分在 3D 皮肤模型中有较好的美白效率,则可进一步采用临床试验,以消费者亲身使用后的反馈对原料或产品的功效性进行评估。下文中,将分别从美白产品的起效率、亲和率、渗透率、抑黑率、美白效率,以及温和度等维度,详细说明如何科学、系统地评估美白产品的功效作用;如何对原料及产品进行细胞毒性、刺激性测试实验,以获得可应用于市场且广受消费者喜爱的美白产品。

一、 起效率

起效率指功效成分在离体测试中展现出来的美白效果。一般来说,皮肤是否白皙,可从皮肤的色度、亮度等维度进行评估。美白的方法也可根据评估维度的不同区分为降低黑色素沉积、减轻表皮皮脂的黄化、提升皮肤平整度、提高皮肤的光泽度等诸多手段。相应地,研究人员在对美白功效成分进行筛选时,可通过对功效成分的抗氧化能力、黑色素抑制能力、抗酯化能力、黑色素瘤细胞生长抑制率等方面进行检测,以实现对美白功效的全面认知。

1. 酪氨酸酶活性抑制实验

酪氨酸酶活性抑制实验是美白类功效原料初筛时的常用手段。由于酪氨酸酶催化底物反应是黑色素生成过程中的重要速控步,因而如果某功效成分能够在该靶点表现出较强抑制作用,则认为该原料在美白领域或有潜在应用。酪氨酸酶抑制实验主要利用多巴色素在 475nm 处具有最大紫外吸收的原理。在测试时,将底物酪氨酸/L - 多巴、酪氨酸酶、待测试美白成分按照一定配比混合均匀,在 30℃ 条件下使用紫外分光光度计测试待测物对酪氨酸酶的抑制作用。随时间变化,吸光值会不断改变,根据吸光值的变化情况,可判断测试成分对于酪氨酸酶的抑制能力。虽然所测试结果与真正生物体的复杂反应相去甚远,仅可参考性地作为美白剂成分的初筛，其结果仍需进一步的美白功效论证，但该方法操作简单、快捷、结果较为稳定，是对功效原料进行初筛时的重要手段。Laura 等人利用酪氨酸酶抑制试验对 4 - 苄基哌啶 8 种衍生物的美白作用进行筛查，发现这 8 种衍生物均对酪氨酸酶有一定的抑制作用，不同取代基对酪氨酸酶抑制作用有较大的影响，从中筛选出最佳的酪氨酸酶抑制剂，IC_{50} 为 3.8μM。通过对酪氨酸酶抑制情况的动力学研究，可得知化合物为非竞争性抑制酪氨酸酶的活性。利用酪氨酸酶抑制实验可有效对美白成分进行初步探索，为发掘新的美白功效成分提供了重要参考依据。

2. 酪氨酸酶基因表达抑制

除对酪氨酸酶的酶活性进行抑制外，近年来很多研究集中在降低酪氨酸酶基因的表达。有结果表明，酪氨酸酶的激活受多条通路的影响，包括 cAMP 信号通路、Wnt 蛋白通路、ERK 信号通路等。通过抑制各通路的关键性靶点，可有效抑制酪氨酸酶的活性。Pan 等人利用 PCR 技术在 B16 细胞中考察光甘草定的美白作用，通过研究发现，添加光甘草定可以显著抑制 MITF 的转录，降低 MITF 的蛋白表达。深入研究发现光甘草定可以与 MITF 的 DNA 结合位点中的 Arg216 和 Asn219 残基形成氢键，直接抑制 MITF 转录，从而抑制酪氨酸酶的活性，减少黑色素的生成。

由于在酪氨酸酶生成过程涉及的众多靶点中，小眼畸形转录因子（MITF）与 cAMP 信号通路、Wnt 蛋白通路、ERK 信号通路均有密切关联，是酪氨酸酶激活过程的重要靶点。通过对 MITF 靶点转录情况的追踪，可以筛选并明确功效成分的黑色素抑制效果及相关的抑黑机理。吴亚妮等人利用 qRT - PCR 技术检测黑色素生成相关基因的表达。利用质量浓度为 2g/L 的苦水玫瑰精油以及阳性对照组分别处理 B16 细胞 12h、24h、48h，再分别进行 RNA 逆转录得到 cDNA，将其作为第一链产物模板，向试管中依次加入各种反应物，之后放入 PCR 仪进行分析，分析 CREM、p38 MAPK、ERK、MITF 的基因表达情况。除此之外，该研究中利用 western - blot 法检测黑色素生成相关蛋白的表达，将 B16 细胞置于无血清的培养基中培养 24h，用 2g/L 苦水玫瑰精油处理 12h，加入 200μL 裂解液。用 BCA 法测定蛋白质浓度后，进行凝胶电泳。2h 后用 5% 的脱脂奶粉进行封闭，分别加入 MITF 和 TYR 的一抗进行 western blot，再用 1∶2500 稀释的相对应二抗进行杂交。采用 ELC 反应、暗室显影及曝光。各电泳条带的蛋白量用 IPWIN 32 软件分析，结果表示为各电泳条带的灰度值与 GAPDH 灰度值的比值。通过对相关基因表达的测试，证实苦水玫瑰精油可通过抑制 cAMP/PKA 与 MAPK 信号通路，下调 B16 细胞内 MITF 的表达，进而抑制酪氨酸酶的活性，以减少黑色素的生成。

3. 抗氧化模型实验

引起皮肤氧化的诱因主要包括内源性刺激和外源性刺激。内源性刺激主要包括人体细胞每天需氧反应所带来的副产物，或机体细胞对炎症的反应。而外源性刺激主要包括日常生活中会接触到的紫外线、灰尘、致敏原等因素。长期与活性氧接触容易引发氧化性应激，使得皮肤受损，出现诸如炎症、过敏、皱纹、红斑等皮肤问题。黑色素的生成过程为需氧反应，过多活性氧的存在会加速黑色素的生成。因此，功效成分的活性氧清除能力，可以间接影响黑色素的生成。对于抗氧化能力这一指标，DPPH 自由基清除的方法或总抗氧化的方法属于较为简便快速的方法。赵丹等人利用 DPPH 自由基清除法对灵芝发酵液的抗氧化能力进行测定（图 5–1），将特定浓度的灵芝发酵液与 2×10^{-4} mol/L DPPH 溶液混合记为溶液 1，添加等体积的水、乙醇，分别与 2×10^{-4} mol/L DPPH 溶液混合摇匀，记为溶液 2、溶液 3，在反应进行 30min 后，测试溶液 1、2、3 在 517nm 处的吸光度值，记作 A_1、A_2、A_3，DPPH 清除率 $= [(A_2 + A_3) - A_1]/A_2 \times 100\%$。

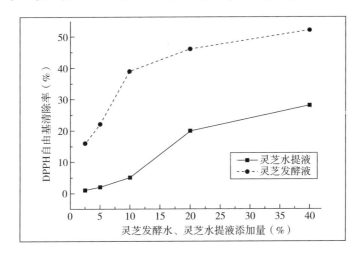

图 5–1　灵芝发酵液和水提液对 DPPH 自由基的清除能力

为进一步验证灵芝发酵液的自由基清除效率，该研究还用到羟基自由基清除实验加以佐证。通过向比色管中加入 $FeSO_4$、待测灵芝发酵液、双氧水，混合摇匀，之后加入一定比例的水杨酸溶液，并将混合溶液在水浴中加热，反应 15min 后，测试不同浓度梯度反应后的溶液吸光度，并与水的吸光度进行对照，求算羟基自由基清除率。通过自由基清除实验的结果，证实灵芝发酵液具有极强的抗氧化能力，可解决由于皮肤氧化带来的肤色暗沉、斑点等问题，起到美白作用。除理化检测方法外，对于自由基清除还存在细胞测试方法。这种方法主要是利用细胞受到外界刺激时会发生氧化应激这一原理。当向细胞中加入测试原料后，对细胞进行刺激，通过测定抗氧化因子的含量可评估其抗氧化作用，氧化因子越少，自由基清除效率越高。例如 Islam 等人通过荧光素测定细胞内的活性氧自由基（ROS）水平。在其研究过程中，用待测功效成分预处理小鼠胚胎成纤维细胞（NIH 3T3），之后用双氧水刺激 NIH 3T3 细胞，并用磷酸盐缓冲液对细胞进行冲洗，并用 $100\mu m$ 含 DCFH – DA 的培养基孵育 30min，再次经磷酸盐缓冲液冲洗去掉 DCFH – DA 溶液，之后将细胞溶解在 1mL 氢氧化钠中，并用光谱仪在 485nm 和 530nm 处检测样品中的荧光素，以观察细胞的抗氧化作用。

4. 炎症细胞模型

炎症因子会调高酪氨酸酶的活性，因此，对于炎症因子的抑制作用是评估原料美白作用的方法之一。目前常用 ELISA 试剂盒检测功效成分对炎症因子的抑制效果。以 TNF – α 试剂盒为例，试剂盒内预先用 TNF – α 捕获抗体包被微孔板，将标准品和待测试功效成分以及检测抗体同时加入微孔板中。人体来源的 TNF – α 上的 2 个抗原决定簇可分别与捕获抗体和检测抗体结合，形成复合物，该复合物会附着在酶标板上。当向其中加入链（霉）亲和素时，该物质可特异性结合复合物中的生物素，之后加入酶底物进行显色，可根据颜色的深浅确定 TNF – α 的浓度，颜色越深，TNF – α 浓度越大。Cho 等人利用 TNF – α、IL – 6、PGE_2 试剂盒对桑叶提取物抑制炎症因子的作用进行测试，他们发现辐射处理后的桑叶提取物能够有效抑制细胞中 IL – 6、NO、PGE_2 的产生，结合酪氨酸酶抑制数据及自由基清除数据，证实辐射处理后的桑叶具有更强的抑制黑色素生成的作用。

利用试剂盒测试大黄根茎提取物降低黑素细胞 IL – 1α 以及 TNF – α 含量的功效。经测试发现，大黄根茎提取物降低黑素细胞 IL – α 的效果与曲酸类似，且能够很好抑制由紫外线照射导致的 TNF – α 含量的增加。结合大黄根茎提取物在酪氨酸酶抑制、自由基清除方面的功效，Silveira 认为大黄根茎提取物可以在护肤品、防晒品中应用，起到减少光损伤，改善肤色暗沉的功效。细胞受外界刺激产生炎症因子，导致皮肤皱纹和色沉问题的出现。因此，有效抑制炎症因子可从改善皮肤平滑度以及肤色两方面起到美白提亮的功效，是体外筛选美白功效成分的重要指标。

5. 抗糖基化测试方法

皮肤黄化也是影响肤色的指标，糖和蛋白质非酶糖化产物，自动氧化后会生成脂褐素，导致皮肤老化泛黄。研究表明牛血清白蛋白（BSA）－果糖模拟反应体系可用来评价蛋白质非酶糖基化过程中荧光性晚期糖基化终末产物（Advanced

Glycation End Products, AGEs) 的生成情况, 将 1mL 果糖溶液与样品溶液混合, 37℃孵育 1~3h 后, 加入 1mL 30mg/mL BSA 溶液, 以上反应物均用含有 0.1% 叠氮化钠的磷酸盐缓冲液 (pH 7.4) 溶解之后, 将样品置于生化培养箱中, 37℃孵育 5~8 天, 并对孵育后的样品用荧光分光光度法进行测定。丙酮醛是非酶糖基化过程中重要的中间产物, BSA – 丙酮醛模拟反应体系可用来评价蛋白质糖基化中间化合物的形成, 将 1mL 60mmol/L MGO 溶液与样品溶液混合, 37℃孵育 1~3h 后, 加入 1mL 30mg/mL 的 BSA 溶液。以上反应物均用含有 0.1% 叠氮化钠的磷酸盐缓冲液 (pH 7.4) 溶解, 将样品置于生化培养箱中, 37℃孵育 5~8 天, 采用荧光分光光度法测定。

Pereira 利用共聚焦拉曼光谱 (CRS), 评估 AGEs 含量的存在和差异。通过对日照辐射后的志愿者进行研究发现, AGEs 的主要产物是羧甲基赖氨酸 (CML)、葡糖胺 (GLU) 和戊糖胺 (PEN); 其中 CML 主要发生在角质层和表皮, GLU 和 PEN 主要在真皮层。这项研究表明 CRS 能够在体内非侵入性地评估人类皮肤上的 AGEs, 该方法可帮助研究人员更好地理解在高暴露紫外线照射的条件下, 糖基化导致的皮肤老化的影响和变化。

AGEs Readers 是目前被开发出可用于测量皮肤 AGEs 的设备。当皮肤受到紫外线的辐射时, 皮肤中的荧光性 AGEs 会被激发, 发出特有的荧光, 皮肤中 AGEs 含量越高, 荧光强度越强。AGEs Readers 可通过对比荧光强度与激发光的强度比例, 计算获得 AGEs 的含量, 但由于检测限的原因, 该方法主要用于肤色较白的人群, 无法检测深肤色人群。虽然该检测方法对于受试者的年龄、肤色、皮肤状态有一定的要求, 但由于其操作相对简单, 仍具有较为广泛的应用。Isabella 课题组利用 AGEs Reader 对深色人种进行皮肤 AGEs 的相关测试, 首次研究证实对于深色人种, 其真皮中的 AGEs 会影响皮肤自体荧光。

二、 亲和率

表皮亲和率主要用以表述美白功效成分与皮脂膜的融合能力。经体外验证具有潜在美白作用的成分, 必须搭配合理的配方才能够渗透到皮肤中抵达目标靶点发挥作用。因此在表皮亲和率测试中会首先考察功效成分与皮脂层的亲和率。功效成分的亲和率受配方剂型的影响, 配方的黏性、配方中油脂的搭配、配方中是否存在促渗剂等都会影响亲和率这一指标。有研究表明, 利用脂质体包裹, 可以有效提高产品的亲和率。脂质体中的磷脂能够与角质层的脂质融合, 使角质层脂质的组成和结构发生改变, 从而使细胞间隙扩大, 帮助脂质体内部的活性成分渗透到皮肤中。同时, 脂质体能够增强皮肤的水合作用、降低皮肤的屏障作用以提升经皮输送能力。

目前，亲和率可以利用功效原料在皮脂膜中的渗透作用来进行快速筛查。人工皮脂膜的组成与人体皮脂结构相似，一般包含有角鲨烯、羊毛脂、三棕榈酸酯甘油酯、三硬脂酸甘油酯、硬脂酸、棕榈酸、胆固醇油酸酯、游离胆固醇以及油酸等。通过构建人工皮脂膜模型，考察配方中的功效成分在人工皮脂膜中的渗透作用，可用以评估功效成分与皮肤的亲合率，初步判断功效成分能否进入到靶点位置。Valiveti 利用人工皮脂模拟人体角质层的结构，对药物分子在皮脂中的分配系数进行探索，该研究成果对脂溶性药物分子的开发提供了理论指导。

Schneider 等人利用人工皮脂膜对乙醇和甲苯的皮肤亲和渗透情况进行探索，并考察涂抹护肤膏霜对乙醇、甲苯透皮作用的影响。研究人员将人造皮脂膜分别暴露于纯乙醇和甲苯中 4h 后，评估化合物的渗透性。结果表明，人造皮脂在暴露 4h 后，皮肤中残留约 42% 的乙醇与 82% 的甲苯。与对照皮肤相比，两种测试化合物在人造皮脂中的吸收没有显著差异。进一步研究发现，使用护肤霜可增加乙醇的经皮渗透，与实际使用结果相一致。因此，人工皮脂膜可一定程度上替代人体试验，帮助研发人员模拟产品功效成分与皮肤的亲和作用。此外，亲和率还可以使用胶带剥离试验进行测试，在胶带剥离实验中，将待测成分涂抹于测试区域，使产品与皮肤充分接触，将待测物清洁后，利用胶带粘贴测试处 2 min，45°拉动胶带，之后可根据需求再次于同一部位粘贴取样。取样后，对胶带上的待测功效成分进行收集，并测试含量，以获得功效成分在皮脂中的驻留情况，从而获得该活性成分的亲和率。

三、 渗透率

美白成分渗透率主要是用以描述美白剂透过角质层、到达皮肤活性层的能力。通过对活性物渗透率的考察，可以为不同的活性物质选择更为适合的类型，同时还能调整促渗剂的类型与使用量，以得到最佳渗透效果。渗透率的测试通常选择 Franz 扩散池模型。

Franz 扩散池模型是较为常见的体外透皮吸收检测方法，其具体操作流程在 GB/T 27818 中有明确的描述。Franz 扩散池模型包含扩散池和接收池两部分。通常需要将活性物涂布于受试皮肤表面，并将猪皮固定在扩散池的供给池和接收池之间。通过 HPLC – DAD 法、LC – MS/MS 法或荧光定量法测定不同时间段皮肤接受液中待测原料，计算累积渗透量、扩散百分率、透皮系数和回收率等数值，描述其体外透皮行为（图 5 –2）。

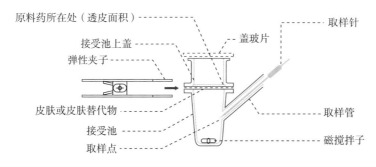

图 5 - 2　Franz 扩散池模型

Liang 等人利用扩散池法对化妆品常用功效成分的渗透性进行评估，利用新鲜的猪皮作为测试皮肤，实验前仔细去除毛发和皮下脂肪。将猪皮放置并夹紧在 Franz 细胞组件的供体室和受体室之间。用 PBS 填充接收室，避免皮肤下侧和 PBS 溶液之间的气泡。将 1g 胶束熊果苷乳膏、1g 非胶束熊果苷蛋白乳膏或空白乳膏（无熊果苷）均匀地涂抹到皮肤角质层上。将磁力搅拌器放入 Franz 池的底部，以 400r/min 连续搅拌。PBS 溶液分别在 1h、2h、4h、8h、12h 和 24h 取样（100μL）。每次取样后，将相同体积的 PBS 重新填充回 Franz 池。渗透的熊果苷含量由高效液相色谱进行定量测试。根据结果，在实验开始 1h 后，涂抹胶束熊果苷乳膏和非胶束熊果苷乳膏的体系，均可在接收池中检测出熊果苷。这表明，在初始阶段，两种熊果苷发生了相同程度的渗透扩散。实验进行 4h 后，相较于非胶束熊果苷乳膏组，胶束熊果苷乳膏组可检测到的熊果苷浓度增加显著。12h 后，差异几乎增加了 1 倍。这些数据表明，利用胶束熊果苷乳膏可以长效改善熊果苷的透皮作用。以上结果表明，利用扩散池模型，可以有效帮助研发人员甄别不同溶解性的功效成分，并针对性地筛选适宜的剂型，帮助功效成分到达靶点作用部位，更大程度地发挥功效成分的价值。

除利用 Franz 扩散模型外，还可借助电子显微镜等手段对功效成分在表皮的渗透情况进行追踪，如利用激光共聚焦显微镜（Confocal Laser Scanning Microscope，简称 CLSM）对可被激发的荧光物质进行观察。激光共聚焦显微镜不同于传统光学显微镜的光源和局部平面成像方式，以激光束作为光源，经照明针孔，再经分光镜反射至物镜，并聚焦于样品上，对标本焦平面上每一点进行扫描。样品中可被激发的荧光物质，在受到激发后会经入射路径返回，最终聚焦于探测器，经由计算机分析处理，得到相关样品的图像。该方法可对样品各层分别成像，对活细胞进行无损伤的"光学切片"，获知详细的图像信息。CLSM 还可以对贴壁的单个细胞或细胞群的胞内、胞外荧光做定位、定性、定量及实时分析，并对胞内细胞器如线粒体、内质网、高尔基体、DNA、RNA 等的分布、含量等进行测定及动态观察，实现分子水平的研究。Varaporn 等人考察脂质体包裹的鞣花酸皮肤渗透性时，利用共焦激光扫描显微镜对包裹的鞣花酸的透皮情况以及在皮肤中的分布进行考察，并结合普通光和荧光分别扫描不同皮肤层获得的图像结果进行分析。实验显示鞣花酸的弱荧光强度高达 $30\mu m$（角质层），表明鞣花酸溶液渗透能力低，不能渗透到活的表皮和真皮层中。而处理后的鞣花酸可渗透至 $120\mu m$，证实利用包裹技术可以显著提高鞣花酸的渗透作用，为功效产品的开发提供思路。

荧光显微镜可以更直观地表现出功效成分的渗透性，但是需要功效成分具有荧光可检测性，因此具有一定的应用限制。但该方法的可视化效果，能够更为清楚地展现功效成分的真实渗透路径，为产品的配方搭建提供参考。且该方法有助于品牌方对消费者的教育，降低了沟通成本，是十分重要的市场表达语言。

四、 抑黑率

在经过离体功效测试、透皮渗透率考察之后，需模拟人体的皮肤结构，对待测功效成分的人体黑色素抑制率进行整体考察。通常可根据美白功效成分或美白产品在 3D 皮肤模型实验中对黑色素生成的抑制率进行评估。

3D 黑素细胞模型法主要采用人源表皮角质形成细胞及黑素细胞共培养形成的一种复层化、高度分化的三维重建皮肤模型。该类模型需对外界刺激（UVB、$\alpha-MSH$、$ET-1$ 等）具有黑化响应，当利用美白产品处理 3D 黑素细胞模型后，黑色素的产生受到抑制，可根据抑制情况对化妆品原料及成品的美白效果进行评估。在利用 3D 黑素细胞模型对美白原料进行测试时，一般采用液下给药方式，在培养皮肤模型的第 6 天（TA6），皮肤与培养液于气液面处给药，连续给药 6次，单次孵育时长 24h。化妆品成品则采用表面给药方式，在模型培养第 6 天（TA6），第 8 天（TA8）进行 2 次给药，剂量为 $10\mu L/$次，单次给药后孵育时长为 48h。待测物给药和孵育全部结束后，须去除表面残留的待测物，之后对暴露后的体外重组 3D 黑素细胞模型进行表观色度、L^* 值、纵向黑色素分布及全皮层黑色素含量等进行测试。其中，表观色度与 L^* 值用于测定待测物的亮白作用；纵向的黑色素颗粒分布用于测定待测物的黑色素转运抑制情况；黑色素总含量用于测定待测物对 3D 皮肤组织整体起到的黑色素合成抑制作用。

宁新娟等人利用 3D 皮肤模型对包含传明酸、抗坏血酸葡糖苷、烟酰胺、羟乙基哌嗪乙烷磺酸的美白功效组合物进行黑色素抑制实验，该实验分别考察涂抹组合物后，受 UVB 照射的皮肤模型其表观色度和 L^* 值的变化情况。实验结果表明，在涂抹组合物后，皮肤模型的表观色度变白程度更明显，且 L* 值显著提升。而空白对照组的表观色度明显变黑，L* 值也有显著的降低。实验结果为组合物的美白功效提供了重要参考依据，直观地表现出组合物优异的美白效果。从相关研究可获知，3D 皮肤模型较普通的细胞模型，更为贴近真实的人体皮肤状态，可更直观地帮助了解产品的功效，并定量分析皮肤亮白度的改善情况。3D 皮肤模型具有更为广泛的适用范围，可对化妆品分类下的膏霜、乳液、水剂、精华、面膜等多种剂型进行探究。此外，3D 皮肤模型可综合性地评估产品的美白效应，可探索抑制黑色素转移等美白通路给皮肤带来的变化，降低了细胞层面仅能从基因转录或酶抑制方面考察美白效率的局限性，大大拓宽了美白产品的开发思路。

此外，在人体测试之前，还可用斑马鱼实验考察美白产品对黑色素生成的抑制作用。斑马鱼在发育初期全身透明，当胚胎发育至 24h 时，黑色素开始从视网膜上皮生长。色素细胞起源于背部外胚层分化的一群细胞，这些细胞增殖、迁徙、分化成色素母细胞。在黑色素形成的过程中利用待测试成分进行干预，可抑制黑色素的形成。通过对斑马鱼皮肤白度的评价，即可获知样品是否具有美白功效。CHA 等人研究了 43 种本地海藻的对酪氨酸酶的抑制率。通过将斑马鱼作为替代人体试验的模型，证实所测试的样品均对斑马鱼的色素沉着有良好的抑制作用，表明相关原料具有潜在的市场应用价值，也证明斑马鱼是一种在研发阶段可替代体内模型的重要检测手段。

五、　美白速率

美白速率用以描述单位时间内的美白效果。通常以受试者的使用结果进行评价，为临床试验。在本研究中，单位时间内仪器测试得到的肤色变化越明显或感官评价美白效果越强，则可认为产品的美白效率越高。美白效率可以通过人体皮肤模型法（L* a* b* 色度系统）进行评价。L* a* b* 色度系统可量化表达颜色的空间位置，该系统应用领域广泛，对于皮肤色度变化的研究具有十分重要的意义。在该评价系统中，L* 值用以代表皮肤色度的深浅，L* 值越大，代表皮肤越亮白；a* 值代表红绿度，该值越大，说明皮肤的颜色越偏红；b* 值代表蓝黄色度，数值越大，皮肤颜色越偏黄。常见的肤色测量仪器为比色计和光度计，通过测量得到的 L*、a*、b* 值，可以计算得到 ITA° 值，该值被欧洲化妆品盥洗用品及香水协会规定用以表征皮肤的亮度，ITA° 值越大，皮肤越明亮。

在测试过程中需进行紫外线黑化模型的建立：紫外线黑化模型的实验方法参考自《化妆品安全技术规范》（2015 年版），该测试模型要求在受试者手臂或背部，选择 3 个实验区域，作为测试区、阴性对照区、阳性对照区。利用特定最小红斑剂量（MED）剂量的日光模拟光线照射，在照射结束后对黑化部位的皮肤进行视觉、色度仪指标的评估，之后在测试区涂抹待测美白剂，在阳性对照组涂抹维生素 C 制品，设置阴性对照组，之后每周利用仪器记录皮肤颜色的变化情况，并计算 ITA°值，相关数据的变化能够有效评估产品的美白效果。Tian 等人利用紫外线黑化模型评估化妆品的美白效果。该研究选择 20 名年龄在 20～45岁、皮肤分型为 Ⅲ 或 Ⅳ 的受试者。对受试者的臀部进行 3 次连续的每日紫外线照射，第 1 天 1 MED、第 2 天 0.5 MED 和第 3 天 0.5 MED。第一次紫外线照射后，每天在紫外线照射区域向受试者施用两次待测试的美白产品，持续 27 天。这期间，利用 CM2500d 色度计、Maxmeter MX18 和视觉评估手段对皮肤颜色改善情况进行分析。根据实验结果，测试的 L 值在第 3 天突然下降，然后在第 6 天缓慢达到最低点。红斑指数在第 3 天也显著增加，在第 6 天达到最高水平，然后缓慢下降。研究人员利用该色素沉着模型分析了 L^*、b^* 和 M 值。结果表明，美白产品的 L^* 值、b^* 值变化情况低于空白对照组的对应值，而美白产品的 M 值仅在第 9天和第 20 天较低。值得注意的是，尽管在仪器检测的数据方面，没有发现统计学显著差异，不能证明产品的美白功效，但视觉结果证实，在使用美白产品后，皮肤的色素沉着问题确实得到改善。该研究内容证实色素沉着模型可用于评估美白或祛斑产品的美白效果，但美白效果应从多维度进行评估，仪器测试仅可作为评估手段之一，只有将主观和客观方法结合共同作为美白产品作用效果的参考指标，才能更为全面地评估产品的美白效率。

此外，美白速率还可以利用 VISIA 全脸分析仪进行美白功效的评价。VISIA主要利用光学成像的原理，可以对面部色斑、黄褐斑、肤色均匀度、毛孔、皱纹等进行评估。通过对产品使用前后面部色素定量分析以及图片的直观比较，对产品的淡斑、美白速率进行评估。

温竹等人利用 VISIA 全脸分析仪，考察使用美白产品后第 2 周、4 周、6 周和 8 周的皮肤色斑、紫外斑、黄褐斑、红色区域和黑红色素的变化情况。经过定量分析、图像直观比较来评价产品的美白效果。使用 8 周后，测试者的色斑、紫外斑、红色区域、黄褐斑和黑（红）色素分别降低了 27%、80%、39%、9% 和18%，其中紫外斑降低最明显。证实产品具有显著的美白功效。该方法可以对产品的起效速率、美白功效进行评估，相关数据对于美白产品的开发具有十分重要的指导意义。

对于美白产品的美白效果，国家药监局发布权威测试方法并对受试人群进行约束。所有美白产品均需在权威测试机构，依据国家出具的"法一""法二"，进行产品美白效果的测试（附录）。

六、 温和度

温和度是产品研发过程中非常重要的指标，因此在功效评价的全阶段，均会同步对功效成分或配方的安全性进行测试。具体方法包括离体测试中针对单一成分或组合物的 MTT（噻唑蓝）比色法、红细胞溶血试验，针对配方的鸡胚测试、3D 模型上的皮肤刺激测试及眼刺激实验，最终在临床上针对终产品的斑贴测试等。

MTT 比色法：MTT 比色法是一种检测细胞存活、生长情况的检验方法。MTT 全称为 3 -（4，5 -二甲基噻唑 - 2）- 2，5 -二苯基四氮唑溴盐，可以被活细胞线粒体中的琥珀酸脱氢酶还原为不溶水的蓝紫色结晶甲臜，而死细胞则无法将 MTT 还原。利用二甲基亚砜（DMSO）将细胞中的甲臜进行溶解，并利用酶联免疫检测仪在特定波长下进行吸光度测定，可获得活细胞的数量。通常吸光度越大，活细胞数量越多，表示待测物的安全性越高。该方法可对功效成分的安全性进行快速筛选。Manish 等人在测定黑姜叶提取物的抗炎、抗氧等相关性质时，利用 MTT 测定细胞毒性。将 THP - 1（2000）细胞接种在 96 孔板中，随后用不同浓度的 DHDM（10～200μmol/L）处理这些细胞，将其放置在 CO_2 培养箱（5% CO_2，37℃）中。随后，将细胞离心 15min，获得的颗粒悬浮在 MTT 溶液中（工作浓度约 0.5mg/mL）。之后将样品再次离心 15min，最终形成的甲臜晶体溶解在 200μL DMSO 中。最后，在 570nm 处记录吸光度。同样，DHDM 对 HaCaT 细胞活力的影响也通过 MTT 法测定。

红细胞溶血试验：红细胞溶血试验目前被认为是可以替代眼刺激性评价的一种评估功效成分安全性的测试方法。由于某些化学物质对红细胞膜的破坏，会导致产生胞质内蛋白的变性反应，从而使细胞结构发生改变，出现细胞破裂、溶解的现象。通过比较 50% 红细胞溶血时的功效成分浓度 HD_{50}、蛋白质变性指数 DI，获得二者的比值（$IP = HD_{50}/DI$），当 IP > 100 时，功效成分无刺激性，当 10 < IP≤100 时，表明功效成分有轻微刺激性，当 1 < IP≤10 时，表明功效成分有轻度刺激性，当 0.1 < IP≤1 时，表明功效成分具有中度刺激性，当 IP≤0.1 时，表明功效成分有重度刺激性。Wang 等人利用红细胞溶血试验对壬二酸衍生物的生物安全性进行测试，通过简单的步骤合成了具有不同分子量的聚乙二醇化壬二酸单酯（PEG = AzA），对比 PEG = AzA 与壬二酸的溶血试验，结果表明，PEG = AzA 没有明显的溶血反应，而壬二酸在 2mmol/L 时的溶血率为 56.7%。这一结果证实了壬二酸衍生物的安全性，结合其较强的酪氨酸酶抑制作用及抗炎作用，验证了 PEG = AzA 在修护痤疮、改善面部色素沉着方面的潜在应用价值，为新原料的发掘，功效成分的探索提供数据支撑。

眼刺激实验：由 Draize 等提出的兔眼实验是化妆品眼刺激性的传统实验模型，主要考察待测物是否会在与眼表面接触后，给眼睛带来可逆性炎性变化，目前该方法仍是测定急性眼毒性的国际标准。陆泽安等人利用家兔眼刺激实验对32 种不同品类化妆品进行测试。试验前一天需对实验动物的两只眼睛进行检查（包括使用荧光素钠检查）。如有眼睛刺激症状、角膜缺陷和结膜损伤的动物，应予以淘汰。实验时，轻轻拉开家兔一侧眼睛的下眼睑，滴入受试物于结膜囊中，使上、下眼睑被动闭合 1s，以保证受试物与动物眼部充分接触，另一侧眼睛则不作任何处理。滴入受试物后 24h 内不冲洗眼睛。若实验结果显示受试物有刺激性，则另选用 3 只家兔进行冲洗效果试验，即给家兔眼滴入受试物 30s 后，用20mL 的生理盐水快速冲洗 30s。在滴入受试物后 1h、24h、48h、72h 以及第 4 天和第 7 天对动物眼睛进行检查，观察结膜、角膜及虹膜的反应，并在 24h 时进行荧光素钠（1%，生理盐水配制）检查。如果在 72h 刺激反应消失，即终止实验。如有累及角膜或有其他眼刺激作用，7 天内不恢复者，则继续观察至 21 天。每次检查均按《化妆品卫生规范》（2007）中眼损害的评分标准记录眼刺激反应的积分，最后按分级标准对受试样品进行眼刺激性分级。利用该方法对 32 款化妆品进行刺激性试验后，筛选出具有微刺激性的产品 3 款，轻刺激性产品两款，为化妆品的安全开发提供了重要参考依据。

温和度也可以通过鸡胚绒毛尿囊膜实验进行测试。鸡胚绒毛尿囊膜是结构简单、高度血管化的胚胎外膜，该测试手段介于细胞组织和动物之间，可简单、快速地对功效成分的毒性进行筛查。该方法的基本原理是：绒毛尿囊膜（CAM）是一个包围在鸡胚周围的呼吸性膜，由于鸡胚尿囊膜表面血管丰富，可以看作一个完整的生物体，实验利用孵化的鸡胚中期绒毛尿囊膜血管系统完整、清晰和透明的特点，将一定量受试物直接与鸡胚尿囊膜接触，作用规定时间之后，观察绒毛尿囊膜毒性效应指标（如：出血、凝血和血管融解）的变化，给予评分，计算数学平均值用于评估受试物的眼刺激性。

苏宁等人利用鸡胚法研究红景天提取物、积雪草提取物以及苦参提取物的刺激性（表 5-1）。将 300mg 固体样品作用于 CAM 上，作用 3 min 后，用生理盐水轻轻冲洗 CAM 表面的受试物，30s 后观察尿囊膜表面的血管溶血、凝血以及血管溶解现象，平行测试 6 只鸡胚，计算终点评分（ES）。实验结果显示，红景天提取物与 CAM 膜反应后，只有一只鸡胚发生了轻微的血管溶解现象，ES 评分为 1，表现无刺激性或轻微刺激性。积雪草提取物则出现了严重的出血以及溶解现象，IS 评分 19，苦参提取物出现了血管溶解反应，IS 评分为 10.38，两种原料均为强刺激性或认为具有腐蚀性。该结论与其他方法得到的刺激性结果相一致。

表 5 – 1 三种植物活性成分眼刺激评分及刺激性分类

样品名称	IS	ES	刺激性分类
阴性对照 0.9% 氯化钠	0.00	–	无刺激性
阳性对照 1% SDS	10.33	–	强刺激性/腐蚀性
红景天提取物	–	1	无/轻刺激性
积雪草提取物	19.00	–	强刺激性/腐蚀性
苦参提取物	10.38	–	强刺激性/腐蚀性

在对产品进行安全性评估时，还可使用体外重建人类表皮模型法，该法是采用人正常角质蛋白细胞体外培养形成的包括基底层、棘层、颗粒层和有功能的角质层在内的三维皮肤模型。利用该方法评估产品刺激性时，须将待测样品置于模型表面，使样品和模型组织充分接触一定时间后，将其清除，之后检测模型中的细胞活性，与阴性对照组进行比对。利用重建人类表皮模型可以较好地模拟人体测试，查验产品的安全性，为开发温和使用感的化妆品提供有效的支撑。喻欢等人利用 3D 皮肤模型对不同分子量的透明质酸的刺激作用进行研究。将十二烷基硫酸钠（SDS）和不同分子量的透明质酸（HA）共同作用于人永生化表皮细胞（HaCaT）和 3D 皮肤模型，作用 24h 后通过 MTT 比色法检测细胞活性，利用 ELISA 方法检测培养液中人白细胞介素（IL – 1α）的水平，并进行组织学观察细胞形态。研究在不同实验模型中，不同分子量 HA 影响 SDS 对细胞的损伤和释放 IL – 1α 的差异。结果表明，3D 皮肤模型可用于 HA 的体外抗皮肤刺激作用的研究，实验结果更接近人体实际使用情况，并且能提供更多的作用机理信息，帮助研究人员探索功效成分与皮肤间的作用。

斑贴试验是检测化妆品会否致敏的重要检测手段。根据《化妆品安全技术规范》（2015 年版）中描述："斑贴试验适用于检测化妆品产品对人体皮肤潜在的不良反应"。这种不良反应包括刺激性反应和过敏反应。前者指不涉及免疫应答过程，即由于产品中刺激性物质浓度超过皮肤耐受阈值导致的红、肿、痒，属产品质量问题所引起；而后者则属于迟发性免疫应答过程，是由于使用者自身为敏感性个体而出现的个例，不属于产品质量问题引起。人体皮肤斑贴试验常见于封闭式斑贴试验法，该方法适用于绝大多数化妆品。利用该方法测试时，需将受试物涂于斑器内，外部用胶带贴于受试者背部，分别于斑贴试验 0.5h、24h、48h 观察皮肤状态，并根据《化妆品卫生规范》中的描述，对皮肤状态进行分级记录，以判断化妆品的产品安全性。刘婷等人选用含有中草药复合物祛痘精华液及市售对标品对 24 名志愿者进行斑贴试验，以测试中草药复合物的安全性。在测试过程中，将待测中草药精华液与其他市售产品在同一志愿者身上重复涂抹 3 次，并设置对应的空白对照组，分别在第 24h 和 48h 揭开志愿者斑贴，根据斑贴结果对受试物进行皮肤安全性评价。根据相关结果，涂抹含中草药复合物的祛痘精华液的志愿者皮肤未出现可疑斑点，而涂有市售祛痘对标品的实验组则有 4 例志愿者皮肤出现可疑红斑，有 2 例较为严重，出现丘疹、脱屑的症状。该结果证实，部分市售祛痘产品中存在刺激性成分，会给使用者带来红斑、脱屑等皮肤问题，而所测试中草药复合物则对皮肤较为温和，无刺激性，具有较强的应用价值。该方法由人体直接测试得到，能够较为准确地反映产品对皮肤的影响，是实际应用过程中，用以考察产品安全性的重要手段。

特殊化妆品在上市之前会进行动物实验，以验证产品不会对消费者皮肤产生刺激。可选用家兔或豚鼠，进行产品的安全度测试。实验动物一般用以进行多次皮肤刺激性实验。在测试前，实验人员会将动物背部脊柱两侧的毛剃除，在测试时，根据样品特性，将一定量的待测产品涂抹在测试区，另一侧则用蒸馏水进行对照，每日涂抹，连续 2 周。实验阶段需要从测试第 2 天起，每天在涂抹膏体前去除测试区的毛，并用温水清洗，1h 后观察皮肤有无不良反应，并根据《化妆品安全技术规范》（2015 年版）中的相关规定进行批次刺激反应的评分，待整个测试结束后，根据实际测试结果对该产品的皮肤刺激强度进行分级。刘辉等人研究了含有大蒜提取物的化妆品对豚鼠皮肤的刺激性。在按照如上的实验操作后，观察豚鼠皮肤的变化，对照《化学品毒性鉴定技术规范》中皮肤刺激性反应评分标准进行评分，计算平均值，按"皮肤刺激性强度"评价标准进行评价。所测试的 8 只豚鼠在连续涂抹大蒜提取物化妆品 7 天后，皮肤均未出现红斑和水肿，皮肤过敏反应级数为 0，无刺激性。Marcel 等人研究了 0.2% 透明质酸对大鼠皮肤的促进愈合作用，实验结果显示，透明质酸对皮肤无刺激性且有一定的促进愈合功效。以上内容均表明动物实验在化妆品安全性方面的重要意义，但动物实验存在严重的伦理问题。目前，从业人员开发出诸多替代测试方法，未来或将有更为优异的测试方法面世。

第二节　美白产品开发实际应用案例

一、　前期调研

日化产品的研发过程包括市场调研、基础研究、产品开发、工艺调控等诸多过程。在产品开发前期，需对产品的市场前景进行初步评估。考察内容可包括产品市场规模、发展前景、技术突破、法规变革等。以某新锐品牌美白精华液产品开发过程为例，在产品开发前，预先对美白精华液近几年的销售及发展趋势进行分析，截取艾瑞数据作为参考，2021 年美白精华液这一单品规模达 285 亿，预计 2024 年可以突破 350 亿。逐步增长的市场规模证实该品类具有较强的发展前景，处在上升期的产品可迎合消费者的购买需求，为商家带来经济效益，因此可作为重点研发的产品类目。

当某品类具有较大的成长空间，且消费者的需求不断增长的情况下，应对消费者在该品类中需解决的问题进行系统性调研。相关研究表明，由于社会发展较快，不少消费者存在压力大、作息不规律等生活习惯，导致不仅晒后皮肤变黑，还存在肤色不均、皮肤暗黄、痘坑痘印等诸多问题。因此美白不仅是简单的抑制黑色素生成，更是包含抗炎、祛黄、祛痘等多个维度的系统性方案。因此，在针对消费人群的不同需求开发产品时，应结合目标人群的皮肤特点、消费水平、应用场景、痛点问题等进行定制化的配方研发。例如针对 18～22 岁的消费人群开发美白产品时，应注意该年龄段消费者处于青春期，代谢旺盛，皮肤容易出油，且由于内分泌的影响，皮肤状态不稳定，此时如清洁不当，则容易出现毛孔堵塞、皮肤敏感、皮肤炎症等问题，导致面部出现泛红、起痘的症状。因此，对于这类消费者，解决皮肤肤色问题应从皮肤炎症的处理以及皮肤状态的调整着手。在研发过程中，应使用有助于消除炎症的关键性成分，例如，积雪草具有消炎、修复皮肤损伤的功效，可有效解决皮肤的炎症性问题。同时可搭具有用舒缓作用的洋甘菊提取物，该成分能够舒缓皮肤、有效抑菌，改善皮肤状态。二者结合可从根源上解决皮肤致痘问题，从而改善由其导致的泛红、痘印情况。

除了对核心功效原料进行筛选，在配方体系上也应针对不同人群特点加以区别。以 18～22 岁人群为例，该年龄段的消费者油脂分泌旺盛，如选择封闭性强的油脂添加在配方中，会加剧痤疮问题，且黏度较高的油脂会使配方产品肤感较为黏腻，使用感较差，从而降低消费者的购买欲望，不利于产品的推广。因此在开发产品时，可尽量选用较为水润、清爽的配方体系；另外，某些活性成分容易氧化，特别是美白成分，为降低由于产品暴露在空气导致的功效成分失活，可在配方中添加抗氧化剂，以延长产品的功效性。研究阶段还应对市面热销竞品的优劣势进行分析、对行业痛点问题进行挖掘，以得到具有差异化的产品研发方向。经对热门产品调研后发现，含有较高浓度功效成分的产品长期暴露于空气中会出现严重的变色情况。部分消费者认为变色会影响产品的使用，因而对产品的质量和安全提出质疑，甚至由此而产生的某些过激言论给品牌形象造成较大负面影响。因此变色问题是高活性产品开发过程中的痛点、难点。为了更好地解决该问题，品牌在首先对变色问题的成因，以及变色的产品，其功效是否会受到影响进行探究。以某市售美白精华液为例，该产品中添加有高浓度的苯乙基间苯二酚，由于该成分在暴露于空气中后会逐渐由淡粉色变为棕黄色，因此对不同生产批次的含有苯乙基间苯二酚的产品进行酪氨酸酶抑制实验（图5-3）。结果表明，即使产品存在变色的情况，不同批次的产品对酪氨酸酶的抑制作用相似，结果间不存在显著性差异，因此，变色并不会影响产品的功效。即便如此，为避免变色问题导致的售后和投诉案例，不少商家在开发产品时降低了美白剂的使用，虽可减少投诉的出现，但产品的效果大打折扣。事实上，面对不可避免的变色问题时，研发人员应优先考虑保证产品的功效，尽量通过优化配方体系，或添加变色抑制剂来解决变色问题，而不要为避免变色而降低美白剂的用量，导致因小失大。因此，在体外实验证实变色不会影响功效成分的活性之后，该品牌选择保证功效成分的添加量，并复配一定的抗氧化剂，减缓变色过程。销售方面，主推小规格产品，通过加快产品的购买频次，以降低变色带来的感官影响。同时加强对消费者的教育，引导消费者正确对待产品的变色问题。

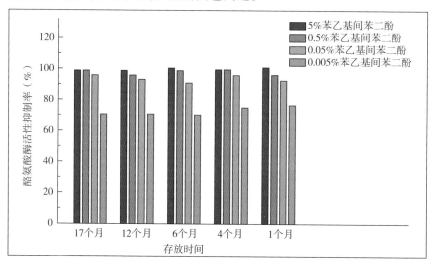

图5-3 不同生产批次美白精华液在不同稀释浓度下体外酪氨酸酶活性的抑制情况

此外，在产品开发前期应对包材进行初步筛选。仍以18~22岁消费者为例，该年龄段消费者心智较为年轻，对于新鲜事物具有尝试意愿，较为新颖的包材或特色剂型更能吸引该部分消费者的注意力。因此，在产品开发调研阶段，包材的设计与配方的开发应同步开展，避免出现包材与料体不兼容或剂型与配方不适配的问题，影响产品的开发周期。

综上，该品牌以0.5%高添加量的苯乙基间苯二酚作为产品的核心功效成分，保证产品高功效的同时，选用精华制剂作为承接。肤感清爽，产品呈透明状态，外观与其他市售含苯乙基间苯二酚的产品有所区别。主推小规格产品。外观设计较为科技感，迎合年轻一代消费者的需求。产品推出后，在电商渠道进行售卖，广受消费者的好评，为品牌带来了巨大的经济效益。

二、 基础研发

在完成初期调研后，需针对性地开展产品研发工作，这一阶段可分为功效成分起效率的研究、成分与皮脂融合情况的探索，功效成分在靶向位点渗透作用的研究、体外活性的测试，临床应用结果以及人体安全作用的评估等多个维度。

以国内新锐品牌开发晒后美白产品的研究过程为例。依据晒后色沉的原理，当皮肤受到紫外线照射时，角质层的皮脂结构会产生信号，传递至黑素细胞中，激活酪氨酸酶，催化细胞中的酪氨酸生成多巴，并逐步氧化成黑色素。最终转移至角质层，并在表皮沉积。酪氨酸酶催化是黑色素生成的决速步，因此该项目围绕酪氨酸酶抑制作用进行深入研究。在研发阶段，对不同功效成分和组合物的起效率进行探索，这里起效率的研究指代功效原料或组分的抑制黑色素的机理以及功效成分的起效浓度。该品牌对美白活性成分进行酪氨酸酶抑制测试，筛选出酪氨酸酶抑制率高的苯乙基间苯二酚作为核心美白功效成分，之后对不同浓度的苯乙基间苯二酚进行体外酪氨酸酶测试，考察不同浓度下该原料的细胞毒性以及酪氨酸酶抑制率（图5-4）。实验结果表明，在法规允许的剂量范围内，苯乙基间苯二酚的酪氨酸酶抑制作用呈浓度依赖。因此该成分在添加量高的情况下，对黑色素生成具有更强的抑制作用。

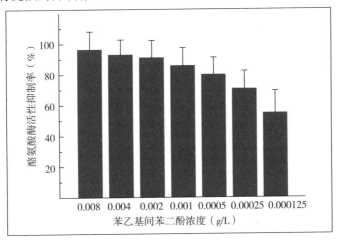

图5-4　不同浓度苯乙基间苯二酚对体外酪氨酸酶活性的抑制作用

在确定核心功效物后，通过赋形剂使其在皮肤表面均匀分散，以最大限度地促进功效成分进入皮肤。化妆品中最常见用多元醇对功效成分进行分散。在这一过程中，分别利用1,3-丙二醇、1,2-丁二醇、甘油等不同的醇类进行测试，并用胶带剥离模型对皮脂层活性成分的含量进行检测，以评估活性成分的亲和率。

功效成分通常在表皮深层发挥作用，因此产品开发过程中会重点关注功效成分的渗透率。功效成分在表皮的渗透一般可以通过胞间传递、细胞器传递、胞质传递、直接渗透等多个路径。研发人员利用Franz扩散池对产品中美白功效成分的渗透作用进行测试。根据苯乙基间苯二酚的结构，其水中溶解度较低，在多元醇或部分油脂里，相容性较好。因此利用多元醇配方体系或油包水配方体系考察不同产品剂型的渗透情况，通过对比多元醇-水溶剂以及油包水体系中苯乙基间苯二酚的渗透情况，可以看出油包水体系更有助于苯乙基间苯二酚的透皮吸收。因此在开发过程中，可通过渗透率针对性地筛选出适合不同分子结构的剂型（图5-5）。

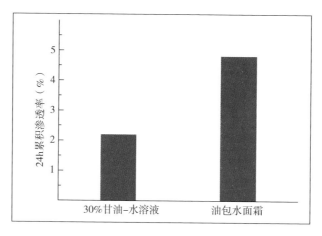

图5-5 苯乙基间苯二酚在不同产品剂型中的渗透作用

体外测试结果验证产品的功效后，产品开发人员会利用更贴近人体皮肤或生物功能性的测试方法，对黑色素抑制作用进行评估。例如在开发苯乙基间苯二酚系列产品时，利用3D-皮肤模型对活性成分进行测试（图5-6）。通过与对照组3D皮肤色度的对比，使用美白组合物的组别其表观色度更浅，证实美白组合物对黑色素沉积的抑制作用。当对3D皮肤模型的切面进行观测时，可以看出皮肤表层的黑色素生成量较少，证实该美白组合物能够显著抑制黑色素在表皮的沉积（图5-7）。

实验分组	平行1	平行2	平行3
BC对照组	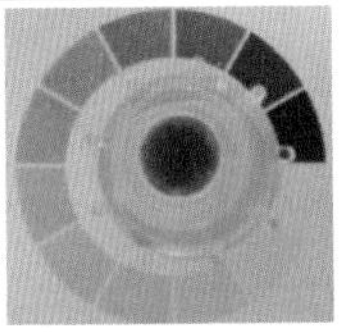	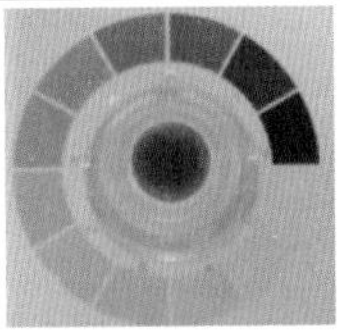	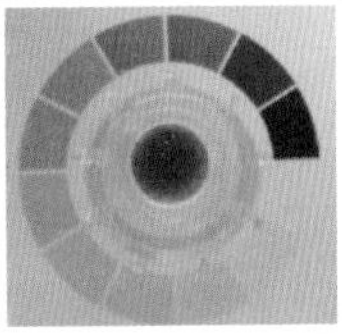
美白功效组合物	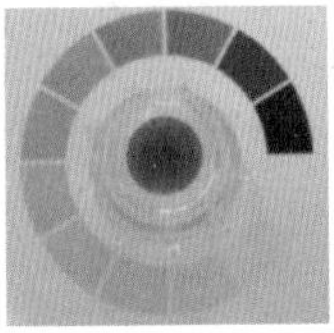	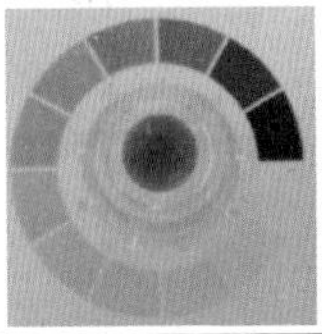	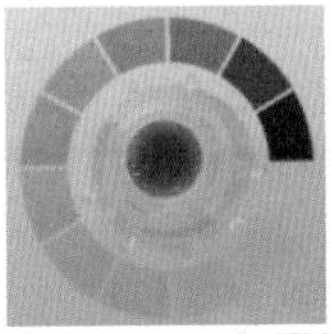

图5-6 使用美白组合物前后，3D皮肤模型表观色度变化情况

组别	平行1	平行2	平行3
BC对照组	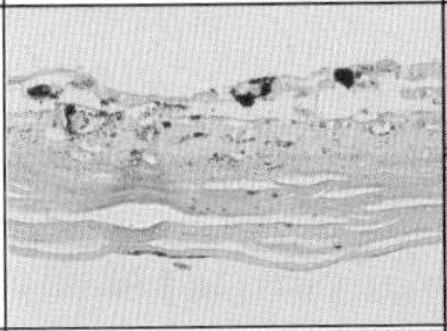	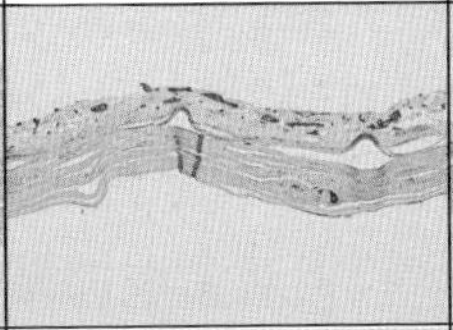	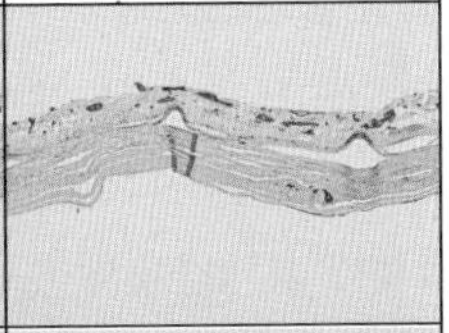
美白功效组合物	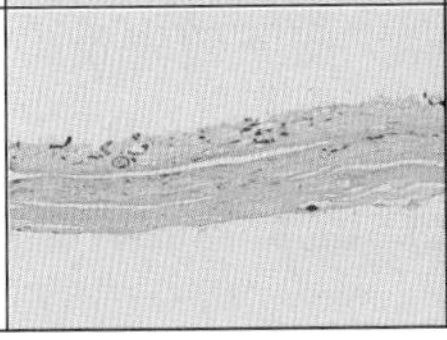	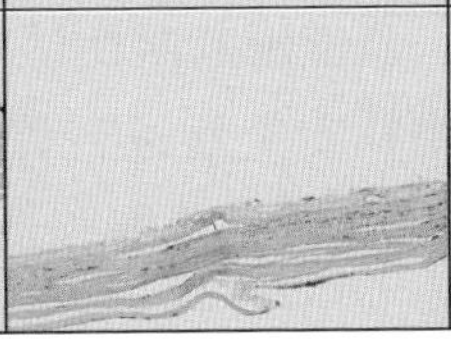	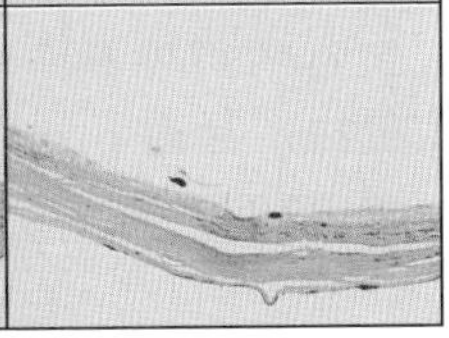

图5-7 使用美白组合物，黑色素在3D皮肤模型中的分布情况

此外，由于生物体的代谢作用会影响功效成分的起效，因此可通过活体考察功效成分的作用率。当利用斑马鱼对功效组合物进行测试，发现功效组合物能够有效抑制斑马鱼身体表面黑色素的生成（图5-8）。表征在实际生物体中，活性成分能够发挥抑制黑色素生成的作用。

正常对照组　　　　　　　　　美白组合物

图5-8 功效组合物对斑马鱼黑色素生成的抑制作用

在确认功效成分能够在生物体内参与抑制黑色素的生成之后，需进一步对产品的临床应用情况进行考察。测试人员在使用产品的当天、第 14 天以及第 28 天对受试者面部 ITA°值、MI 值、L*值等进行记录。从图片可以看出，在使用产品 28 天之后，面部色素沉着情况有所改善（图 5 - 9）。

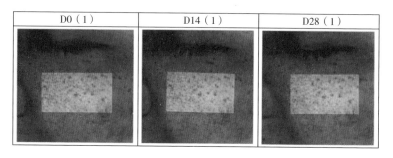

图 5 - 9　利用 Antera 3D 对受试者色素沉着区域成像记录

除对产品的美白功效进行评估外，产品的安全性是研发人员重点关注的内容。特别是具有美白功效的产品，其靶点位置处于表皮较深层，对于皮肤存在一定的刺激性，因此需要进行较多安全性测试，包括细胞毒性、急性经皮毒性、光毒性、多次皮肤刺激性、急性眼刺激性试验、皮肤变态反应实验等。研发人员在开发美白产品时，对原料安全性进行评估（图 5 - 10），结果表明，该功效成分在不同测试浓度下，均不会对细胞活性造成影响，证实该原料无细胞毒性。

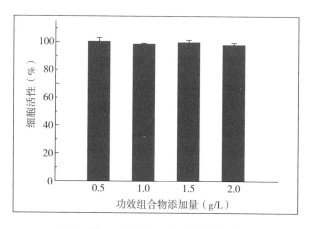

图 5 - 10　功效成分对细胞活性的影响

鸡胚实验是一种灵敏度高、响应快速的刺激性检测方法。在对功效成分进行细胞测试后，研究人员利用鸡胚实验对产品的安全性进行评估（图 5 - 11），向发育良好的鸡胚中添加待测样品，鸡胚中的血管发育良好，血管清晰，不存在血管消失或溶血现象，说明待测样品刺激性较低。

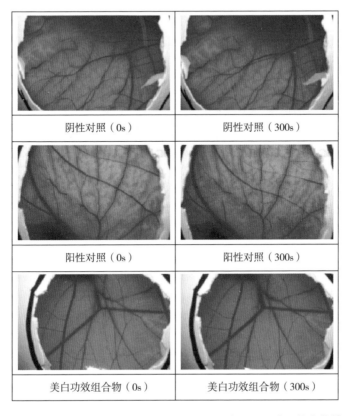

图 5－11　添加生理盐水、阳性对照以及美白成分后，鸡胚的变化情况

　　将待测样品进行鸡胚实验后，研发人员会利用多次皮肤刺激性实验对产品的生物毒理学进行更深入的探究。对终产品进行多次皮肤刺激性实验时，可直接使用原样品进行涂抹，不需进行额外的稀释等操作。研究人员在实验用家兔的脊柱两侧剃毛部分，分别涂抹 0.5g 受试产品以及 0.5g 蒸馏水，每天涂抹 1 次，连续涂抹 14 天。并记录受试产品对家兔皮肤刺激性的结果（表 5－2）。从表中数据可以看出，在受试期间，每只动物每天的皮肤刺激反应值均为 0.00，属无刺激性。

表 5 - 2 受试产品对家兔多次皮肤刺激性实验结果

涂抹时间（天）	动物数（只）	皮肤刺激性反应积分					
		样品			对照		
		红斑	水肿	总分	红斑	水肿	总分
1	4	0	0	0	0	0	0
2	4	0	0	0	0	0	0
3	4	0	0	0	0	0	0
4	4	0	0	0	0	0	0
5	4	0	0	0	0	0	0
6	4	0	0	0	0	0	0
7	4	0	0	0	0	0	0
8	4	0	0	0	0	0	0
9	4	0	0	0	0	0	0
10	4	0	0	0	0	0	0
11	4	0	0	0	0	0	0
12	4	0	0	0	0	0	0
13	4	0	0	0	0	0	0
14	4	0	0	0	0	0	0
14 天每只动物积分均值	—	—	—	—0.00	—	—	0.00
每天每只动物积分均值	—	—	—	0.00	—	—	0.00

此外，还需考察产品的皮肤光毒性。该方法同样利用样品直接涂抹受试物于实验动物体表。实验设备包含德国 Philips lighting 公司生产，型号为 TL - K40W/10R 的 UVA 灯管以及北京师范大学光电仪器厂生产的型号为 UV - A 的紫外辐照计，设置试验平均光强为 $9.79\text{mW}/\text{cm}^2$，照射剂量为 $10\text{J}/\text{cm}^2$，照射距离为 25cm，照射时间为 17min2s。在受试部位分别涂抹阳性对照物和受试产品，于照射后 1h、24h、48h、72h 后观察测试部位的皮肤状态，并根据皮肤反应评分标准进行评估，记录每只动物不同观察期积分值。具体结果如表 5 - 3 和表 5 - 4。结合对照组的实验结果可以看出，受试产品未见皮肤光毒性。

表 5 - 3 受试物对豚鼠皮肤光毒性试验结果

动物编号	性别	体重（g）	皮肤反应积分															
			1h				24h				48h				72h			
			1	2	3	4	1	2	3	4	1	2	3	4	1	2	3	4
1	雄	278	0	0	0	0	0	0	0	0	0	0	0	0	0	0	0	0
2	雄	259	0	0	0	0	0	0	0	0	0	0	0	0	0	0	0	0

动物编号	性别	体重(g)	1h 1	1h 2	1h 3	1h 4	24h 1	24h 2	24h 3	24h 4	48h 1	48h 2	48h 3	48h 4	72h 1	72h 2	72h 3	72h 4
3	雄	312	0	0	0	0	0	0	0	0	0	0	0	0	0	0	0	0
4	雌	277	0	0	0	0	0	0	0	0	0	0	0	0	0	0	0	0
5	雌	336	0	0	0	0	0	0	0	0	0	0	0	0	0	0	0	0
6	雌	265	0	0	0	0	0	0	0	0	0	0	0	0	0	0	0	0

表5-4　阳性对照对豚鼠皮肤光毒性试验结果

动物编号	性别	体重(g)	1h 1	1h 2	1h 3	1h 4	24h 1	24h 2	24h 3	24h 4	48h 1	48h 2	48h 3	48h 4	72h 1	72h 2	72h 3	72h 4
1	雄	337	0	0	0	0	0	4	0	0	0	4	0	0	0	0	0	0
2	雄	302	0	0	0	0	0	4	0	0	0	3	0	0	0	0	0	0
3	雄	298	0	0	0	0	0	4	0	0	0	3	0	0	0	0	0	0
4	雌	295	0	0	0	0	0	3	0	0	0	2	0	0	0	0	0	0
5	雌	320	0	0	0	0	0	4	0	0	0	4	0	0	0	0	0	0
6	雌	290	0	0	0	0	0	4	0	0	0	3	0	0	0	0	0	0

除动物实验外，研究人员利用人体斑贴试验，对终产品的刺激性进行测试。通过将待测终产品置于斑试器内，贴敷于受试者背部，24h后去除受试物，并记录0.5h、24h、48h观察的皮肤反应，并根据《化妆品安全技术规范》（2015年版）中规定的皮肤反应分级标准，判定刺激性结果，产品的测试结果如表5-5所示。从表中可以看出，本次实验的30位受试者中，无人出现皮肤不良反应。

表5-5　某美白产品人体皮肤斑贴试验结果

组别	受试人数（人）	观察时间（h）	斑贴试验不同皮肤反应人数（人）0	1	2	3	4
受试物	30	0.5	30	0	0	0	0
		24	30	0	0	0	0
		48	30	0	0	0	0
对照	30	0.5	30	0	0	0	0
		24	30	0	0	0	0
		48	30	0	0	0	0

除对产品的毒理学进行检测，根据《化妆品安全技术规范》（2015 年版）产品在备案之前需进行微生物、理化检验等相关安全性测试。通常微生物检验项目会对产品菌落总数、霉菌和酵母菌数、耐热大肠菌群、金黄色葡萄球菌、铜绿假单胞菌数目进行测试。对某美白产品的微生物检验结果如表 5 –6。

表 5 –6　某美白产品微生物检验结果

检验项目	单位	结果	限值
菌落总数	CFU/g	< 10	≤1000
霉菌和酵母菌	CFU/g	< 10	≤100
耐热大肠菌群	/g	未检出	不得检出
金黄色葡萄球菌	/g	未检出	不得检出
铜绿假单胞菌	/g	未检出	不得检出

产品的安全性扮演着至关重要的角色。安全问题一经出现将给消费者带来身体和心理上的伤害，也将是品牌毁灭性的打击。因此，每一位开发人员务必慎重对待，严格按照安全度的相关指标对产品进行管控，开发出安全、有效的产品。

注：以上案例的测试数据由广州肌肤未来美白实验室提供。该实验室将五率一度（起效率、亲和率、渗透率、抑黑率、美白速率、安全度）作为产品的开发标准，已成功开发多款广受好评的美白产品。

附录

一、第一法　紫外线诱导人体皮肤黑化
模型祛斑美白功效测试法

1　范围

本方法规定了通过紫外线诱导人体皮肤黑化模型对化妆品祛斑美白功效的测试方法。

2　定义

2.1　最小红斑量（Minimal Erythema Dose，MED）

引起皮肤清晰可见的红斑，其范围达到照射点大部分区域所需要的紫外线照射最低剂量（J/m²）或最短时间（s）。

2.2　个体类型角（individual Type Angle，ITA°）

通过皮肤色度计或反射分光光度计测量皮肤 L*、a*、b*颜色空间数据来表征人体皮肤颜色的参数，计算公式如下：

$$ITA° = \left\{ \arctan \frac{(L^* - 50)}{b^*} \right\} \frac{180}{\pi}$$

2.3　黑素指数（Melanin Index，MI）

通过测定皮肤表面对特定波长光谱的吸收来表征皮肤中黑色素含量的参数。

3　试验方法

3.1　受试者的选择

按入选和排除标准选择合格的受试者，确保各测试区最终完成有效例数均不低于30人。

3.1.1　入选标准

3.1.1.1　18～60岁，健康男性或女性。

3.1.1.2　测试部位肤色ITA°值在20°～41°者。

3.1.1.3　无过敏性疾病，无化妆品或其他外用制剂过敏史。

3.1.1.4　既往无光感性疾病史，近期内未使用影响光感性的药物。

3.1.1.5 受试部位的皮肤应无色素沉着、炎症、瘢痕、色素痣、多毛等现象。

3.1.1.6 能够接受测试区域皮肤使用人工光源进行晒黑者。

3.1.1.7 能理解测试过程，自愿参加试验并签署书面知情同意书者。

3.1.2 排除标准

3.1.2.1 妊娠或哺乳期妇女，或近期有备孕计划者。

3.1.2.2 有银屑病、湿疹、异位性皮炎、严重痤疮等皮肤病史者。

3.1.2.3 近1个月内口服或外用过类固醇皮质激素等抗炎药物者。

3.1.2.4 近2个月内口服或外用过任何影响皮肤颜色的产品或药物（如氢醌类制剂）者。

3.1.2.5 近3个月内参加过同类试验或3个月前参加过同类试验，但试验部位皮肤黑化印迹没有完全褪去者。

3.1.2.6 近2个月内参加过其他临床试验者。

3.1.2.7 其他临床评估认为不适合参加试验者。

3.2 受试物

3.2.1 试验产品：祛斑美白化妆品。

3.2.2 阴性对照：黑化区空白对照。

3.2.3 阳性对照：按附录 I 配方配制的7%抗坏血酸（维生素 C）制品（4℃冷藏、铝管避光保存）。

3.2.4 受试物涂抹

由工作人员按照随机表对应测试区进行受试物的涂抹，涂样面积应不小于 $6cm^2$，涂样量为（2.00±0.05）mg/cm^2。每个测试区之间的间隔应不小于 1.0cm。产品使用频率应根据产品使用说明，如需每天多次涂抹，每次涂抹间隔时间不小于4h。

3.3 试验部位 优先选择背部作为试验部位，也可选择大腿、上臂等非曝光部位。每个黑化测试区面积应不小于 $0.5cm^2$，并应位于每个涂样区域内。

3.4 试验仪器

3.4.1 日光模拟仪：采用具有连续性光谱辐射、能够产生 UVA + UVB 波长紫外线的氙弧灯日光模拟仪。290nm 以下的波长应用适当的过滤系统去除，输出波谱须经过计量检定或校准。

3.4.2 皮肤色度仪：具有可以测量国际照明委员会（CIE）制定的 L^*、a^*、b^*颜色空间数据的仪器。

3.4.3 皮肤黑素检测仪：具有基于光谱吸收的原理检测皮肤 MI 值的仪器。

3.5 环境条件

试验过程中视觉评估、仪器测试环节都应在温度为（21±1）℃、相对湿度为（50±10）% RH 的环境下进行，视觉评估还应在恒定光照（色温 5500～6500K 的日光灯管或 LED 光照）条件下进行，受试者须在此环境条件下适应至少 30min 后方可进行评估和测试。

3.6 试验流程

3.6.1 按照要求招募入组志愿受试者，签署书面知情同意书。入组前根据入选和排除标准等询问受试者一系列关于疾病史、健康状况等问题，同时对受试部位皮肤进行符合性评估和肤色测试筛选，并记录。

3.6.2 合格受试者进入建立人体皮肤黑化模型阶段。首先应确定每位受试者试验部位的 MED。然后在试验部位选定各测试区，用日光模拟仪在相同照射点按 0.75 倍 MED 剂量每天照射 1 次，连续照射 4 天。

3.6.3 照射结束后的 4 天为皮肤黑化期，不作任何处理。

3.6.4 照射结束后第 5 天，对各测试区皮肤颜色进行视觉评估和肤色仪器检测，应剔除一致性差的测试区（ITA°值与全部测试区均值相差大于 5 的区域）。当天开始在各黑化测试区根据随机表涂抹相应受试物。

3.6.5 连续涂抹受试物至少 4 周，在涂抹后 1 周、2 周、3 周和 4 周应对皮肤颜色进行视觉评估和仪器检测，并记录。

3.6.5.1 视觉评估

由皮肤科医生借助由浅至深肤色的色卡对各测试区肤色进行分别评估，并及时记录评分。

3.6.5.2 皮肤色度仪测量

在各个访视时点，用皮肤色度仪分别测量各测试区域的 L^*、a^*、b^* 值，每个区域测试 3 次，记录并计算 ITA°值，ITA°值越大，肤色越浅，反之肤色越深。

3.6.5.3 皮肤黑色素检测仪测量

在各访视时点，用皮肤黑色素检测仪分别测量各测试区域的 MI 值，每个测试区测试 3 次，并记录；MI 值越小，表示皮肤黑色素含量越低，反之皮肤黑色素含量越高。

3.7 数据分析

应用统计分析软件进行数据的统计分析。计量资料表示为：均值±标准差，并进行正态分布检验，符合正态分布要求，自身前后的比较采用配对 t 检验，否则采用两个相关样本秩和检验；等级资料使用前后的比较，采用两个相关样本秩和检验；测试区和对照区之间比较采用独立样本 t 检验或秩和检验；同时，计算各参数随时间变化的回归系数（斜率 k 值），显著性水平均为 $P<0.05$。

3.8　试验结论

试验样品涂抹前后任一时间点肤色视觉评分差值或 ITA°差值与阴性对照相比有显著改善（$P<0.05$），或经回归系数分析整体判断试验样品与阴性对照相比皮肤黑化显著改善时（$P<0.05$），则认定试验产品具有祛斑美白功效性，否则认为试验产品无祛斑美白功效。

4　检验报告

检验报告应包括下列内容：样品编号、名称、生产批号、生产及送检单位、样品物态描述以及检验起止时间等，检验项目、材料和方法、检验结果、结论。检验报告应有授权签字人签字，归档报告应由检验人、校核人和授权签字人分别签字，均需加盖试验机构检验检测专用章或公章。其中检验结果以表格形式给出，如附表 1 ~ 附表 2。

附表 1　试验样品及对照检测结果

受试物	受试者编号	姓名（首字母）	性别	年龄	使用前		使用后							
							1 周		2 周		3 周		4 周	
					ITA°	MI	ITA°	MI	ITA°	MI	ITA°	MI	ITA°	MI
试验产品	01													
	02													
	03													
	04													
	05													
	06													
	07													
	08													
	09													
	10													
	……													
	平均值($\bar{X}$)													
	标准差(SD)													

续表

受试物	受试者编号	姓名（首字母）	性别	年龄	使用前		使用后							
							1 周		2 周		3 周		4 周	
					ITA°	MI	ITA°	MI	ITA°	MI	ITA°	MI	ITA°	MI
阴性对照	01													
	02													
	03													
	04													
	05													
	06													
	07													
	08													
	09													
	10													
	……													
	平均值($\bar{X}$)													
	标准差(SD)													
阳性对照	01													
	02													
	03													
	04													
	05													
	06													
	07													
	08													
	09													
	10													
	……													
	平均值($\bar{X}$)													
	标准差(SD)													

注：计量资料数据结果表。

附表 2　试验样品及对照检测结果

受试物	受试者编号	姓名（首字母）	性别	年龄	使用前 视觉肤色等级	使用后			
						1 周 视觉肤色等级	2 周 视觉肤色等级	3 周 视觉肤色等级	4 周 视觉肤色等级
试验产品	01								
	02								
	03								
	04								
	05								
	06								
	07								
	08								
	09								
	10								
	……								
	最小值 Min								
	中位数 Median								
	最大值 Max								
阴性对照	01								
	02								
	03								
	04								
	05								
	06								
	07								
	08								
	09								
	10								
	……								
	最小值 Min								
	中位数 Median								
	最大值 Max								

续表

受试物	受试者编号	姓名（首字母）	性别	年龄	使用前	使用后			
						1 周	2 周	3 周	4 周
					视觉肤色等级	视觉肤色等级	视觉肤色等级	视觉肤色等级	视觉肤色等级
阳性对照	01								
	02								
	03								
	04								
	05								
	06								
	07								
	08								
	09								
	10								
	……								
	最小值 Min								
	中位数 Median								
	最大值 Max								

注：等级资料数据结果表。

二、7%抗坏血酸（维生素C）阳性
对照物的制备方法

1. 在紫外线诱导人体皮肤黑化模型祛斑美白功效试验中，应同时测定按表3配方制备的阳性对照物，作为试验质量控制参考。

2. 阳性对照为7%抗坏血酸（维生素C）制品。

3. 阳性对照物的配方和制备方法见附表3。

附表3　7%抗坏血酸（维生素C）的制备

	成分	重量比%
A 相		
A1	水（water）	8.65
	甘油（glycerin）	23.00
	丙二醇（propylene glycol）	6.00
	羟苯甲酯（methylparaben）	0.20
	EDTA 二钠（disodium EDTA）	0.05
A2	水（water）	13.93
	抗坏血酸（维生素C）（ascorbic acid）	7.00
	氢氧化钾（potassium hydroxide）	4.07
B 相		
B1	PEG/PPG - 18/18 聚二甲基硅氧烷（PEG/PPG - 18/18 dimethicone）	20.00
	聚二甲基硅氧烷/乙烯基聚二甲基硅氧烷交联聚合物［dimethicone（and）dimethicone/vinyl dimethicon crosspolymer］	5.00
	苯基聚三甲基硅氧烷（phenyl trimethicone）	4.00
B2	杏仁油［prunus armeniaca（appicot）kernel oil］	3.00
	羟基丙酯（propylparaben）	0.10
C 相		
	锦纶 - 12（nylon - 12）	5.00

注：1. 制备方法：将A1和B2分别加热至65～70℃，直至完全溶解，然后冷却至室温；再将A2加入A1中，搅拌均匀（混合物pH值需在6.0左右）；将B1加入B2中，室温下以2000～2500r/min的转速搅拌5min进行均质。A、B相分别均质好后，以3000～4000r/min将A相加入B相中，再以8000r/min搅拌5min进行乳化。乳化完成后，室温条件下加入C相，然后以8000～10000r/min搅拌10min进行均质，完成。

2. 将配制物分装到铝管中，4℃保存，保质期为6个月。

3. 本配方制备物仅限于试验用途，不能用作商业目的。

三、第二法　人体开放使用祛斑美白功效测试法

1　范围

本方法规定了对化妆品祛斑美白功效的人体开放使用试验的测试方法。

2　定义

2.1　个体类型角（Individual Type Angle，ITA°）

通过皮肤色度计或反射分光光度计测量皮肤 L^*、a^*、b^* 颜色空间数据来表征人体皮肤颜色的参数，计算公式如下：

$$ITA° = \left\{ \arctan \frac{(L^* - 50)}{b^*} \right\} \frac{180}{\pi}$$

2.2　黑素指数（Melanin Index，MI）

通过测定皮肤表面对特定波长光谱的吸收来表征皮肤中黑色素含量的参数。

3　试验方法

3.1　受试者的选择

按受试者入选和排除标准选择合格的受试者，并按随机表分为试验组和对照组，在受试部位左右两侧色斑对称的情况下，可分为试验样品侧和对照产品侧，确保最终完成有效例数不少于 30 人/组（侧）。

3.1.1　入选标准

3.1.1.1　18～60 岁，健康女性或男性。

3.1.1.2　受试部位至少有一个和周围邻近皮肤的 ITA°差值大于 10°的明显色斑，且直径不小于 3mm（不能是临床上使用外用制剂难以改善的雀斑、色素痣等）。

3.1.1.3　无过敏性疾病，无化妆品及其他外用制剂过敏史。

3.1.1.4　既往无光感性疾病史，近期内未使用影响光感性的药物。

3.1.1.5　受试部位皮肤应无胎记、炎症、瘢痕、多毛等现象。

3.1.1.6　能够理解试验过程，自愿参加试验并签署书面知情同意书者。

3.1.2　排除标准

3.1.2.1　妊娠或哺乳期妇女，或近期有备孕计划者。

3.1.2.2　患有银屑病、湿疹、异位性皮炎、严重痤疮等皮肤病史者；或患有其他慢性系统性疾病者。

3.1.2.3　近 1 个月内口服或外用过皮质类固醇激素等抗炎药物者。

3.1.2.4　近2个月内使用过果酸、水杨酸等任何影响皮肤颜色的产品或药物（如氢醌类制剂）者。

3.1.2.5　近3个月内试验部位使用过维A酸类制剂或进行过化学剥脱、激光、脉冲光等医美治疗者。

3.1.2.6　不可避免长时间日光暴露者。

3.1.2.7　近2个月内参加过其他临床试验者。

3.1.2.8　其他临床评估认为不适合参加试验者。

3.1.3　受试者限制

3.1.3.1　在试验期间受试部位必须使用试验机构提供的试验样品或对照产品，不能使用其他任何具有祛斑美白功效或者可能对测试结果产生影响的产品。

3.1.3.2　在试验期间不能有暴晒情况，并应做好试验部位的防晒工作。

3.2　受试物

3.2.1　试验产品：祛斑美白化妆品。

3.2.2　对照产品：不含祛斑美白功效成分的相应试验样品基质配方产品，与试验样品平行测试。

3.2.3　使用方法：由工作人员按照随机表发放试验产品和对照产品，并根据使用说明对受试者进行使用指导，确保受试者正确、连续使用产品8周；受试部位左右随机分侧使用两组产品时，需采用能够确保受试者正确区分和使用两侧试验产品和对照产品的监控措施（如在试验机构工作人员的指导、监督下使用等），并在试验报告中说明产品使用的监控方式。要求受试者记录使用时间及使用过程中的任何不适感和不良反应症状。

3.3　试验部位

根据产品使用说明确定需要使用祛斑美白化妆品的试验部位（如面部）。

3.4　仪器设备

3.4.1　皮肤色度仪：具有可以测量国际照明委员会（CIE）制定的 L^*、a^*、b^* 颜色空间数据的仪器。

3.4.2　皮肤黑素检测仪：具有基于光谱吸收的原理检测皮肤 MI 值的仪器。

3.4.3　标准图像拍摄设备：能够拍摄正面、左侧和右侧面部或其他受试部位图像，具有可见光/偏振光滤镜的拍摄系统。

3.5　环境条件

试验结果观察应在温度为（21±1）℃、相对湿度为（50±10）% RH 的恒定环境下进行，视觉评估还应在恒定光照条件（色温 5500～6500K 的日光灯管或

LED 光照）下进行，并且所有受试者应在此环境条件下适应至少 30min 后方可进行评估和测试。

3.6 试验流程

3.6.1 按照要求招募入组志愿受试者，签署书面知情同意书。入组前根据入选和排除标准等询问受试者一系列关于疾病史、健康状况等问题，同时对试验部位色斑等皮肤状况进行符合性评估和肤色测试筛选，并记录。

3.6.2 对入组的合格受试者进行产品使用前皮肤基础值评估和测试，包括视觉评估、仪器测试和标准图像拍摄，并记录；产品使用后 2 周、4 周、8 周再次进行相同的评估和测试。

3.6.2.1 视觉评估

在各访视时点，由经过培训的皮肤科医生借助由浅至深肤色的色卡对试验部位色斑区进行肤色评估，并记录评分。

3.6.2.2 皮肤色度仪测量

在各访视时点，用皮肤色度仪分别测量试验组（侧）及对照组（侧）试验部位色斑区皮肤的 L^*、a^*、b^* 数值，每个测试区测试 3 次，记录并计算 ITA°值。测试皮肤区域 ITA°值越大，肤色越浅，反之越深。

3.6.2.3 皮肤黑素检测仪测量

在各访视时点，用皮肤黑素测试仪分别测量试验组（侧）及对照组（侧）试验部位色斑区皮肤的 MI 值，每个测试区测试 3 次，并记录；测试区 MI 值越小，肤色越浅，反之越深。

3.6.2.4 图像摄取和分析

在各访视时点，采用皮肤图像拍摄系统拍摄标准图像。用图像分析软件分析受试部位不同访视时点相关参数（色斑光密度均值、色斑面积占比），并记录；受试部位图像色斑光密度均值越小，肤色越浅。

3.7 数据统计

应用统计分析软件进行数据的统计分析。计量资料表示为：均值 ± 标准差，并进行正态分布检验，符合正态分布要求，自身前后的比较采用配对 t 检验，否则采用两个相关样本秩和检验；等级资料使用前后的比较，采用两个相关样本秩和检验；试验样品和对照组之间比较采用独立样本 t 检验或秩和检验。上述统计分析均为双尾检验，显著性水平为 $\alpha = 0.05$。

3.8　试验结论

试验组（侧）使用产品前后任一访视时点视觉评估、仪器测试或图像分析相关参数中任一参数的变化结果相差显著（$P < 0.05$），或使用样品后测试值结果显著优于对照组（侧）结果时（$P < 0.05$），则认定试验产品有祛斑美白功效，否则认为试验产品无祛斑美白功效。

4　检验报告

检验报告应包括下列内容：样品编号、名称、生产批号、生产及送检单位、样品物态描述以及检验起止时间等，检验项目、材料和方法、检验结果、结论。检验报告应有授权签字人签字，归档报告应由检验人、校核人和授权签字人分别签字，均需加盖试验机构检验检测专用章或公章。其中检验结果以表格形式给出，如附表4~附表6。

附表4　试验样品及对照检测结果

受试物	受试者编号	姓名（首字母）	性别	年龄	使用前		使用后					
							2 周		4 周		8 周	
					ITA°	MI	ITA°	MI	ITA°	MI	ITA°	MI
试验产品	01											
	02											
	03											
	04											
	05											
	06											
	07											
	08											
	09											
	10											
	……											
	平均值（$\bar{X}$）											
	标准差（SD）											

续表

受试物	受试者编号	姓名（首字母）	性别	年龄	使用前		使用后					
							2周		4周		8周	
					ITA°	MI	ITA°	MI	ITA°	MI	ITA°	MI
对照产品	01											
	02											
	03											
	04											
	05											
	06											
	07											
	08											
	09											
	10											
	……											
	平均值（$\overline{X}$）											
	标准差（SD）											

注：计量资料数据结果表。

附表5　试验样品及对照检测结果

受试物	受试者编号	姓名（首字母）	性别	年龄	使用前		使用后					
							2周		4周		8周	
					色斑光密度均值	色斑面积占比	色斑光密度均值	色斑面积占比	色斑光密度均值	色斑面积占比	色斑光密度均值	色斑面积占比
试验产品	01											
	02											
	03											
	04											
	05											
	06											
	07											
	08											
	09											

续表

受试物	受试者编号	姓名（首字母）	性别	年龄	使用前		使用后					
							2 周		4 周		8 周	
					色斑光密度均值	色斑面积占比	色斑光密度均值	色斑面积占比	色斑光密度均值	色斑面积占比	色斑光密度均值	色斑面积占比
试验产品	10											
	……											
	平均值（$\overline{X}$）											
	标准差（SD）											
对照产品	01											
	02											
	03											
	04											
	05											
	06											
	07											
	08											
	09											
	10											
	……											
	平均值（$\overline{X}$）											
	标准差（SD）											

注：计量资料数据结果表。

附表 6　试验样品及对照检测结果

受试物	受试者编号	姓名（首字母）	性别	年龄	使用前 视觉肤色等级	使用后 2周 视觉肤色等级	使用后 4周 视觉肤色等级	使用后 8周 视觉肤色等级
试验产品	01							
	02							
	03							
	04							
	05							
	06							
	07							
	08							
	09							
	10							
	……							
	最小值 Min							
	中位数 Median							
	最大值 Max							
对照产品	01							
	02							
	03							
	04							
	05							
	06							
	07							
	08							
	09							
	10							
	……							
	最小值 Min							
	中位数 Median							
	最大值 Max							

注：等级资料数据结果表。

参考文献

[1] Dragicevic N, Maibach HI. Percutaneous penetration enhancers drug penetration into/through the skin [M]. Berlin: Springer – Verlag, 2017: 1 – 355.

[2] Dong Y, Wang H, Cao J, et al. Nitric oxide enhances melanogenesis of alpaca skin melanocytes in vitro by activating the MITF phosphorylation [J]. Molecular & Cellular Biochemistry, 2011, 352: 255 – 260.

[3] Cyganovic P, Jakimiuk K, Koni M Z, et al. Glycerolic licorice extracts as active cosmeceutical ingredients: extraction optimization, chemical characterization, and biological activity [J]. Antioxidants, 2019, 8 (10): 445.

[4] Liang M S, et al. Antioxident mechanisms of echinatin and licochalcone A [J]. Molecules, 2019, 24 (1): 3.

[5] Liu J, et al. Preparation, in vitro and in vivo evaluation of isoliquiritigenin – loaded TPGS modified proliposomes [J]. Internation Journal of Pharmaceutic, 2019, 563: 53 – 62.

[6] Chang C, Liu B, Bao Y, etc. Efficient bioconversion of raspberry ketone in Escherichia coli using fatty acids feedstocks [J]. Microbial Cell Factories, 2021, 20 (1): 1 – 12.

[7] Rajak R C, Singh A, Banerjee R. Biotransformation of hydrolysable tannin to ellagic acid by tannase from Aspergillus awamori [J]. Biocatalysis and Biotransformation, 2017, 35 (1): 1 – 8.

[8] Trivedi M K, Gangwar M, Mondal S C, et al. Protective effects of tetrahydrocurcumin (THC) on fibroblast and melanoma cell lines in vitro: it's implication for wound healing [J]. Journal of Food Science and Technology, 2017, 54 (5).

[9] Azuma A, Yahushiji H, Sato A. Postharvest light irradiation and appropriate temperature treatment increase anthocyanin accumulation in grape berry skin [J]. Postharvest Biol Technol, 2019, 147 (1): 89 – 99.

[10] Cheng M Y, Hoang N D. Estimating construction duration of diaphragm wall using firefly – tuned least squares support vector machine [J]. Neural Computing and Applications, 2018, 30 (8): 2489 – 2497.

［11］ Azam M S, Kwon M, Choi J, et al. Sargaquinoic acid ameliorates hyperpigmenta-tion through cAMP and ERK – mediated downregulation of MITF in alpha – MSH – stimulated B16F10 cells ［J］. Biomed Pharmacother, 2018, 104: 582 –589.

［12］ Huang S Y, Chen F, Cheng H, et al. Modification and application of polysac-charide from traditional Chinese medicine such as Dendrobium officinale ［J］. International Journal of Biological Macromolecules, 2020, 157: 385 –393.

［13］ Kang M, Park SH, Park SJ, et al. p44 /42 MAPK signaling is a prime target ac-tivated by phenylethyl resorcinol in its anti – melanogenic action ［J］. Phytomed-icine, 2019, 58: 152877.

［14］ Fang N, Wang C K, Liu X F, et al. De novo synthesis of astaxanthin: From or-ganisms to genes ［J］. Trends in Food Science & Technology, 2019, 92.

［15］ Kiyama R. Estrogenic biological activity and underlying molecular mechanisms of green tea constituents ［J］. Trends in Food Science & Technology, 2020, 95: 247 –260.

［16］ Jan B, Parveen R, Zahiruddin S, et al. Nutritional constituents of mulberry and their potential applications in food and pharmaceuticals: A review ［J］. Saudi Journal of Biological Sciences, 2021, 28 (7): 3909 –3921.

［17］ Yang M, Li X Y, Li H J, et al. Baicalein inhibits RLS3 – induced ferroptosis in melanocytes ［J］. Biochemical Biophysical Research Communications, 2021, 561: 65 –72.

［18］ Wang J, Jarrold B, Zhao W, et al. The combination of sucrose dilaurate and su-crose laurate suppresses HMGB1: an enhancer of melanocyte dendricity and mel-anosome transfer to keratinocytes ［J］. Journal of the European Academy of Der-matology and Venereology, 2022, 36: 3 –11.

［19］ Luca L D, Germanò M P, Fais A, et al. Discovery of a new potent inhibitor of mushroom tyrosinase (Agaricus bisporus) containing 4 – (4 – hydroxyphenyl) piperazin – 1 – yl moiety ［J］. Bioorganic & Medicinal Chemistry, 2020, 28 (11): 115497.

［20］ Pan C, Liu X, Zheng Y, et al. The mechanisms of melanogenesis inhibition by glabridin: molecular docking, PKA/MITF and MAPK/MITF pathways ［J］. Food Science and Human Wellness, 2023, 12 (1): 11.

［21］ Pereira A, Rodrigues B, Neto L, et al. On the effect of excessive solar exposure on human skin: Confocal Raman spectroscopy as a tool to assess advanced glycation end products〔J〕. Vibrational Spectroscopy, 2021（3）: 103234.

〔22〕 Leite M N, Frade M. Efficacy of 0.2% hyaluronic acid in the healing of skin abrasions in rats〔J〕. Heliyon, 2021, 7（6）: e07572.

〔23〕 郭朝万，魏瑞敬，聂艳峰，等. 樱桃李花青素的纯化及美白抗衰老活性研究〔J〕. 广东化工, 2021, 48（13）: 46-48, 28.

〔24〕 Xu X Y, Yi E S, Kang C H, et al. Whitening and inhibiting NF-κB-mediated inflammation properties of the biotransformed green ginseng berry of new cultivar K1, ginsenoside Rg2 enriched, on B16 and LPS-stimulated RAW 264.7 cells〔J〕. Journal of Ginseng Research, 2021, 45（6）: 631-641.

〔25〕 刘辉，沈衡平，李淑怡，等. 大蒜提取物化妆品对豚鼠皮肤刺激性实验研究〔J〕. 香料香精化妆品, 2021（2）: 65-67.

〔26〕 Leite M N, Frade M. Efficacy of 0.2% hyaluronic acid in the healing of skin abrasions in rats〔J〕. Heliyon, 2021, 7（6）: e07572.

〔27〕 Qiao Z, Huang S, Leng F, et al. Analysis of the bacterial flora of sensitive facial skin among women in Guangzhou〔J〕. Clinical Cosmetic And Investigational Dermatology, 2021, 14: 655-664.

〔28〕 Kwon D H, Zhang F, Suo Y, et al. Heat-dependent opening of TRPV1 in the presence of capsaicin〔J〕. Nature Structural & Molecular Biology, 2021, 28（7）: 554-563.

〔29〕 Okada Y, Sumioka T, Reniach P S, et al. Roles of epithelial and mesenchymal TRP channels in mediating inflammatory fibrosis〔J〕. Frontiers in Immunology, 2021, 12: 731674.

〔30〕 Shu P H, Li J P, Fei Y Y, et al. Angelicosides I-IV, four undescribed furanocoumarin glycosides from Angelica dahurica roots and their tyrosinase inhibitory activities〔J〕. Phytochemistry Letters, 2020, 36: 32-36.

〔31〕 Deng Y, Huang L, Zhang C, et al. Skin-care functions of peptides prepared from Chinese quince seed protein: Sequences analysis, tyrosinase inhibition and molecular docking study〔J〕. Industrial Crops and Products, 2020, 148: 112331.

〔32〕 Atzeni I M, Boersema J, Pas H H, et al. Is skin autofluorescence（SAF）representative of dermal advanced glycation endproducts（AGEs）in dark skin? A pilot study〔J〕. Heliyon, 2020, 6（11）: e05364.

〔33〕 Zw A, Hx A, Pd A, et al. Pegylated azelaic acid: Synthesis, tyrosinase inhibitory activity, antibacterial activity and cytotoxic studies [J]. Journal of Molecular Structure, 2020, 1224.

[34] 刘婷, 刘芳, 陈亮, 等. 一种中草药复合物化妆品的祛痘抗炎功效评价研究 [J]. 日用化学工业, 2020, 50 (08): 553–559, 565.

[35] Miseryl L, Weisshaar E, Brenaut E, et al. Special interest group on sensitive skin of the international forum for the study of I. pathophysiology and management of sensitive skin: position paper from the special interest interest group on sensitive skin of the international forum for the study of the Itch (IFSI) [J]. Journal of the European Academy of Dermatology and Venereology, 2020, 34 (2): 222–229.

[36] Brenaut E, Barnetche T, Gall – Ianotto C, et al. Triggering factors in sensitive skin from the worldwide patients' point of view: a systematic literature review and meta – analysis [J]. Journal of the European Academy of Dermatology and Venereology, 2020, 34 (2): 230–238.

[37] Wang X, Su Y, Zheng B, et al. Gender – related characterization of sensitive skin in normal young Chines [J]. Journal of Cosmetic Dermatology, 2020, 19 (5): 1137–1142.

[38] Cho HJ, Chung BY, Lee HB, et al. Quantitative study of stratum corneum ceramides contents in patients with sensitive skin [J]. Journal of Dermatology, 2012, 39 (3): 295–300.

[39] Zheng Y, Liang H, Li Z, et al. Skin microbiome in sensitive skin: The decrease of Staphylococcus epidermidis seems to be related to female lactic acid sting test sensitive skin [J]. Journal of Dermatology Science, 2020, 97 (3): 225–228.

[40] Keum H L, Kim H, Kim H J, et al. Structures of the skin microbiome and mycobiome depending on skin sensitivity [J]. Microorganisms, 2020, 8 (7): 1032.

[41] Kim SJ, Lim SU, Won YH, et al. The perception threshold measurement can be a useful tool for evaluation of sensitive skin [J]. International Journal of Cosmetic Science, 2010, 30 (5): 333–337.

[42] Huet F, Misery L. Sensitive skin is a neuropathic disorder [J]. Experimental Dermatology, 2019, 28 (12): 1470–1473.

[43] Alaluf S, Atkins D, Barrett K, et al. The impact of epidermal melanin on objec-

tive measurements of human skin colour［J］. Pigment Cell Research，2012（15）：119 – 126.

［44］Ogura Y，Kuwahara T，Akiyama M，et al. Dermal cabonyl modification is related to the yellowish color change of photo – aged Japanese facial skin［J］. Journal of Dermatological Science，2011，64（1）：45 – 52.

［45］Ohshima H，Oyobikawa M，Tada A，et al. Melanin and facial skin fluorescence as markers of yellowish discoloration with aging［J］. Skin Research & Technology，2009，15（4）：496 – 502.

［46］Masamitsu I，Masayuki Y，Keitaro N，et al. Glycation stress and photo – aging in skin［J］. Anti – aging Medicine，2011，8（3）：23 – 29.

［47］Yamawaki Y，Mizutani T，Okano Y，et al. The impact of carbonylated proteins on the skin and protein agents to block their effects［J］. Experimental Dermatology，2019，28：32 – 27.

［48］Mark R，Johannes B，Maria S，et al. Oxidative stress in aging human shin［J］. Biomolecules，2015，5（2）：545 – 589.

［49］Jeanmaire C，Danoux L，Pauly G. Glycation during human dermal intrinsic and actinic ageing：an in vivo and vitro model study［J］. British Journal of Dermatology，2015，145（1）：10 – 18.

［50］Stefano T，Giada M，Andrea C，et al. Vitachelox：protection of the skin against blue light – induced protein carbonylation［J］. Cosmetics，2019，6（3）：49.

［51］Gillbro J M，Olsson M J. The melanogenesis and mechanisms of skin – lightening agents – existing and new approaches［J］. International Journal of Cosmetic Science，2011，33（3）：210 – 221.

［52］Westbroek W，Lambert J，Naeyaert JM. The dilute locus and Griscelli syndrome：gateways towards a better understanding of melanosome transport［J］. Pigment Cell Research，2010，14（5）：320 – 327.

［53］Cichorek M，Wachulska M，Stasiewicz A，et al. Skin melanocytes：biology and development［J］. Postepy Dermatologii I Alergologii，2013，30（1）：30 – 41.

［54］Zhu T，Cao S，Yu Y. Synthesis，characterization and biological evaluation of paeonol thiosemicarbazone analogues as mushroom trysinase inhibitors［J］. International Jouranl of Biological Macromolecules，2013，62（0）：589 – 595

［55］Ca Us S，Danel KS，Uchacz T，et al. Optical absorption and fluorescence apectra of novel annulated analogues of azafluoranthene and azulene dyes［J］. Materials Chemistry and Physics, 2010, 121 (3): 477 – 483.

[56] Yan Z, Sun X, Li W, et al. Interactions of glutamine dipeptides with sodium do-decyl sulfate in aqueous solution measured by volume, conductivity, and fluores-cence spectra [J]. The Journal of Chemical Thermodynamics, 2011, 43 (10): 1468 – 1474.

[57] Oyama T, Takahashi S, Yoshimori A, et al. Discovery of a new type of scaffold for the creation of novel tyrosinase inhibitors [J]. Bioorganic & Medicinal Chemistry, 2016, 24 (18): 4509 – 4515.

[58] Hridya H, Amrita A, Mohan S, et al. Functionality study of santalin as tyrosi-nase inhibitor: A potential depigmentation agent [J]. International Journal of Biological Macromolecules, 2016, 86: 383 – 389.

[59] Morimoto M, Tanimoto K, Nakano S, et al. Insect antifeedant activity of flavones and chromones against Spodoptera litura [J]. Journal of Agricultural and Food Chemistry, 2003, 51 (2): 389 – 393.

[60] Fan M, Zhang G, Pan J, et al. Quercetin as a tyrosinase inhibitor Inhibitory ac-tivity, conformational change and mechanism [J]. Food Research International, 2017, 100: 226 – 233.

[61] Ho S S, Sang S S. Acteoside inhibits alpha – MSH – induced melanin production in B16 melanoma cells by inactivation of adenyl cyclase [J]. Journal of Pharma-cy & Pharmacology, 2009, 61 (10): 1347 – 1351.

[62] Mi Y C, Song H S, Hur H S, et al. Whitening activity of luteolin related to the inhibition of cAMP pathway in α – MSH – stimulated B16 melanoma cells [J]. Archives of Pharmacal Research, 2008, 31 (9): 1166 – 1171.

[63] Yoon W J, Ham Y M, Yoon H S, et al. Acanthoic acid inhibits melanogenesis through tyrosinase downregulation and malanogenic gene expression in B16 mela-noma cells [J]. Natural Product Communications, 2013, 8 (10): 1359 – 1362.

[64] Islam M S, Yoshida H, Matsuki N, et al. Antioxidant, free radical – scaven-ging, and NF – kappaB – inhibitory activities of phytosteryl ferulates: structure – activity studies [J]. Journal of Pharmacological Sciences, 2009, 111 (4): 328 – 337.

[65] Cho B O, Che D N, Yin H H, et al. Gamma irradiation enhances biological ac-tivities of mulberry leaf extract [J]. Radiation Physics & Chemistry, 2016,

133：21 –27.

[66] Valiveti S, Lu G W. Diffusion properties of model compounds in artificial sebum [J]. International Journal of Pharmaceutics, 2007, 345（1 –2）：88 –94.

[67] Liang K, Xu K, Bessarab D, et al. Arbutin encapsulated micelles improved transdermal delivery and suppression of cellular melanin production [J]. BMC Research Notes, 2016, 9（1）.

[68] Junyaprasert V B, Singhsa P, Suksiriworapong J, et al. Physicochemical proper-ties and skin permeation of Span 60/Tween 60 niosomes of ellagic acid [J]. In-ternational Journal of Pharmaceutics, 2012, 423（2）：303.

[69] Mishra A K, Mishra A, Chattopadhyay P. Assessment of in vitro sun protection factor of calendula officinalis L.（Asteraceae）essential oil formulation [J]. Journal of Young Pharmacists, 2012, 4（1）：17 –21.

[70] 陆泽安，郑赛华，马来记，等. 绵羊红细胞溶血试验用于化妆品眼刺激试验的动物替代方法研究 [J]. 日用化学品科学，2013（1）：5.

[71] 秦瑶，柯逸晖，徐宏景，等. 鸡胚尿囊膜模型在化妆品毒性和功效评估中的应用 [J]. 日用化学品科学，2016（7）：7.

[72] 苏宁，郑洪艳，杨丽，等. 3 种植物活性成分刺激性与人体适应性评价研究 [J]. 香料香精化妆品，2015（05）：49 –53.

[73] 喻欢，陈彧，程树军，等. 利用3D皮肤模型研究不同分子量透明质酸的抗刺激作用 [J]. 日用化学工业，2016, 46（06）：339 –343.

[74] Wang D D, Jin Y, Wang C, et al. Rare ginsenoside Ia synthesized from F1 by cloning and overexpression of the UDP – glycosyltransferase gene from Bacillus subtilis：synthesis, characterization, and in vitro melanogenesis inhibition activi-ty in BL6B16 cells [J]. Journal of Ginseng Research, 2018, 42（1）：42 – 49.

[75] Wagle A, Seong S H, Jung H A, et al. Identifying an isoflavone from the root of Pueraria lobata as a potent tyrosinase inhibitor [J]. Food Chemistry, 2019, 276：383 –389.

[76] Wu Q Y, Wong Z C, Wang C, et al. Isoorientin derived from Gentiana veitchio-rum Hemsl. flowers inhibits melanogenesis by down – regulating MITF – induced tyrosinase expression [J]. Phytomedicine, 2019, 57：129 –136.

[77] Dai C Y, Liu P F, Liao P R, et al. Optimization of flavonoids extraction process in Panax notoginseng stem leaf and a study of antioxidant activity and its effects

on mouse melanoma B16 cells [J]. Molecules, 2018, 23 (9): 2219.

[78] Chen Y H, Huang L, Wen Z H, et al. Skin whitening capability of shikimic acid pathway compound [J]. European Review for Medical and Pharmacological Sciences, 2016, 20 (6): 1214 – 1220.

[79] Lee C S, Nam G, Bae I H, et al. Whitening efficacy of ginsenoside F1 through inhibition of melanin transfer in cocultured human melanocytes – keratinocytes and three – dimensional human skin equivalent [J]. Journal of Ginseng Research, 2019, 43 (2): 300 – 304.

[80] Marini A, Farwick M, Grether – Beck S, et al. Modulation of skin pigmentation by the tetrapeptide PKEK: in vitro and in vivo evidence for skin whitening effects [J]. Experimental dermatology, 2012, 21 (2): 140 – 146.

[81] Fumiko W, Erika H, Chan G P, et al. Skin – whitening and skin – condition – improving effects of topical oxidized glutathione: a double – blind and placebo – controlled clinical trial in healthy women [J]. Clinical Cosmetic & Investigational Dermatology, 2014, 2014: 267 – 274.

[82] Keng C L, Fatimah M Y, Mohamed S, et al. Astaxanthin as feed supplement in aquatic animals [J]. Reviews in Aquaculture, 2018, 10 (3): 738 – 773.

[83] Paula R A, Andréia Q, Sabrina S, et al. Astaxanthin prevents changes in the activities of thioredoxin reductase and paraoxonase in hypercholesterolemic rabbits [J]. Journal of Clinical Biochemistry and Nutrition, 2012, 51 (1): 42 – 49.

[84] Lorenza S, Mirko P, Antonia P, et al. Astaxanthin Treatment Reduced Oxidative Induced Pro – Inflammatory Cytokines Secretion in U937: SHP – 1 as a Novel Biological Target [J]. Marine Drugs, 2012, 10 (4): 890 – 899.

[85] 万百惠, 李敬, 赵英源, 等. 微/纳米包封技术在改善虾青素水溶性和稳定性中的应用 [J]. 食品工业科技, 2014, 35 (23): 382 – 386.

[86] Senol F S, Khan M T H, Orhan G, et al. In silico approach to inhibition of tyrosinase by ascorbic acid using molecular docking simulations [J]. Current topics in medicinal chemistry, 2014, 14 (12): 1469 – 1472.

[87] Köpke D, Müller R H, Pyo S M. Phenylethyl resorcinol smart lipids for skin brightening – increased loading & chemical stability [J]. European Journal of Pharmaceutical Sciences, 2019, 137 (1): 104992.

[88] Hang H C, Zheng G M, Zhang X H, et al. In vitro whitening effect and mechanism of gallic acid from dimocarpus longan stone [J]. Chinese Journal of Experi-

mental Traditional Medical Formulae，2015，21（19）：121 – 124.

[89] Nurmamat M. Advances in the pharmacological effects of gallic acid［J］. Journal of Medicine & Pharmacy of Chinese Minorities，2015，21（11）：53 – 54.

[90] 张凯强，许虎君. 二葡糖基没食子酸的合成及其性能研究［J］. 日用化学工业，2022，52（2）：140 – 146.

[91] Farshi S. Comparative study of therapeutic effects of 20% azelaic acid and hydroquinone 4% cream in the treatment of melasma［J］. Journal of Cosmetic Dermatology，2011，10：282 – 287.

[92] 吴亚妮，吕晓帆，王莹，等. 苦水玫瑰精油对B16细胞中黑色素合成的影响及机制研究［J］. 日用化学工业，2022，52（03）：278 – 286.

[93] Tian Y，Hoshino T，Chen C J，et al. The evaluation of whitening efficacy of cosmetic products using a human skin pigmentation spot model［J］. Skin Research & Technology，2010，15（2）：218 – 223.

[94] Zhang L L，Yu L X，Rong M U，et al. The structure and functions of skin basement membrane［J］. Chinese Journal of Aesthetic Medicine，2016，25（10）：113 – 117.

[95] Hirao T. Structure and Function of Skin From a Cosmetic Aspect – ScienceDirect［J］. Cosmetic Science and Technology，2017：673 – 683.

[96] Rawlings A V. Ethnic skin types：are there differences in skin structure and function［J］. International Journal of Cosmetic Science，2006（2）：28.

[97] 董银卯，孟宏，马来记. 皮肤表观生理学［M］. 北京：化学工业出版社，2008：1 – 10.

[98] L Norlén. Molecular skin barrier models and some central problems for the understanding of skin barrier structure and function［J］. Skin Pharmacol Applied Skin Physiology，2003，16（4）：203 – 214.

[99] Yan Y Y，Zhao C F，San – Jie L I，et al. Mechanism of actions of skin – whitening cosmetics and its formulation development［J］. China Surfactant Detergent & Cosmetics，2009，39（6）：423 – 427.

[100] Lee A Y，Noh M. The regulation of epidermal melanogenesis via cAMP and/or PKC signaling pathways：insights for the development of hypopigmenting agents［J］. Archives of Pharmacal Research，2013，36（7）：792 – 801.

[101] Yamaguchi Y，Passeron T，Hoashi T，et al. Dickkopf 1（DKK1）regulates skin pigmentation and thickness by affecting Wnt/ – catenin signaling in keratino-

cytes [J]. The FASEB Journal, 2007, 22 (4): 1009 – 1020.

[102] Jian D, Jiang D, Su J, et al. Diethylstilbestrol enhances melanogenesis via cAMP – PKA – mediating up – regulation of tyrosinase and MITF in mouse B16 melanoma cells [J]. Steroids, 2011, 76 (12): 1297 – 1304.

[103] Gao L, Zhao Y H, Liu C L, et al. Research progress in synthesis of melanin regulated by tyrosinase related protein 1 [J]. Animal Husbandry and Feed Science, 2010, 31 (10): 114 – 116.

[104] Huang H C, Chou Y C, Wu C Y, et al. Gingerol inhibits melanogenesis in murine melanoma cells through down – regulation of the MAPK and PKA signal pathways [J]. Biochemical and Biophysical Research Communications, 2013, 438 (2): 375 – 381.

[105] Choi W J, Kim M, Park J Y, et al. Pleiotrophin inhibits melanogenesis via Erk1/2 – MITF signaling in normal human melanocytes [J]. Pigment Cell Melanoma Research, 2015, 28: 51 – 60.

[106] Manuel H, Antje B, Andreas L, et al. Evaluation of selected biomarkers for the detection of chemical sensitization in human skin: A comparative study applying THP – 1, MUTZ – 3 and primary dendritic cells in culture [J]. Toxicology in Vitro, 2013, 27 (6): 1659 – 1669.

[107] Szwarcfarb B, Carbone S, Reynoso R, et al. Octyl – Methoxycinamate (OMC), an ultraviolet (UV) filter, alters LHRH and amino acid neurotransmitters release from hypothalamus of immature rats [J]. Experimental And Clinical Endocrinology & Diabetes, 2008, 116 (2): 94 – 98.

[108] Chang H R, Tsao D A, Wang S R, et al. Expression of nitricoxide synthasesin keratinocytes after UVB irradiation [J]. Archives Of Dermatological Research, 2003, 295 (7): 293 – 296.

[109] Hirota S, Kawahara T, Lonardi E, et al. Oxygen binding to tyrosinase from Streptomyces antibioticus studies by laser flash photolysis [J]. Journal of the American Chemical Society, 2005, 127: 17966 – 17967.

[110] Decker H, Tuczek F. Tyrosinase/catecholoxidase activity of hemocyanins: structural basis and molecular mechanism [J]. Trends Biochemical Sciences, 2000, 25 (8): 327 – 329.

[111] Komori K, Yatagai K, Tatsuma T. Activity regulation of tyrosinase by using photoisomerizable inhibitors [J]. Journal of Biotechnology, 2004, 108 (1):

11 - 16.

[112] Brenner M, Berking C. Principles of skin pigmentation biochemistry and regulation of melanogenesis [J]. Hauterzt, 2010 (7): 554 - 560.

[113] Saikia AP, Ryakala VK, Sharma P, et al. Ethnobotany of medicinal plants used by assamese people for various skin ailments and cosmetics [J]. Journal of Ethnophanrmacol, 2006, 106 (2): 149 - 157.

[114] Schulz J, Hobenberg H, Pflucker F, et al. Distribution of sunscreen on skin [J]. Advanced Drug Delivery Reviews, 2002 (1): S157.

[115] Sato T, Katakura T, Yin S, et al. Synthesis and UV - shielding properties of calcia - doped ceria nanoparticls coated with amorphous silica [J]. Solid State Ionics, 2004, 172 (1 - 4): 377.